2015年教育部人文社会科学研究青年基金项目"马克思主义生态观视域下西部民族地区新农村生态文明建设研究"(15YJC710008)、2020年浙江科技学院人才引进科研启动基金项目"乡村社会治理中的生态文明建设研究（F701109K01）"、2021年度浙江科技学院教师专业成长社群（sq2021-11）之阶段性成果。

和谐共生：
西部农村生态文明建设必由之路

程艳 著

新华出版社

图书在版编目（CIP）数据

和谐共生：西部农村生态文明建设必由之路 / 程艳著

北京：新华出版社，2021.7

ISBN 978-7-5166-5961-8

Ⅰ . ①和… Ⅱ . ①程… Ⅲ . ①农村生态环境 – 生态环
境建设 – 研究 – 西北地区②农村生态环境 – 生态环境建设
– 研究 – 西南地区 Ⅳ . ① X321.2

中国版本图书馆 CIP 数据核字 (2021) 第 139841 号

和谐共生：西部农村生态文明建设必由之路

作　　者：程　艳

责任编辑：唐波勇　　　　　　　封面设计：优盛文化

出版发行：新华出版社

地　　址：北京石景山区京原路 8 号　　邮　　编：100040

网　　址：http://www.xinhuapub.com

经　　销：新华书店、新华出版社天猫旗舰店、京东旗舰店及各大网店

购书热线：010-63077122　　　　中国新闻书店购书热线：010-63072012

照　　排：优盛文化

印　　刷：定州启航印刷有限公司

成品尺寸：170mm×240mm

印　　张：17.5　　　　　　　　　字　　数：310 千字

版　　次：2021 年 7 月第一版　　　印　　次：2021 年 7 月第一次印刷

书　　号：ISBN 978-7-5166-5961-8

定　　价：89.00 元

前　言

preface

　　生态文明是人类社会历经原始文明、农业文明与工业文明后的一种新型文明形态，它是人类文明发展演化必然之进程。生态文明要求人类既获利于自然，又返利于自然，既改造自然，又保护自然，其旨在维持人与自然的和谐共生关系：就人类生存发展而言，即实现经济生产与生态保护并行不悖。当前，方兴未艾的生态文明建设就是基于科学与理性的高度自觉的生态文明实践。党的十八大报告中明确指出："建设生态文明，是关系人民福祉、关乎民族未来的长远大计。"这充分体现了中国共产党对人类文明演进规律的深刻把握。而"全面建设中国特色社会主义现代化国家，实现中华民族伟大复兴，最艰巨最繁重的任务依然在农村，最广泛最深厚的基础依然在农村"。鉴于此，本书主要聚焦于新农村生态文明建设。

　　首先，马克思恩格斯生态文明思想，中华优秀传统文化的"天人合一""道法自然""众生平等"理念，以及中国共产党历代领导集体生态文明建设理论成果，为新时代中国农村生态文明建设提供了坚实的理论基础。因为马克思恩格斯生态文明思想与中华优秀传统文化蕴含的生态文明理念历久弥新，至今依然闪烁着智慧光芒；中国共产党历届领导集体推动社会经济发展的同时，亦进行了大量生态文明建设的理论探索和实践。

　　其次，新农村生态文明建设有赖于人民群众生态思维与素养养成。迄今为止，新农村生态文明建设主体的思维方式生态化历史进程尚未完成，还需进一步调整和转变。生态思维强调生态系统内部与外部协同运作、动态平衡与有机关联。恩格斯曾言："一个民族要想站在科学最高峰，就一刻也不能没有理论思维。"因为"理念是行动的先导，一定的发展实践都是由一定的发展理念来引领的。发展理念是否对头，从根本上决定着发展成效乃至成败"。

再次，新农村生态文明建设体现于经济发展模式，生产生活消费方式等的生态化转向。为此，务必将生态理念融入经济活动全过程，转变经济发展方式，优化产业结构，培育生态与新兴产业。当前各地如火如荼的"美丽中国、美丽乡村、振兴乡村"战略即新农村生态文明建设伟大实践的真实写照。此外，倡导绿色生态消费方式，创建乡村良好人居环境，也是推进新农村生态文明建设的重要内容。

最后，榜样的力量是无穷的。广西"恭城模式""弄拉模式""贵糖模式""上国模式"等生态发展新模式富有创新和示范性，可供国内其他地区，尤其是西部民族地区新农村生态文明建设参考和借鉴。

目 录

contents

第一章 农村生态文明建设：中国特色社会主义现代化的内在要求

生态文明是人类社会在经过原始文明、农业文明和工业文明之后的一种新型的社会文明形态，其形成体现了人类文明发展演化的基本规律。生态文明是沿着人类文明的演进轨迹而出现的一种文明新形态，其发展体现了文明的一脉相承。

生态文明建设是人类建立在科学和理性基础之上的高度自觉的实践活动，党的十八大首次把生态文明建设纳入中国特色社会主义现代化建设"五位一体"的总体布局，充分体现了我们党和国家对人类经济社会发展规律的深刻把握。发展经济与保护环境是生态文明建设的基本问题。生态文明的核心问题是要求我们既能保证经济发展，又能保证生态环境不受破坏，因而，生态文明建设在其主体思维方式、经济发展方式、宜居配套设施、生产生活消费方式等方面都要体现人与自然的和谐共生。

第一节　人类文明发展脉络及特质

一、人类文明含义

文明的定义众说纷纭，其分类也有各种标准。就地域而言，亚洲主要有中华文明、印度文明和伊斯兰文明，非洲有撒哈拉以南的本土文明，欧洲、大洋洲和南北美洲各有自己的文明，而且，每个大洲又可细分出一些地域文明[①]。由此可见，文明是一个具有丰富内涵的概念，在古今中外思想史上，都能找到许多关于文明及其相关问题的描述。

在中国思想史上，有关"文明"一词内涵的诠释很多：第一，意指文治教化。"文明"一词最先出现在《易·贲·象》中，"文明以止，人文也。观乎天文，以察时变；观乎人文，以化成天下"。意思是说，文明是自然环境与历史文化即"天文"与"人文"统一的形式，并以此形式来教化人类。杜光庭在《贺黄云表》中写道"柔远俗以文明，慑匈奴以武略"；司马光在《呈范景仁》诗中写道"朝家文明所及远，於今台阁由蝉联"；刘壎在《隐居通议·诗歌二》写道："想见先朝文明之盛，为之慨然。"文明在这里用法都相似，含义都指文治教化。第二，意指文采光明和文德辉耀。例如，中国古代典籍《周易·乾》中有"见龙在田，天下文明"；鲍照《河清颂》中有"泰阶既平，洪水既清，大人在上，区宇文明"；孔颖达疏曰"天下文明者，阳气在田，始生万物，故天下有文章而光明也"李白《天长节使鄂州刺史韦公德政碑》中有"以文明鸿业，授之元良"；文莹《玉壶清话》卷一中有"主上文明，吾辈苟以观书得罪，不犹愈他咎乎"；耶律楚材《继宋德懋韵》之一中有"圣人开运亿斯年，睿智文明禀自天"；宋应星《天工开物·陶埏》中有"陶成雅器，有素肌玉骨之象焉。掩映几筵，文明可掬"。此类用法在中国思想史上还有很多。第三，意指摆脱野蛮达到社会发展水平较高、有文化的状态。高明《琵琶记·高堂称寿》中有"抱经济之奇才，当文明之盛

[①] 何元国．中西文明的差异和互鉴：从语言文字到思维方式 [J]．人民论坛，2019 (11)：132.

世"；李渔《清闲偶寄·词曲下·格局》中有"若因好句不来，遂以俚词塞责，则走人荒芜一路，求辟草昧而致文明，不可得矣"。秋瑾《愤时迭前韵》中有"文明种子以萌芽，好振精神爱岁华"；鲁迅在《准风月谈·抄靶子》中谈道，"中国究竟是文明最古的地方，也是素重人道的国度"；老舍《茶馆》第二幕："这儿现在改了良，文明啦！"第四，意指明察。《易·明夷》中有"内文明而外柔顺，以蒙大难，文王以之"；《后汉书·邓禹传》中有"禹内文明，笃行淳备，事母至孝"；《新唐书·陆亘传》中有"亘文明严重，所到以善政称"。第五，意指与旧相对的新的或现代的事物。例如《老残游记》第一回中有这样的话语："这等人……只是用几句文明的词头骗几个钱用用罢了。"[①]

在国外思想史上，英文中"文明"一词"civilization"源于拉丁文"civis"，原初含义是指城市的居民，特指这些居民以"和睦"的方式生活在城市和社会团体中。因此，"文明"一词最先表达的是人们从野蛮、荒芜的生活中摆脱，转向了一种进步的生活状态。后来，"文明"一词又引申为先进的社会和文化发展达到某一目标的过程。1961 年出版的《法国·拉鲁斯百科全书》中，文明被解释为两重含义：一指教化；二指一个社会或地区所具有的物质生活、精神生活、艺术生活、道德生活的总称。1973 年至 1974 年出版的《大英百科全书》将"文明"解释为一种民族的先进生活或这个民族在某一历史阶段中显示出来的总特征。1978 年出版的《苏联大百科全书》将"文明"解释为社会发展、物质文明和精神文明的水平程度或者脱离野蛮时代之后社会发展的程度。1979 年联邦德国出版的《大百科词典》从广义和狭义两个角度区分了文明的含义：广义上讲，文明是指良好的生活方式和风尚；狭义上讲，文明是指社会脱离了人类群居的原始生活之后，通过知识积累和技术进步所形成和达到的状态。

综上内容看出，解读文明的内涵，中外思想史具有共同性，体现在以下几方面：首先，文明是一个属人范畴。没有人的参与，就无所谓文明。文明是人类活动的过程和结果。换句话说，"文明是实践的事情，是社会素质"[②]。人始终是文明的主体或创造者，文明始终围绕着人的活动而展开、发展。其次，文明具有时空性。其时间性体现为：文明是一个流动的过程，体

---

① 刘湘溶.我国生态文明发展战略研究 [M].北京：人民出版社，2012：2.
② 马克思恩格斯全集：第 3 卷 [M].北京：人民出版社，2002：535.

现的是人类追求进步而不断超越的愿望，它不断完成跨越，是对人类存在的绵延性和持续性的肯定。其空间性体现为：文明不是抽象的概念、理念，它具有具体的承载体和表现样态，可见、可感、可循、可探，它是人类活动客观性的真实写照。最后，文明具有层次、整体性。其层次性体现在：文明可以按照不同标准来划分层次，体现的是人的生存方式的多样性和复杂性。按照特色属性划分，人类文明可划分为东方文明、西方文明等；按照发展时间序列划分，人类文明可划分为原始文明、农耕文明等；按文明的结构和层次划分，人类文明可分为器物文明、精神文明、技术文明、制度文明、语言文明等；按地域分，人类文明可分为印度文明、基督教文明、远东文明、伊斯兰文明、玛雅文明、安第斯文明等。其整体性体现为：文明具有综合性或涵盖性，文明至大至重，范围广，它的外延非常宽泛，可以包罗万象，涵盖家庭生活、宗教、文化、政治、价值、道德和技术等完全不同的事物。另外，其整体性还特指文明是人类整体或群体的产物，虽然每个人可以为文明的产生和发展做出贡献，但却不能单独构成文明的主体，文明体现的是人类活动方式的多样性以及现实世界多向度的关联性。

总之，文明的发展始终伴随着人类实践活动，它与人类的生存发展息息相关，它是人类实践活动过程在时间上的延续，也是人类实践活动结果在空间上的累积，是人类生活多样性和整体性的反映，是人类价值愿望的不断超越和实现。

二、人类文明形态的演化及特征

从人类历史进程看，人类文明迄今已经历了原始文明、农业文明和工业文明，目前，正处于工业文明向生态文明过渡时期。横向看，不同时期的文明社会，文明有着特定的内涵及表现形式；纵向看，不同文明社会并不是分割的，每一种文明社会总能在前一种文明社会中找到影子。生态文明是人类文明发展到一定阶段的积累和沉淀前期社会文明成果的一种必然结果，尽管在之前的文明阶段未获得显现，但是，它已在以往的文明母体中孕育。人类文明史是一部人与自然、人与人并存、交流、共生的发展史①。

---

① 梅雪芹．环境史学与环境问题 [M]．北京：人民出版社，2004：21．

（一）原始文明及其特征

原始社会是人类第一个社会形态，原始文明首先表现为物质生产活动的结果。马克思指出："人类历史的第一个前提无疑是有生命的个人存在。"[①] "人类为了维持自身肉体的存在，就必须进行改造自然的物质活动，并在这个过程中形成人与人之间的交往并不断深入发展这种交往。我们今人虽然都没有亲历原始社会，但仍可以从整体上对原始文明的状况作出基本的归纳和描述。原始社会的生产力水平不发达，生产工具极其简单，当时的人类主要是靠狩猎、捕鱼、牧畜来维持生活。"[②] 原始人实践活动的直接目的是获得生存资料，获取生存资料占据了他们生活的大部分时间，成为他们日常生活的主题。

原始人的物质生产方式决定了原始文明其他表现形式。人类实践活动的能力和水平直接决定了人与人之间的交往方式、社会的文化状况。原始宗教是原始文明的重要内容。宗教源于人对世界未知，进而对自然产生的一种神秘感。因此，在原始社会，崇拜大自然是一种极为普遍的现象，也是原始人早期的宗教形式之一。天体、土地、水火、山石和动植物等是原始人崇拜的对象。但由于原始各部落所生存的地理环境不同，因而崇拜的自然对象也不完全相同。天体的深邃、宏大，特别是天体运动中出现的电闪雷鸣、风霜雨雪等现象给原始人以极大的神秘感，因而原始人对自然产生敬畏感。土地是人类赖以生活、生产及万物生长的场所，将土地神化在原始文化中也是极其自然的事。原始社会各个氏族集团往往也把自己的始祖与某一类动物或植物联系起来，并把这类动植物当作本氏族的标记，这类动植物的盛衰就象征着本氏族的盛衰，因此，这类动植物就被当作图腾予以崇拜。

对神秘自然的崇拜总是伴随着一定的宗教献祭仪式。人们以歌舞、祭祀、禁忌等方式表达着对神秘对象的尊崇，以期得到上天的庇护。原始宗教不断发展，在一定程度上催开了原始的艺术之花，如远古时代，生产力水平极其低下，人类在强大的自然力面前无能为力，自然就成了主宰人类命运的力量。人们为了取悦自然，获取神灵的保护，歌舞、祭祀等便成为人向神灵表达愿望的重要手段。所以，音乐、舞蹈、绘画等在原始文明的谱系中是其

---

① 马克思恩格斯全集：第 1 卷 [M]. 北京：人民出版社，1995: 67.
② 马克思恩格斯全集：第 3 卷 [M]. 北京：人民出版社，1960: 25.

重要的内容，形成了人类艺术最古老的形式。由此可见，自然力很大程度上决定了人的生存条件、生活方式、交往条件和艺术活动，自然崇拜成为原始文明的母题。尽管原始社会以自然力的主宰姿态来呈现人与自然的关系，在素朴的庄严中仍然藏不住人类先祖的生存智慧，蕴含了人与自然、人与人之间关系逐步展开的内在根据，反映了人类文明发展演化的内在矛盾。

（二）农业文明及其特征

从原始文明形态过渡到农业文明即农耕文明形态，是人类文明发展史上的重大跨越。这种过渡不是在人的观念中完成的，而是在人类求生存、求发展的实践活动中体现出来的。人类从动物生存状态中分离并解脱出来之后，就必须寻求最适合自己生存的栖居地，寻求合乎自身的生活和生存方式。"旷观此世，人类所生，不仅在温带，亦有在寒带热带生长者，寒带人仅能以游牧为生，逐水草而迁徙。不能安居，斯不能乐业。"① 也就是说，最适合的人居地需要有四季分明的气候条件、有利于灌溉的江河和方便耕种的土地。因而，最初人类选择的生存之地大都集中在濒临江河且便于开垦耕种的土地上。人类最先形成的西亚—北非—南欧农耕文明区，以及随后形成的东亚、南亚农耕文明区和美洲新大陆农耕文明区，这个历史事实就说明了这一点。② 以农业生产劳动为基础的基本生存样式奠定了农业文明即农耕文明的特征。首先，农业文明社会的物质生产方式并没有发生根本性变化，因为这个社会仍然是以渔猎和采集等手段作为获得生活资料的主要途径。其次，出现社会分工。随着生产力的发展，到了原始社会末期，畜牧业、手工业和商业都从农业生产活动中分离出来后，精神文化活动逐渐获得了自身的发展领域和表现方式，音乐、舞蹈、画画、文学等迅速发展，极大地推动了农业文明社会的文化繁荣。最后，阶级和国家开始出现。一方面，国家的出现使社会事务、社会管理等各个方面都开始定规立制，为此，制度文化迅速发展；另一方面，由于阶级的出现，随即相应地出现了赤裸裸的剥削和压迫，原来淳朴的人际关系不复存在。但是，国家的出现又使整个社会力量组织更加强大，完成社会重大事务成为可能。由此可见，农耕文明仍与农业生产劳动密切相关，其文明的表现形态更加丰富多样，其制度文化得到了迅速发展。

① 钱穆. 晚学盲言：上卷 [M]. 桂林：广西师范大学出版社，2004：33.
② 刘湘溶. 我国生态文明发展战略研究 [M]. 北京：人民出版社，2012：22.

（三）工业文明及其特征

17 到 18 世纪，在西方一些主要资本主义国家，一场以大机器生产取代传统的手工技术操作的工业革命逐渐蔓延开来，并很快席卷了整个欧洲。这个时期，自然科学得到了迅猛发展，天文学、生物学、化学、物理学等领域都取得了重大突破，为工业发展奠定了重要基础；近代启蒙思想的兴起使个体主义、主体主义原则得到了极大张扬；英法等国发生的资产阶级革命推动了各国的政治法律制度的改革，并产生了重要的示范性效应；等等。这些科学的、人文的、政治的、法律的要素经过长期磨合后形成的合力，是推动工业文明形成和发展的重要因素。

工业文明时代的到来带来了崭新的文明气象，展现出新的文明特质。首先，物质生产方式发生了重大变革。生产力的快速提高使社会的物质生产方式发生了根本性的变化，"资产阶级在它不到一百年的统治中所创造的生产力，比过去一切时代创造的全部生产力总和还要多，还要大"[①]。大量的人口进入产业工人的队伍，使劳动主体在许多方面发生了变化。生产工具发生了重大变化，日益朝着高功率、高自动化、高智能化的方向发展。工业化大生产也改变了劳动对象的性质，人们在原始文明社会里，生产活动都是直接与自然界打交道，劳动对象相对来说较为简单或单一，土地、草原、河流的劳动场所往往构成人们直接的劳动对象。但在工业文明时代，进入生产领域的生产资料或直接的劳动对象表现为多样性，既有直接加工的自然物，也有需要加工的物品，因而劳动领域变得越来越广泛和复杂，劳动强度空前提高。现代大工业取代了工场手工业，国家的一切生产和消费都具有了世界性特征，众多国家和民族因先进的生产工具和便利的交通都被卷入世界化格局。

其次，社会制度和管理方式发生了重大变化。生产力的迅速发展为资产阶级登上历史舞台奠定了雄厚的物质基础。资产阶级革命后，资本主义的政治制度在实质上是整个资产阶级对民众进行政治统治和社会管理的手段，是为整个资产阶级专政服务的。资本主义制度建立后，其社会组织和管理方式也发生了相应调整，形成与私有制、资本扩张和商品生产相适应的组织管理方式，资本以追求最大化为目的，资本主义经济运作更加精确和快速，人被

---

① 马克思，恩格斯．共产党宣言 [M]．北京：人民出版社，1997：32．

置于一种庞大的组织结构中进行机械化的塑形，精细化、计量化、模式化的组织管理方式成为资本主义工业文明之路的制度外壳。

再次，人与人的关系发生了重大改变。个人的人身依附关系被打破，提高了人的自由度。"从身份到契约"标志着从自然经济到商品经济的转变，体现着从团体本位到个人本位的转变。① 人与人关系的性质也发生了很大变化。资产阶级用直接的、公开的、露骨的剥削代替了用宗教幻想和政治幻想掩盖着的剥削，用金钱收买医生、律师、诗人和学者，把他们变成了资产阶级的雇佣劳动者。

最后，人的精神样貌发生了重大改变。工业文明时代的物质生产规模有了巨大提高，这在一定程度上为精神生产的发展提供了强劲的动力。第一，个人主义被大家认同为核心价值理念。强调个人具有至高无上的内在价值和尊严，这一点被看成工业文明时代根本的、压倒一切的、判断一切道德是非的普遍原则；强调单独的个人是自主的个人，自己的思想和行动属于自己，并不受制于他所不能控制的力量；强调个人的隐私或私生活应受到尊重和保护，个人行为应当不受到别人干涉，个人能够做他自己所想做的任何事情，也就是说按照自己的方式来追求自己的利益；强调个人的发展完全靠个人的自我奋斗，进而成就自我的卓越。第二，资本主义商品经济的发展培植了与自身发展相匹配的商业文化。商业文化是一种消费文化，具有浓厚的市场气息，像商品生产一样，追求一种市场交换价值，促使文化机构向经营性实体转变。同时，它还引导着人们认识到文化也是一种消费品，可以用来盈利，需要通过各种方式刺激大众，进而产生大众性消费效果。显然，这种方式的精神生产不再关注精神内涵，而是更加重视自身的娱乐或其他功利性功能。另外，这种商业文化往往以一般民众为消费对象，以大众传播媒介为载体，以鼓励消费、投身娱乐为目的，以创造流行性消费为宗旨，进而引导人们通过消费活动来体现自身的风采。第三，精神生产不断地突破地域、人文的藩篱，慢慢形成文化的多元共融格局。正如马克思所言："各民族的精神产品成了公共财产。民族的片面性和局限性日益成为不可能，于是由许多民族的和地方的文学形成了一种世界性文学。"② 但在工业文明时代，西方文化的价值理念却被标榜为唯一具有合法性的价值理念，并试图借助物质力量向整个

① 刘湘溶. 我国生态文明发展战略研究 [M]. 北京：人民出版社，2012：35.
② 马克思，恩格斯. 共产党宣言 [M]. 北京：人民出版社，1997：31.

世界渗透，因此，精神领域中殖民化与去殖民化的较量随着社会发展在全球范围内渐趋激烈。

综上所述，工业文明是物质财富的迅速积累、大工业生产方式的迅速发展的文明形态，它更加具有竞争性、开放性、扩张性、表演性等诸多特点。从理论上讲，人类文明的发展与社会制度的演替存在着一定关联但不存在完全同步的关系。

三、人类文明演化的动力机制

人类文明演化的动力机制何在？有人认为，地理环境是推动人类文明演进的决定因素；有人认为，政治集权是人类摆脱野蛮状态的决定因素；有人认为，灌溉水利工程是人类文明演进的决定因素；有人认为，宗教信仰的形成是人类文明演化的决定因素；等等。这些回答都是人类对自身文明发展进行反思和关照的结果。我们认为，无论是思考人类文明的产生还是思考人类文明的结构，都要面对人类文明何以形成和何以成长的问题，因此，思考人类文明的动力机制是解开人类文明的密匙。

（一）西方思想史上学者对文明发展的动力问题众说纷纭

英国历史学家汤因比曾提出，人类文明的核心不是整个世界的经济、政治和军事，而是文化，亦即宗教，因此，一个民族的文明兴衰存亡不是由这个民族的军事、政治和经济力量来决定的，而主要是由这个民族的文化力量或以宗教为核心的精神力量来决定的。据此，他将世界划分为五大文明，即基督教文明、东正教文明、伊斯兰教文明、印度教文明和大乘佛教的远东文明。汤因比认为，人类文明是一个从产生、发展、衰落到解体的演变过程，而演变发展的动力主要是人类面对自身发展挑战和人为环境挑战的成功应战，但不是任何挑战都能激起人类的应战，也不是每一种应战都能成功。换句话说，文明的产生理应是对适度挑战的成功应战，文明的发展应当是挑战—应战—达到平衡—出现新的挑战—应战—达到平衡—出现新的挑战……不断重复的、有节奏的循序发展进程。文明的成长受内外两方面因素的制约和影响，文明的外部成长表现为主要通过技术水平的提高对自然环境和人为环境的控制或征服，为军事征服其他地区的人民或地理疆域的扩张；文明的内部成长则表现为人的自觉能力和自我表现能力达到了较高的思想境界和道德水平，人的精神日益充盈和成长。维持挑战与应战之间的平衡就必须将二者保持恰当的张力。汤因比认为，文明的进步主要看文明的内部成长，因此，他认定，衡量文明社会成长的标准是人类自身精神的进步、道德水平的提高。当然，汤因比所指的衡量标准"精神因素"还停留在杰出人物或少数英雄人物的精神气质和自觉能力上，还未上升到一个族类的群体意识，显然，这个衡量标准片面地夸大了精神的作用，局限性是明显的。

法国历史学家弗朗索瓦·基佐提出了文明的发展是文明内在要素的矛盾斗争的结果。他分析了近代欧洲不同国家的文明特质，以及欧洲整体的精神取向，认为自然环境对文明发展有重要影响，但不认同孟德斯鸠把自然环境看成文明发展的主要推动力和阻碍力的观点；他认为，圣西门把阶级斗争看作文明发展的动力这一观点具有一定的合理性，但仅仅分析政治斗争是不够的，是有局限性的。为了更准确探求文明成长的动力，基佐吸纳了赫尔德、萨维尼、吉本、孔多等人的思想，将人类文明具有持续发展趋向的思想运用于对文明进步与倒退的评判上，坚信人类文明是不断进步的，但又认为并不是所有文明都能持续发展。他把不能持续发展的文明叫作单一性文明，这种文明因缺乏多种势力间的斗争导致没有内在张力，因而难逃早早夭亡的命运。另一种文明叫作多样性文明，这种文明因内部存在多种势力的斗争、相持与妥协，进而能够持续不断地向前发展。因此，基佐认为，文明内在要素的冲突与整合的合力是文明进步的动力机制。这种观点具有一定的解释力，但是，他把近代欧洲文明作为最有发展前景的文明这一思路却是狭隘的。

美国政治学家塞缪尔·亨廷顿对人类文明发展的动力机制的研究是借助文明冲突来探讨的。他认为，文明是在不同民族、国家、地域或宗教的背景下发展起来的文化，其差异性是明显的，从人类进程来看，文明的交往是间断的或根本不存在，因而，文明的冲突并不明显甚至不复存在。他又认为，从人类文明整体来看，要维持人类文明的发展和持续，就需要世界各国领导人保持不同文明之间的共存与合作。由此可见，亨廷顿认为人类整体文明的延续取决于文化上的合作与沟通，不同文明发展的动力主要来自对一定文化价值的认同。

（二）东方思想史上学者对文明发展的动力问题也是众说纷纭

日本学者池田大作认为，文明发展的动力很大程度上体现为理性主义传统的扩张。他认为，理性主义的传统虽然肯定了人的主体性和认识能力，但是，西方文明在发展过程中更多地依赖于对经济、科技、军事等的硬实力，而过多地使用硬实力去统治和征服其他人或其他存在物，势必会导致人与人的关系恶化，导致人与自然的关系恶化。当今西方文明的危机已经逐渐明了，主要体现为：第一，物质世界的丰富与精神世界的贫乏如影相随。导致这种情况的重要原因是精神世界的贫乏①。第二，技术的提高为急剧增长的人口提供了物质条件，但同时也造成了人与自然关系的恶化。导致这种情况的重要原因是人类为了养活庞大的人口，必然加剧对自然的掠夺，从而导致各种环境公害。第三，战争与暴力频繁出现，利己主义精神体现在社会生活的方方面面，导致人与人之间、国与国之间互相敌对。针对这种情况，池田大作提出，文明发展的动力机制必须用精神力量、道德力量和宗教力量的"软力"来代替"硬力"。

新加坡前总理李光耀认为，人们需要按照新的理性原则来生活才能抵制西方思想的侵蚀，这种新理性需要汲取儒家伦理文化的精髓。他认为，孝道是维护社会家庭的核心元素，"孝道不受重视，生存体系就会变得薄弱，而文明的生活方式也会因此变得粗野"②。中国著名学者季羡林则提出，西方形而上学的分析法已到尽头，而东方寻求整体的综合法正兴盛，必将取而代之，人类文明已面临着调整或转型。东方文明取代西方文明，这个"取代"不是消灭，而是站在过去几百年来西方文化所取得成就的基础上，用东方的整体性和普遍性相综合的思维方式，吸收西方文化中的精髓，把人类文明的发展推向一个更高阶段。21世纪是东方的文明时代，这是一个不以人的主观意志为转移的客观规律。但以东方文明来展望人类文明的发展和前景，把动力机制归结为精神元素的嬗变，虽具有一定的号召力和吸引力，但也难免有令人疑惑。将人类文明的发展过程看成精神因素的变化，实际上就是窄化文明的定义。固执于西方中心论的立场来贬低其他文明或者统摄整个文明的发展路向的观点带有一种傲慢与偏见，同样，把东方文明看成疗救西方文明

---

① ［日］池田大作. 佛法·西与东[M]. 王健，译. 成都：四川人民出版社，1996：3.
② 畅征. 小国伟人李光耀[M]. 北京：学苑出版社，1996：123.

偏失的良方，并且看成人类未来唯一的文明形态的观点同样也带有许多情绪化。无论是西方文明还是东方文明，都是人类所创造的，都是人类文明的重要组成部分。由于受到自然、人文等多种因素的影响，不同区域的文明的确会表现出不同的价值取向，但能体现出不同区域的人们在适应和改造环境过程中所固有的活力元素。

综上可以看出，西方学者更多的是从西方文明而非整个文明的视角出发，带有对西方文明演化的合法性及其普适性进行辩护的倾向，而一些受到东方文化熏陶的学者则对同样的问题却有不同的价值立场。

（三）马克思恩格斯发现了人类社会发展和文明演替的机制和规律

迄今为止，对人类文明发展的动力、规律和目标等一系列问题的研究，"尚无一种理论可以达到马克思、恩格斯思想的高度"[1]。马克思、恩格斯把现实的资本主义社会的经济关系、结构和人的现实交往作为思考社会发展和文明演进的逻辑起点。在马克思看来，思考人类的历史发展动力，之所以要立足资本主义的现实历史，主要是因为"资产阶级社会是历史上最发达和最多样的生产组织，能理解它的各种关系以及结构，就能让我们透视一切已经覆灭的社会形式的结构和生产关系"[2]。正是站在对资本主义深刻分析考察的基础上，马克思和恩格斯发现了人类社会发展和文明演替的机制和规律。

资产阶级政治革命和大机器生产使人类历史进入了一个崭新阶段，使"整个社会日益分裂为两大相互直接对立的阶级：资产阶级和无产阶级"[3]。这种对立不仅是有产者和无产者之间的对立，它还造成了人与自然的尖锐对立。首先，大机器破坏了自然，彻底改变了人与自然的关系。一方面，人本来应当与自然界形成全面的普遍联系：自然界不仅是"人的无机的身体"，还是"人的精神的无机界"。另一方面人本来可以自由地对待自然界，懂得按照自身内在的尺度运用于对象，懂得按照美的规律来构造。[4] 然而，资本

① 刘湘溶. 我国生态文明发展战略研究 [M]. 北京：人民出版社，2012：9.

② 中共中央马克思恩格斯列宁斯大林著作编译局. 马克思恩格斯全集：第2卷[M]. 北京：人民出版社，1995：23.

③ 马克思，恩格斯. 共产党宣言 [M]. 北京：人民出版社，1997：28.

④ 马克思. 1844年经济学哲学手稿 [M]. 北京：人民出版社，2000：58.

主义大机器生产并没有充分体现和发展二者这种普遍的、自由的联系，自然界被人抑制、简化了，被看成供养人的肉体存活的工具，人的贫乏导致了自然界的贫乏。所以，要从根本上改变人与人和人与自然的这种对抗状态，要实现人类解放的目标，必须由无产阶级承担起消灭资本主义私有制的责任。

马克思和恩格斯把现实的个人确定为历史的起点，把生产力和生产方式的矛盾看成历史发展的动力，这种观点解答了历史发展、文明演进的动力问题。也就是说，人的物质生产和交往关系之间的矛盾运动推动着历史的发展、文明的演进。因为，从现实的个人出发，就必须考虑个人的生存、发展问题，人为了自身的生存就必然同自然和社会结成一定的关系，从而形成一个有机的整体，这是一种不以人的主观意志为转移的客观事实。"生活的生产，无论是自己生活的生产（通过劳动）或他人生活的生产（通过生育）都表现为自然关系和社会关系两重关系。"①　其中，人与自然的关系是第一位的。因为，人们必须首先通过与自然界的物质交换才能满足自己的生存和发展的需要，人与自然界的关系决定着人们的其他活动和其他关系。当然，生产力并不能直接决定全部社会关系的变化，直接决定的只能是那些直接由物质生产和生产方式所决定的社会关系。所以，马克思和恩格斯把人与自然、人与社会的关系状况看作衡量不同文明阶段或社会历史阶段的基本标准。

马克思在《1857—1958 年经济学手稿》中，依据作为社会主体的人的发展状况和社会经济形式的特点，把人类社会划分为三种形态：把以起初完全自然发生的人的依赖关系为基础的社会阶段或形态称之为第一大社会形态。在这个阶段或形态下，人的生产能力只是在狭窄的范围内和孤立的地点上发展。人的依赖关系主要是发生在资本主义早期，这种依赖关系主要体现在两方面：一方面，从人与自然的关系看，由于生产条件和人自身能力的限制，人与自然的关系处于一种天然状态，人更多的是顺从和适应既定的自然条件，直接从自然界获取生活资料，这种生产仅仅是用来维持生存；另一方面，从人与人的关系看，由于人与人的关系是建立在自然的血缘关系上的依赖，因而人与人之间的交往只能是局部的、单一的、地域的、贫乏的。总之，直接的、简单的人与自然关系和单一的、贫乏的人与人的关系成为人类历史上第一种社会形态的根本特质。

马克思把以物的依赖性为基础并实现人的独立性的社会阶段或形态称之

---

① 　马克思恩格斯全集：第 1 卷 [M]. 北京：人民出版社，1995：80.

为第二大社会形态，在这个阶段中，形成了普遍的社会物质交换、全面的关系、多方面的需求以及全面的能力体系。① 以物的依赖性为基础的人的独立发生在资本主义中后期，这种依赖关系主要表现为：直接依赖的宗法血缘关系被打破了，人的交往开始打破地域的、血缘的限制，人的自由度得到了提高，人的活动空间、居留地点和生活地点都不再受阶层（或共同体）的束缚；人有自己支配自己劳动力的权利，人身不依附于自然，也不依附于他人，开始把自然界作为征服改造的对象，并最终把自然界改造成了服务于人的生存的现实世界，物的因素成为人的要素活跃起来的媒介或动力。但这种依赖关系最终会造成社会的全面危机，这种危机体现为：一是有产者和无产者之间的尖锐对立，二者除了为谋取财富而达成形式上的彼此认同外，彼此漠不关心，物质主义和利己主义成为市民社会铁的原则。二是人与自然关系的对立。自然界被人践踏得千疮百孔，人的生存环境极度恶化，二者的对立生产出片面畸形的人，"人的一切关系都局限于对物的占有关系中，社会关系中的属人性消失了，人的本质力量不能在外部对象中得到充分展现、发挥，更不用说实现人的本质力量，任何对象（包括人）只有成为私人的占有物才有意义；人仅仅是生产社会物质财富的手段，人劳动仅仅为获取生活资料来维持肉体生存，劳动中自我的创造性消失"。这是物的依赖关系对个人发展的消极一面②。

马克思把以人的全面发展和社会生产力成为共同的社会财富为基础并实现了人的自由性的社会阶段或形态称为第三大社会形态。马克思确定第三大社会形态的主题为个人的自由而全面的发展，这是马克思毕生追求的价值目标，是人类历史上最崇高、最美妙、最理想、最瑰丽的社会，也是人类最高的发展阶段，是"以人民为中心"思想最完美的实现。人的自由而全面发展可从两个维度理解：一是从个体素质的维度看，个人的自由全面发展首先要使个人在体力和智力上达到很高水平，要塑造出具有丰富的、全面的、深刻的感受能力的人；二是从社会发展的维度看，扬弃私有制条件下人与人之间的彼此隔绝、对抗敌视的生存境遇，并不是要剪断人与自然、与社会的一切联系，而是要组成一个自由人的联合体或者说是一个真实的集体，每个人在

① 马克思恩格斯全集：第 8 卷 [M]. 北京：人民出版社，2009：53.
② 韩庆祥，亢安毅. 马克思开辟的道路：人的全面发展研究 [M]. 北京：人民出版社，2005：204.

这样一个联合体中都能获得平等的发展，其个性都能获得充分而自由的发展。自由人的联合体既是个人全面发展的条件，也是个人全面发展的结果。

马克思恩格斯发现了人类历史的发展规律，指明了社会发展的目标。虽然没有明确地谈到生态文明建设的问题，但可以从马克思、恩格斯的这些思想中得到重要启示。第一，要超越资本主义社会，超越私有制条件下的大机器化生产和科学技术的应用方式，人类历史必将进入一个新的阶段。第二，生产力和生产关系的矛盾运动是人类历史发展和人类文明发展的根本动力，在任何一个社会形态中都要面临处理人与自然和人与人的关系问题，当这些关系发生变化时，文明形态就应该发生相应变化。第三，社会主义和共产主义社会是追求全面和谐的社会，人将生活在一种环境优美的生存环境中。第四，社会的发展和文明的进步最终要通过每个人的全面发展得以体现，每一个社会成员都能够分享、体验、获得这个社会发展的成果。

四、生态文明转型的历史必然

基于人类文明演化的动力机制，笔者认为，人类文明由原始文明演化为农业文明，进而由工业文明转向生态文明，是人类文明发展的历史必然。列宁曾指出："辩证发展过程在资本主义范围内确实就包含着新社会的因素，包含着它的物质因素和精神因素。"[①] 同理，工业文明在自身发展过程中也在不断积淀生态文明的物质条件和精神条件，因此，生态文明并不是剥离工业文明所取得的成果而独立产生的一种文明形态，而是工业文明的转型或提升。

（一）思想文化层面的转向

"回归自然"是浪漫主义共同高举的思想旗帜。浪漫主义是在哲学、艺术、政治等领域广泛存在的思想运动，18 世纪和 19 世纪，在德国、英国和美国达到高潮。[②] 许多浪漫主义思想家通过书写自然、讴歌自然，试图以美学原则代替政治话语，从而帮助人摆脱各种束缚，实现政治上的再生和人身自由的愿望。例如，英国湖畔诗人威廉·华兹华斯面对工厂排放的废气、废

---

① 列宁全集：第 11 卷 [M]. 北京：人民出版社，1987：371.
② 张西平. 历史哲学的重建——卢卡奇与当代思潮 [M]. 北京：生活·读书·新知三联书店，1997：198.

物和废水造成的环境污染，描绘了一幅幅表现英国北部山川湖泊和乡村居民的美丽画卷来抒发自己的情感。美国文学家爱默生面对科技发展带来的灾难，通过书写和讴歌自然来表达自己的生活态度。德国浪漫主义思想家海涅通过唤起德意志民族的民族意识达到对工业文明的批判。

　　进入 20 世纪后，工业文明在西方社会带给人们的负面影响逐渐表现出来：经济危机频发、帝国主义国家瓜分世界的矛头加剧、消费文化蔓延、冷战情绪长期影响、生态危机出现、单边主义和恐怖主义日益猖狂等。这些现状都引发了人们对资本主义和工业文明更加强烈的批判，众多文学家把批判资本主义社会、揭露现代文明的虚伪作为他们创作的主题。历史学家在审视工业文明的前提下纷纷预见人类文明的未来。20 世纪西方哲学的发展把矛头直接指向了支撑工业文明的思想基础，力求彻底解构传统哲学。20 世纪 60 年代以来，西方兴起的后现代主义就是具有反西方近现代体系哲学倾向的思潮，目的就是消解单一的"现代性"。总之，对整个工业文明反思批判的观念、思想始终绵延不断，而且，思想迅速波及各个学科领域。的确，文明的提升不是从一个观念到另一个观念的过程，也不是通过理论批判能够完成的，但这些思想作为生态文明发展的先声，起到了重要的引导作用。

（二）经济发展的生态指向

　　经济发展是人类生态文明体系的重要组成部分，文明的转型必然要通过经济转型发展来实现，如从经济发展理念、经济增长方式、经济管理政策等方面进行转变。

　　20 世纪中叶以后，关于"生态"或"环境"的话语表达日益在社会生活的各个层面出现，如经济领域中开展了利用自然资源、经济增长限度、环境成本计量、可持续发展的探讨。面对日趋严重的生态危机，经济发展的生态指向已成为人们关注的核心问题。美国经济学家鲍尔丁提出了"宇宙飞船地球经济学"的理论。他强调地球是人类生存的唯一家园，人口的过度增长和过度需求最终会把地球有限的资源消耗殆尽。1972 年，罗马俱乐部成员、美国麻省理工学院教授丹尼斯·梅多斯等人推出了《增长的极限》一书，并针对非常严重的环境、资源日趋紧缺、公害事故频发等问题，阐发了"经济增长的极限"理论。梅多斯等人认为，人类一旦陷入无限追求经济增长所导致的人口增长、环境污染、资源消耗等困境中，世界经济就达到增长的极限，陷入不可持续状态。梅多斯等人还认为，要解决这种困境，人类经济的增长方式必须发生转变，经济增长必须计量环境成本。

经济发展的生态转向不仅在理论上有体现，还在实践中践行。它催生出了衡量经济发展的新指标体系——绿色 GDP 核算体系。联合国《综合环境与经济核算手册》（SEEA）把绿色 GDP 定义为经济环境调整后的国内生产总值，即从现行 GDP 中扣除自然资源耗减价值和环境污染损失后的国内生产总值。20 世纪 80 年代后，很多发达国家开始使用绿色 GDP 进行核算，这对校正经济发展目标指向起到了一定作用。挪威是第一个在矿物资源、生物资源、流动性资源、环境资源以及土地、空气、水污染等领域进行自然资源核算的国家。随后，芬兰、墨西哥也相继实行了绿色 GDP 核算。2001年，我国由国家统计局主持开展了自然资源核算工作，编制了"全国自然资源实物表"。2004 年，国家统计局和国家环境保护总局（现为中华人民共和国生态环境部）成立了绿色 GDP 联合课题小组，并牵头完成了《中国资源环境经济核算体系框架》和《基于环境的绿色国民经济核算体系框架》两份报告。这两份报告构筑了我国绿色 GDP 的基本框架，为绿色国民经济的发展提供了衡量标准。2005 年 2 月，我国在北京、天津、浙江、广东、重庆、河北、辽宁、安徽、海南和四川 10 个省市启动了以环境核算和污染经济损失调查为内容的绿色 GDP 试点工作。20 世纪 90 年代以后，"循环经济"的概念开始进入人们的视野。循环经济是一种建立在资源回收和循环再利用基础上的经济发展模式[1]。这种模式按照物质循环共生的原则来设计生产体系，将一个企业的废弃物用作另一个企业的原材料，通过交换和使用废弃物将不同企业联系起来，采用资源再生产利用原则，使生产和消费过程中投入最少的自然资源，实现人类生产生活实践活动对环境破坏降低到最小限度。进入21 世纪以后，源于对全球气候的忧虑，"低碳经济"成为人们热议的话题。人们通过碳的大量排放取得了工业文明的伟大成绩，但地球对碳的有限接纳度和有限的化石能源又直接宣判了工业文明的不可持续。[2] 因此，发展低碳经济已是大势所趋且刻不容缓，从过去对化石能源的依赖转变为对低碳能源（太阳能、核能、水能、海洋能、风能等）的依赖，进而形成以低能耗、低污染、低排放为基础的经济模式，其实质就是要求人类开发清洁能源、高效

---

[1] 刘湘溶. 我国生态文明发展战略研究 [M]. 北京：人民出版社，2012: 56.

[2] 刘湘溶. 我国生态文明发展战略研究 [M]. 北京：人民出版社，2012: 58.

利用能源、追求绿色GDP。要实现这些目标，就必须通过人类生存发展观念的转变、产业结构的优化、减排技术和能源技术的创新等途径。总之，"宇宙飞船地球经济学—增长有极限—绿色GDP—循环经济、低碳经济"这种粗线条的勾勒，基本展示了经济发展在理论与实践两个层面的生态转向过程。

（三）政治运动的生态诉求

政治是人类生态文明体系的重要组成部分。20世纪70年代以来，生态问题逐渐引起了社会民众的普遍关注，进而导致生态问题日益转型为政治问题：先是民众走上街头举行绿色抗议，到了80年代，国家对环境问题做出"绿色回应"，90年代以后，出现了"议会政治"的绿色较量以及全球"国际政治"泛绿化。

生态政治运动的核心思想是按照一种新思维、新秩序、新发展观来调整各种政治关系，渴求建立一个和平、公正、民主、人与自然和谐发展的新社会。生态政治是对传统增长政治理论的反叛，是在对西方工业文明实践的反思批判基础上形成的。它反对掠夺自然资源、破坏自然生态平衡，倡导基层民主，重视唤起民众的社会责任感，在一定程度上把生态学原理当成一种广泛应用的政治原则，把传统的经济增长模式、环境污染、高失业率与政治联系起来，强调保护生态环境平衡就必须取缔危害生态和消耗能源的行业，用生态财政来代替市场财政，用生态经济来代替市场经济。尽管绿色政治运动的崛起和努力并没有取得实质性的成果，但它所强调的政治建构要与生态趋向保持协调的思路对我们今天的新农村生态文明建设是有启示意义的。

（四）科技发展的生态趋向

科学技术作为第一生产力，已成为当代经济发展的决定性因素。同时，科学技术在新农村生态文明体系中仍然占据重要地位。科技发展的生态趋向实质是扭转科技发展利用的价值方向，由过去"能够做什么"转变为"应该做什么"，发挥科技在改善生态环境中的重要作用。

20世纪70年代，欧洲共同体提出了"少废无废技术"的概念。1979年11月，在环境领域内进行国际合作的全欧高级会议在日内瓦举行，会上通过了《关于少废无废工艺和废料利用的宣言》。1984年，联合国欧洲经济委员会强调，要在全球推广无废技术，使所有原料及能量在"原料—资源—

生产—消费—二次原料—资源"的循环中达到不破坏环境且最合理利用的目的。法国于 1971 年成立国家环境保护部，英国政府于 1990 年 9 月颁布国家环境白皮书。1994 年，中共中央国务院做出《关于加速科学技术进步的决定》，强调要"实现环境保护和资源持续利用"；1996 年，中国科学院和国家科技部把绿色科技研究工作列入基础研究发展规划；同年，国家环保总局部召开第三次全国环保系统科技工作会议，为绿色科技确定发展方向和攻关重点；1997 年 5 月，中国环境管理体系认证国家指导委员会成立，标志着我国正式开始对国内企业和组织进行 ISO 14000 标准的审核工作。这些政策的制定和落实使我国绿色科技的开发和应用产生成效。

德国绿色科技和绿色产品的出口一直名列世界前茅，德国政府对绿色科研的投入力度很大。1988 年，科研经费投入 345 亿欧元。2015 年度，德国企业用于研发的经费支出达 624 亿欧元，创历史纪录。德国相关统计表明，德国 2015 年首次实现了研发经费支出超过国内生产总值（GDP）3% 的目标。绿色科技的发展确保德国在环境保护方面的收益，德国有城市污水处理厂 7000 多座，工业脱硫率和脱碳率分别达到 90% 和 80%，现已采用过滤煤新工艺，能将发电厂褐煤中 99.9% 以上的污染物滤除掉[1]。2018 年，全球研发经费投入最高的 4 个国家分别是美国（4765 亿美元）、中国（3706 亿美元）、日本（1705 亿美元）和德国（1098 亿美元），美中两国投入基本上占了全球研发总费用的 47%，美、中、日、德的研发经费占全球研发总费用的62.5%。国家统计局、科学技术部和财政部联合发布的《2019 年全国科技经费投入统计公报》显示，2019 年我国研究与试验发展 (R&D) 经费投入总量为 22143.6 亿元，比上年增长 12.5%，连续 4 年实现两位数增长，R&D 经费投入强度 (与 GDP 之比) 为 2.23%，再创历史新高。

进入 21 世纪，新科技革命迅猛发展，依然是经济持续增长的主导力量。生命科学和生物技术将为改善和提高人类生活质量发挥关键作用；能源科学和技术将为解决世界性的能源与环境问题开辟新的途径；纳米科学和技术将带来深刻的技术革命。纵观全球，世界各国都在扭转科技发展利用的价值方向。

---

① 刘湘溶. 我国生态文明发展战略研究 [M]. 北京：人民出版社，2012：61.

（五）生活方式的生态选择

文明是一个与人类生活密切相关的思想体系，它不仅是人的生活方式，也是人的活动结果。人的生活方式的生态化也是生态文明转型的重要因素。生活方式是人为了满足日常生活需要而从事的活动，生态化的生活方式是指民众在生活领域中更关注生活健康，开始积极寻求适合生态环境法则的生活方式。

人与自然的关系在一定程度上会直接决定人的生活方式的样态。在原始文明和农耕文明阶段，生活资料较为匮乏，人与自然之间的物质交换只能维持在较低水平上，因而生活方式从总体上来讲保持着恬淡自适的格调。在工业文明时代，随着生产力的大力提高，人们改造自然的能力加强，引起了整个社会生活方式的重大改变，主要体现为对物质主义和消费主义的遵循和推崇。在日常生活中，物质主义和消费主义的价值理念都是"以个体对实物需求的占有量和满足度"来评判生活质量的高低，"以对别人劳动的占有量来评判生活质量"①。物质主义和消费主义的生活理念不但在资本主义工业化国家中得到普遍认可，而且由此还形成了一整套相应的复制、传播机制，将不同区域和不同文化传统的生活方式划分为时尚与落伍的文明与野蛮的对峙，试图完成对整个世界的意识形态的统治。

随着全球生态问题的日益加重，人们聚焦选择一种更加注重生命质量的生活方式，绿色消费、低碳生活等方式是这种新生活方式的具体体现。消费是一种本然的生命现象，只要生命存在，为了维持生存就必然要从自然界获得生活资料。今天，绿色消费的兴起是对工业化时代人们奢侈性或炫耀性消费行为造成自然环境巨大破坏现实的反思结果，现在绿色消费已成为社会的共识。1987年，英国出版的《绿色消费者指南》中，把不使用以下产品的消费定为绿色消费：第一，危及消费者和其他非消费者健康的产品；第二，在生产、使用产品时有明显破坏环境的现象；第三，在生产、使用或丢弃期间要消耗大量资源的产品；第四，带有过分包装的产品或产品寿命过短等引起不必要浪费的产品；第五，从濒临灭绝的物种或者环境资源中获得原材料制成的产品；第六，包括虐待动物、不必要的乱捕滥猎行为的产品；第七，对别国特别是发展中国家造成不利影响的产品。

---

① 齐振海.未竟的浪潮[M].北京：北京师范大学出版社，1996：163.

第二节　农村生态文明建设的缘起及意义

党的十八大将"生态文明"纳入"五位一体"的中国特色社会主义建设总布局。农村生态文明是生态文明的重要组成部分，是生态文明理念在农村地区建设美丽中国的具体行动。建设生态文明就是要建设美丽中国，美丽中国自然不能缺少"美丽乡村"，没有"美丽乡村"就没有美丽中国。

一、生态与生态文明含义

（一）生态

"生态"一词源于古希腊语，意为人们居住的房屋、住所或周围的环境。在中国传统文化中，"生态"一词自古有之，"举动生态""佳人采掇，动容生态"等多用来形容女子姿态美好。19世纪中叶，随着工业化的不断发展和社会的持续进步，自然环境不断被打上人类的烙印，人们开始更加关注人化自然，以此来把握生态。"生态"的内涵在社会发展中衍生出了更大的范围、更广的领域，衍生为"家"以及我们生活的环境，通常用来指代和谐的、美好的、健康的、先进的事物，逐步演化为人类环境中各种关系的和谐。生态在辞典中的释义是泛指生物的生理特性和生活习性。由此可见，"生态"是指各种生物之间、生物与生存环境之间的关系状态。当代，已把生态同经济、政治、文化、社会等要素结合起来评价某一地区或国家的发展情况。1858年，亨利·梭罗（H.D.Thoreau）首先使用了Ecology（生态学）这个词语。这是学术界能够考证的"生态学"一词出现最早的记录，但并未论证是亨利·梭罗创造的。直到1869年，德国生态学家恩斯特·海克尔（E.Haeckel）将生态学定义为一门研究生物与其环境相互关系的学科，由此，海克尔被学术界公认为生态学概念的提出者。后来，从事生态相关的研究者基本沿用海克尔这一概念，生态学的研究对象就是生物与生物、生物与其周围环境之间的复杂关系。生态的含义有广义和狭义之分：狭义的生态是指与人类社会相区别的物质世界的各种关系的总和；广义的生态是指包括人在内的所有存在物之间的关系，即个人与他人的关系，人与动植物微生物界的关系，人与动物界的关系，人与自然界的土地、水源、森林、大气、太阳乃至银河系等非生物的关系。今天，人们越来越清晰地认识到，生态系统是一个有机整体，这个整体内的自然要素、经济要素、环境要素、政治要素等各要素之间相互依存、相互制约、相互关联、相互作用，各要素之间要彼此协调才能维持和推进系统的平衡与发展。

（二）生态文明

"生态文明"一词是由于人们面对日趋恶化的生存环境，重新审视人与自然的关系而出现的。它是由"生态"与"文明"两个词复合构成的，经过两者的有机结合，生成一个内涵丰富且有内在逻辑联系的独立概念。

相对"生态"一词，提出"生态文明"这一概念的时间晚了许多。1962年，美国海洋生态学家蕾切尔·卡逊出版的《寂静的春天》一书被学术界普遍认为是近代生态文明发展的里程碑。1984年，苏联的环境学家利皮茨基提出了生态文化（Ecological Culture）的概念。1985年，我国学者翻译了利皮茨基文章的主要内容，并在《光明日报》的《国外研究动态》专栏公开。张擅在翻译时直接将"生态文化"翻译为"生态文明"（Ecological Civilization），提出了共产主义的教育目标和教育内容之一就是要培养民众的生态文明思想。"生态文明"作为术语在我国是首次出现，是从现代生态要求的视角认识自然与社会之间相互作用的科学论断。1986年，刘思华教授在全国（上海）第二次生态经济科学研讨会上提出，社会主义的物质文明、精神文明和生态文明需要协调发展的新观点[①]。基于此，学术界普遍认可刘思华教授是"生态文明"概念的首次提出者。1987年，我国著名的农业经济学家、生态经济学家叶谦吉教授，在全国农业研讨会上针对国内生态环境问题越发严重的现实情况，从实践层面再次提出生态文明，倡导要大力建设生态文明。第二年，叶谦吉在《生态农业——农业的未来》一书中给生态文明下了定义：生态文明是人类既从自然界获利，又返利于自然，既改造着自然，又保护着自然，要保持人与自然和谐统一的关系。这是我国首次明确对"生态文明"一词下定义，基于此，学术界也有相当一部分学者认为，

① 刘思华. 对建设社会主义生态文明论的若干回忆——兼述我的"马克思主义生态文明观"[J]. 中国地质大学学报（社会科学版），2008（4）：60-66.

叶谦吉教授是"生态文明"一词的国内首倡者。不管谁是首位提出者，从此，"生态文明"这个概念就成了学术界研究的对象且备受争议。学者们或从人和自然关系的角度，或从公平与正义的角度，或从人、自然和社会三者关系的角度，或从可持续发展的角度对生态文明的内涵进行界定。由于研究视角和侧重点各有不同，得出的答案也各不相同。总的说来，都是针对人与自然、人与人、人与社会之间的矛盾关系来进行阐述的。

尽管 20 世纪 80 年代中国已经提出了生态文明的概念，甚至在中央或者地方官方文献中也使用过，但一直没有得到广泛重视与应用。直到 2007 年，胡锦涛同志在党的十七大报告中才明确提出要建设生态文明以及建设的长远目标和战略重点，从此，"生态文明"一词才广泛进入人们的视野。2012 年，党的十八大报告中提出，要树立保护自然的生态文明理念，要把生态文明建设融入经济建设、政治建设、文化建设、社会建设各方面和全过程，凸显它的重要地位，推进建设美丽中国，实现中华民族永续发展。我国提出的"五位一体"总布局为生态文明的建设奠定了理论基础。2017 年，生态文明建设在党的十九大报告中被列为社会主义现代化强国的目标之一，并被赋予了新的含义：战略层面指出必须坚持党的领导，坚定不移地走中国特色社会主义道路；思想层面坚持人与自然和谐共生的理念，践行绿水青山就是金山银山的理念；目标层面提出了建设成为富强民主文明和谐美丽的社会主义现代化强国，实现绿色发展；体制机制层面强调建立"政府主导、企业主体、社会组织和公众共同参与"的多元化环境治理体系。2018 年 5 月 18 日，习近平在全国生态环境保护大会上发表重要讲话，全面系统地回答了生态文明"为什么建设，建设什么样和如何建设"等一系列基础性理论与实践问题，并着重阐述了生态文明建设的"六大原则""六项政策举措"等内容。这次会议标志着习近平生态文明思想的形成，这一思想对新时代解决"三农"问题、建设美丽乡村、实现乡村振兴具有重要的指导意义。

2019 年 4 月 8 日，习近平在参加首都义务植树活动时讲道，要统筹山水林田湖草系统治理，因地制宜深入推进大规模国土绿化行动，持续推进森林城市、森林乡村建设，着力改善人居环境。2020 年 11 月 14 日，习近平在全面推动长江经济带发展座谈会上讲道，要在严格保护生态环境的前提下，全面提高资源利用效率，加快绿色低碳发展，努力建设人与自然和谐共生的绿色发展示范带。

要全面准确理解生态文明的内涵。第一，在理论层面，需进一步深化两个方面的认识：横向维度上，生态文明是一个空间概念，是与物质文明、精神文明、政治文明、社会文明相并列的文明形式，重点强调协调人与自然关系所达到的文明程度，也称狭义的生态文明。纵向维度上，生态文明是一个时间概念，是继原始文明、农业文明、工业文明之后，逐渐孕育的一种更先进、更高级的人类文明形态，它不仅关注人与大气、河流、海洋、土壤、草原等各种地理环境的和谐关系，还关注人与社会的和谐关系：从地域看，涉及城市、乡村，乃至全球各个国家、地区；从领域看，涉及农业、工业、科技等各领域，进而实现自然、经济、社会系统的整体利益和可持续发展，也称为广义的生态文明。第二，在实践层面，需要把握生态文明不仅是一种观念意识、价值关怀，更是一种实践方式和行为遵循，强调理论与实践的内在统一。总之，生态文明就是人类在认识、改造世界的过程中，遵循自然生态环境、经济社会可持续发展的规律以及人的自由全面发展的规律，协调人与自然、人与社会以及人自身和谐发展关系中所取得的物质、精神、制度等方面成果的总和。生态文明以自然生态领域为基础，逐渐扩展到整个社会，贯穿经济建设、政治建设、文化建设、社会建设的全过程和各个方面，反映了一个社会的文明进步状态，是人类迄今最高的文明形态。[①] 第三，要把握好生态文明的几个重要特征：一是角度的整体性。生态文明是全人类与整个自然生态圈关系的思考命题。二是协调的多维性。研究生态系统需要复合多学科、多领域的协调发展与研究。三是转化的多元性。人与自然的关系实际上是人类从自然生态资源中获取物质资料后，再去改造自然的过程，实质上是能量、信息、物质等要素的转化过程。四是发展的认知性。生态文明的实践是永无止境的，人类的认知能力也要不断深化，人类要主动适应新的发展需要并提供智力支持。

二、农村生态文明建设的概念及缘起

（一）农村溯源

何为农村？在《新华字典》中，把农村解释为"以从事农业生产为主的

---

① 周光迅，王敬雅．资本主义制度才是生态危机的真正根源 [J]．马克思主义研究，2015（8）：135-143．

劳动者聚居的地方"。从行政区域上看，农村是城市和县城以外的地域。与城市和县城相比，农村基础设施、道路交通、公共服务等硬件建设水平较低，工商业、文化教育、医疗卫生等发展水平相对滞后，但在农村地区，乡土气息浓郁，当地民俗浓厚，田园风光秀美，人口主要从事农业生产，家族呈聚居状态。但随着中国特色社会主义事业的不断发展，农村的含义也更加丰富。

马克思、恩格斯最早关注研究农业、农民问题，其在《政治经济学批判》《共产党宣言》《德意志意识形态》《资本论》《反杜林论》等著作中都有对农村、农业和农民问题的相关阐述。马克思认为，劳动分工促使社会分离为城市与农村。第一次劳动分工，人类从原始部落中形成了农业与畜牧业。第二次劳动分工促使商业与手工业从农业中分离出来，产生了农业与手工业。随后，农业、手工业与商业的分离又促成了人们居住区的分化，从事农业的人们形成了一个群居地区，从事商业和手工业的人们形成了另一个群居地区。"一切发达的、以商品交换为中介的分工基础是城乡的分离"。[①] 这两大群居地区随着社会生产力不断提高，生产关系不断调整适应，资本主义私有制与阶级分化的不断加深，社会渐渐形成了城市与农村，农，是指种庄稼的；村，是指种庄稼的农民聚居的处所。农村就是以从事农业生产为主的劳动者聚居的地方。

（二）农村生态文明建设内涵

党的十九大报告明确提出，按照"产业兴旺、生态宜居、乡风文明、治理有效、生活富裕"[②] 的总要求，推进农业农村现代化。这20字要求是对在党的十六届五中全会提出的"生产发展、生活宽裕、乡风文明、村容整洁、管理民主"20字新农村建设目标的升华和演绎。特别是"生态宜居"较之"村容整洁"，"治理有效"较之"管理民主"，凸显了新时代农村生态文明建设的更高要求。上述要求还表明：农村生态文明建设是从经济、政治、文化、社会、制度、环境等方面打响的一场全方位、多层面的"生态革命"，其既是我国生态文明建设的基础，也是我国社会主义特色事业的重要组成部分。

---

① 马克思．资本论：第1卷[M]．北京：人民出版社，2004．
② 习近平．决胜全面建成小康社会 夺取新时代中国特色社会主义伟大胜利[M]．北京：人民出版社，2017：32．

农村生态文明是指农民与农民生产生活的农村地区的自然生态环境之间一种可持续的、和谐共生的文明形态。这种文明形态不单指环境保护和生态建设，还应当涵盖物质文明、精神文明、经济文明、政治文明和社会文明等方面，打造有历史记忆和地域特色的美丽乡村，最终形成凝聚了生活美、社会美、环境美、时代美、百姓美的生态和谐之美丽乡村。其主要体现为三个转变：一是思维方式转变，坚持生态优先理念。引导农民正确认识人与自然的关系，认识到人类有义务尊重自然，自觉维护自然平衡，主动适应自然发展，合理开发资源，才能实现可持续发展。二是生活方式转变，推行绿色环保的生活方式。加强乡风民风建设，采取奖惩相结合等多种措施，切实提高农民素质，培养农民良好的生态文明习惯。三是生产方式转变，引导农民用现代化的科技实现生产方式的转变，实现农业绿色发展目标，推进生态产业发展，壮大农村生态经济，激发农业发展新动能。总之，农村生态文明建设要以绿色发展理念为引领，着力提升农民文化素质，提高农民生活质量，通过组织新业态、发展新产业、激发新动能，努力建设环境优美、生活富足、精神富裕的生态新农村。

（三）农村生态文明建设源起

现实层面，和城市相比，乡村地区的生态问题更加严峻：水资源、森林资源日益短缺，沙漠化和草原退化趋势仍未扭转；点源污染与面源污染较严重。当前乡村发展建设存在诸多问题：一是发展理念滞后，中国很多乡村因不具备人才、资金、组织模式等良好因素，缺乏与现代城市的信息与文化交流，乡村发展理念传统、保守、缺乏创新。二是产业发展不够迅速。因产业结构、资源配置不合理，资源未得到充分利用，产业缺乏延伸、融合，生产力有待提高，应该重视循环经济、坚持可持续发展模式。三是村民收入还不稳定和持续。西部地区乡村的产业结构单一，就业机会偏少，村民经济收入主要依靠种养殖等第一产业，城乡收入差距较大。四是乡村配套设施不完善。由于乡村自然村屯一般规模较小，布局分散，加上计划生育政策与城市化进程，空心村情况普遍，很多自然村屯缺乏医疗、教育等公共服务设施，就医、求学通常距离较远，偏远农村存在一定的看病难、求学难等情况。五是专业人才匮乏。由于农村就业机会少，发展空间有限，很多人才选择了发展前景好的大城市就业，导致农村人才外流，农村也缺乏引入新技术和具有专业技术工作人员的机制，这是导致农村发展滞后的主要因素。六是资金支持力度不够。并不是所有乡村都有良好的区位优势、生态优势和产业优势，再加之自身产业发展的局限性，因此，吸引投资资本的能力不足。七是存在空心村现象。由于计划生育政策，加之城镇化进程及进城务工等原因，农村青、壮年及儿童大量减少，空心村普遍存在。

国家层面，20世纪50年代初期，新中国多次提出"建设社会主义新农村"。目的是解决农村的农业生产、医疗卫生、文化教育方面的问题。20世纪七八十年代，由于改革开放进程的推进，城乡差距逐渐拉大。为巩固农业在国民经济中的基础地位，我国对农村经济进行了提高农产品收购价格，建立健全农业生产责任制等一系列改革，多方面激发农民生产的积极性，但城乡差距仍然进一步扩大。2005年10月，党的十六届五中全会首次全面地勾勒了社会主义新农村美丽蓝图，即生产发展、生活宽裕、乡风文明、村容整洁、管理民主。建设社会主义新农村的本质在于推动政治、经济、文化的全面发展，落实科学发展观，处理好人口、资源、环境之间的关系。2012年，党的十八大报告明确提出，要努力建设美丽中国，实现中华民族永续发展。2013年，中央一号文件《中共中央国务院关于加快发展现代农业进一步增强农村发展活力的若干意见》也做出了建设美丽乡村的工作部署。2017年，党的十九大报告提出了实施乡村振兴战略的部署。报告指出，乡村振兴包括产业振兴、人才振兴、文化振兴、生态振兴、组织振兴的全面振兴。实施乡村振兴战略的总目标是农业农村现代化，总方针是坚持农业农村优先发展，总要求是生态兴旺、生态宜居、乡风文明、治理有效、生活富裕，制度保障是建立健全城乡融合发展体制机制和政策体系。2018年1月2日发布的《中共中央国务院关于实施乡村振兴战略的意见》，提出"坚持人与自然和谐共生。牢固树立和践行绿水青山就是金山银山的理念，落实节约优先、保护优先、自然恢复为主的方针，统筹山水林田湖草系统治理，严守生态保护红线，以绿色发展引领乡村振兴"。至此，新农村生态文明建设在我国整体生态文明战略中的地位更加明确，成为关系到全面小康建设和中华民族伟大复兴的一个关键节点。2019年8月26日，习近平在中央财经委员会第五次会议上强调，要支持各地区发挥比较优势，构建高质量发展动力系统。"要从实际出发，宜水则水、宜山则山、宜粮则粮、宜农则农、宜工则工、宜商则商，积极探索富有地域特色的高质量发展新路子。"2020年2月，习近平对全国春季农业生产工作做出重要指示，要加强高标准农田、农田水利、农田机械化等现代农业基础设施建设，提升农业科技创新水平并加快推广使用，增强粮食生产能力和防灾减灾能力。2020年3月6日，习近平在决战决胜脱贫攻坚座谈会上强调，要利用互联网拓宽销售渠道，多渠道解决农产品难卖问题，要持续推进全面脱贫与乡村振兴有效衔接。习近平总书记2020年3月29日至4月1日在浙江考察时强调，要在推动乡村全面振兴上下更大功夫，推动乡村经济、乡村法治、乡村文化、乡村治理、乡村生态、乡村党建全面强起来。

三、农村生态文明建设的要义

生态是人类生存之本，环境是城乡发展之基，要实现生态文明建设的战略任务，乡村是关键。农村生态文明建设不是空洞的概念了，而是现实的生活元素、客观的历史过程。从农村生态文明建设中的矛盾与冲突来看，其建设要解决的主要问题是调整农村文明建设的发展方向，实现人与人、人与自然的和谐共生。这就从客观上规定了和谐共生应当是农村生态文明建设的核心价值理念。和谐共生作为生态文明的核心价值理念是在农村生态文明建设的实践基础上总结出来的，也是超越工业文明的客观要求。

（一）正确把握和谐共生的本质

和谐共生是当今使用频率很高的概念，但在日常生活中，仍然有人对和谐共生的把握和认识存在一些误区：其一，把和谐共生看作"原初"之和。所谓"原初"之和是指未经分化的统一性和整体性，其间不凸显个性、特殊，不呈现矛盾、冲突的不包容差别的一种混沌状态。这种认识体现的是人们看待问题、对待事物常常以一种常怀思古、拟古情结，把素朴性、齐一性、稳定性、均平性看作和谐共生最基本的元素，因此，他们害怕矛盾，有了矛盾掩盖矛盾、回避矛盾；他们安于现状、维持现状、力保现状，不求上进；不求有功、不求赞美，但求无过、明哲保身；等等。其二，把和谐共生看成是"服膺"之和。所谓"服膺"之和就是把和谐共生理解为在控制、主宰的基础上所获得的一种臣服、一种众口一词、一种完全共识的局面。这种认识体现的是人们反对多元参与、反对双向沟通交流、反对民主决策，习惯于压制个性、诋毁个性、埋没个性，把增强自己的控制力和支配力看成实现和谐共生的最重要的途径。其三，把和谐共生看成"乡愿"之和①。所谓"乡愿"之和是指那些看似忠厚，却无德性的小人，他们认同趋炎附势、四方讨好、随波逐流、媚俗趋时的态度。这种态度体现的是对待人和事时，以失去自我、丧失原则、不辨是非、躲避竞争的方式获得人与人的一团和气，获得事情暂时均衡平静的局面。

和谐共生是人类始终追求的一种价值目标，其本质不在于"原初"的混沌，不在于缺乏竞争意识，不在于失去底线的仁厚，不在于于失去个性，不在于骄横的飞扬跋扈。中国传统文化非常崇尚和追求"和谐"之境，中华民族素以"贵和"著称。例如有"与天地合其德，与日月合其明，与四时合其序，与鬼神合其吉凶"的宏观指涉，也有"兄弟敦和睦，朋友笃诚信"的细致训导②，还有最能体现和谐共生的内涵的"和而不同、和而不流"的观点。和而不同指的是不同的事物要经过相互协调、相互配合才能形成和谐共生的状态，因而，其本质是强调不同事物之间的相互弥合，相互融合，进而形成合力的一种境界。和而不流指的是人际交往中追求君子风范，不随波逐流、任意附和。其本质是在重视多元性、正视差异的基础上，通过不同事物之间的动态整合达到和谐共生的境界。

西方文化思想中也有丰富的和谐共生的思想观点。古希腊时期，毕达哥拉斯就从多方面阐述了和谐共生的内涵。他将数看作万物的本源，认为自然界的一切现象和规律都是由数决定的，和谐共生的第一种情况就是服从数的关系，第二种情况是强调音符之间的合成和流动产生的和谐之美。后来，这种观点延伸到社会事务之中，强调和谐共生在于社会的公正，让社会成员在社会生活中愉悦地、毫无顾虑地享受物质生活，毕达哥拉斯有一句名言，"一定要公正。不公正，就破坏了秩序，破坏了和谐，这是最大的恶"。把社会和谐与公平正义相结合，这是西方如柏拉图、亚里士多德等诸多思想家思考问题所得。

在马克思主义的哲学体系中，"和谐共生"这一范畴表现为多样性统一的规定，这种多样性统一既包含量的差异统一，也包含质的差异统一，却又超出了量和质的差异统一，表现为度的关系。和谐共生反映了质、量统一的度的关系，具有辩证意蕴。和谐共生不仅包含了差异、矛盾和对立等方面的

① 刘湘溶. 我国生态文明发展战略研究 [M]. 北京：人民出版社，2012：72.
② 刘湘溶. 我国生态文明发展战略研究 [M]. 北京：人民出版社，2012：72.

独立性，还消除这种独立性，并将这种差异、矛盾、对立服从于协调一致。也就是说，和谐共生中的差异要指向统一，多样要被统一统摄，差异不能以自身的特点片面地体现出来破坏和谐。和谐共生还体现了平衡对称、对立统一等形式规律。持这种观点，就要求我们考察事物时，不能因事物本身的形有大小、长短、高低、方圆、曲直、正斜等之分，不能因事物的质有强弱、刚柔、轻重、润燥等之分，不能因事物的势有缓急、进退、动静、聚散、抑扬、升沉等之分，而不把彼此不同的要素统一在一个具体的事物之中，展现事物的完整的和谐之美。同样，社会也如此。

以上说明，我们认为，对农村生态文明的核心价值理念的"和谐共生"本质的把握，需要注意三方面：第一，和谐共生内蕴着差异、矛盾、对立和对抗等，正因为事物之间有这些竞争，才有事物的生命力，才形成了和谐共生的局面。第二，竞争是有限度的。也就是说竞争不能无序，竞争是要服从和谐、统一的局面，竞争是实现和谐共生的手段、路径。第三，和谐共生是发展的、动态的、逐步完善和提升的。实现和谐共生既是现实的终点，又是未来的起点。

（二）正确确定和谐共生的指涉范围

在农村生态文明建设中，和谐共生所涉及的范围很广、层面很多。第一，是人与自然的和谐共生。人是自然物，人的生存发展需要不能超出生态系统所能承受的范围，要在尊重生态规律、不破坏自然生态系统可持续性的前提下进行人类的各种生产、生活活动；人又是能动的自然物，通过自身的实践活动来修复破损的自然，改造自然，真正实现生态良好和美好生活并存的局面。第二，人与人之间的和谐共生。这是从社会关系的层面来讲的，生态问题归根到底是利益问题。任何保护生态环境的行为都会牵涉一定的利益问题，任何破坏生态环境的行为也同样与一定的利益有关，因此，协调和理顺各种社会利益关系是实现社会和谐的重要条件。例如，利用自然资源和分担生态负担还存在着城乡不公平、区域不公平、阶层的不公平等问题。社会和谐还包括构成一个社会的各种要素合理搭配、密切配合、相互促进，要使生态建设与经济建设、政治建设、文化建设和社会建设都得到协调发展。第三，人与自身的身心和谐。工业文明时代极大地放大和张扬了物质因素的力量和作用，人自身丰富的各种社会生活的内涵消失了，人成为只为物质利益而拼争的单一的个体，对社会和他人的依赖，对生命意义的沉思让位于对物质利益的追逐，从而导致人与人之间的矛盾和冲突，这种矛盾和冲突必然反过来伤害人自身，人为了自身的利益，又必然加剧对自然的伤害。因此，人自身的失衡也是造成生态问题的重要原因。

总之，农村生态文明所追求的价值目标是在发展中求得人与人、人与社会、人与自然、人与自身之间的和谐共生、良性循环、全面和谐、持续繁荣。作为农村生态文明核心价值理念的和谐共生，最根本的意义是让文明成果为所有人占有、分享，创造和谐就是为了提高人的幸福生活指数，让栖居在地球上的这些成员能够过上幸福的生活，能够分享社会资源、共同体验广泛交往的乐趣。

四、农村生态文明建设的意义

在中国，广袤的农村地域和众多的农村人口占据了全国国土面积和人口的绝大部分。建设美丽中国，起点在农村，关键在农村，实现也在农村。农业、农村、农民问题是建设美丽中国的基础，建设美丽中国就要实现农业现代化，建设好美丽乡村。作为落实生态文明建设的重要举措和在农村地区建设美丽中国的具体行动，没有美丽乡村，就没有美丽中国。

（一）建设美丽中国的基础

从美丽乡村建设到 2012 年党的十八大报告提出建设"美丽中国"，我们党对中国特色社会主义的科学内涵和现代化的建设目标的新认识，深刻体现了生态价值从"美丽乡村"到"美丽中国"这个过程中空间的拓展性和内容的丰富性。

首先，农村生态文明建设是建成富强民主文明和谐美丽社会主义现代化强国的前提。没有山清水秀的乡土中国，就没有美丽中国；没有天蓝水净的美丽乡村，也就没有生态文明。目前，我国农村依旧是经济社会发展落后区域，农业是生产力水平较低的产业，农民是生活水平较低的社会群体，"三农"问题仍然是我国革命和建设的根本问题，也是制约我国建成富强民主文明和谐美丽社会主义现代化强国的关键性难题。因此，必须加快农村生态文明建设速度，探索农村经济社会全面、协调、可持续发展的绿色之路。

其次，农村生态文明建设是建成"美丽中国"的必由之路。从农村到城市，从城市到全国的生态空间拓展，体现了局部、整体的辩证统一。美丽乡村建设典型示范向全国乡村的推广，从典型到普遍，从而实现中国乡村建设的整体生态变迁。"美丽中国"的提出则是在"美丽乡村"建设的基础上，在城乡一体化的实施过程中，实现城市和乡村的整体生态变迁。2008 年，环境保护部（现为生态环境部）公布了 24 个首批国家级生态村，标志着我国对农村生态建设管理和评价进入了新阶段。梳理和研究我国农村生态文明建设的典型模式，重点研究现代化过程中生态文明建设与经济、政治、文化、社会之间的良性互动的典型农村，并在此基础上总结和深化各地因地制宜建设美丽生态乡村的实践经验，进一步推进中国生态文明建设。

最后，农村生态文明建设是落实建成"美丽中国"的重要举措和具体实践。"美丽乡村"建设符合国家总体构想，符合社会发展规律，符合我国国情。中华人民共和国农业农村部（原农业部）2013 年 5 月下发的《农业部"美丽乡村"创建目标体系》，按照生产、生活、生态和谐发展的要求，坚持"科学规划、目标引导、试点先行、注重实效"的原则，以政策、人才、科技、组织为支撑，以发展农业生产、改善人居环境、传承生态文化、培育文明新风为途径，构建与资源环境相协调的农村生产生活方式，打造"生态宜居、生产高效、生活美好、人文和谐"的典型，形成各具特色的"美丽乡村"发展模式。只有真正实现了农村生态文明建设的目标，才能实现"美丽中国"的建设目标。

（二）顺应农村居民的期待

建设亿万农民的美好家园，共筑中华民族的"美丽乡村"是最广大农民群众的美好愿望。美丽乡村如何建？如何处理好农村经济发展与环境的关系？村庄建设要注意保持乡村风貌，营造宜居环境，是城镇化与新农村建设的良性互动。

中国特色社会主义进入新时代，我国社会的主要矛盾已经转化为人民日益增长的美好生活需要和不平衡不充分的发展之间的矛盾。农村又是人与自然关系最为密切的区域，也是我国生态文明建设的主战场和薄弱区，人民群众对优美生态环境的需要已成为这一矛盾的重要方面。现阶段，我国实施的乡村振兴战略中的"生态宜居"给农村生态文明建设提出了新的发展要求，迫切需要农村进行生态文明建设和"美丽乡村"建设。农村生态文明建设需要各个乡镇根据当地农村实际，补好补齐我国农村生态文明建设区域不平衡这块短板，满足广大人民群众热切期盼，加快提高生态环境质量和对美好生活的愿望。一是营造优美的生态环境。一方面要保留传统村庄的历史布局。老街、老屋、老桥、老井，每个都有故事，各个都渗透着祖先、前辈的古老智慧。另一方面，挖掘文化底蕴，展现人文内涵。乡村遗留有科学价值和艺术价值的文物古迹、建筑文化艺术、名人故居、革命遗址和手工业等文化遗产，展现其文化底蕴，体现个性特色。二建设比较完善的基础设施和生活设施，包括现代化的交通设施、水电供应设施、生产生活垃圾处理设施，便利的医院、银行、邮电以及学校，全面改善农村生产生活条件，实现城乡公共服务均等化。三是实现村民富裕的生活。"三农"问题的核心是农民增收问题。近年来，尽管农民收入有所提高，但我们也不能盲目乐观。目前城乡收入差距仍然十分巨大，农民增收仍然困难重重，农民的增收远不是那么稳定和持续，我们应该努力从解决农民增收问题的深层次矛盾出发，建立持续增收的内生机制。四是实现村民高品质的生活质量。加强农村生态建设、环境保护和综合整治，尤其是加强农作物秸秆综合利用，搞好农村垃圾、污水处理和土壤环境治理、实施乡村清洁工程，加强农村河道、水环境综合整治等；实现生产发展，如畜牧业、种植业、特色旅游产业等，生活富裕、生态良好的平衡发展。

（三）彰显新时代党的执政能力的重要举措

立党为公、执政为民是中国共产党一切工作的出发点和落脚点。农村生态文明建设通过为农民做好事、办实事的路径，实现农民利益最大化，使农民居住环境整洁化、生活条件优越化等。党的十八大以来，党中央十分重视我国农村生态文明的建设问题，在诸多不同场合中都发表过关于生态文明建设的科学论断。2015 年，十八届五中全会把"美丽中国"写进了"十三五"规划；2017 年 10 月，党的十九大报告提出，要加快进行生态文明体制改革，建设"美丽中国"；2018 年两会中，中国政府再次强调"美丽中国"的重要性；2018 年，习近平总书记在全国生态环境保护大会上指出，2020 年要实现农村人居环境明显改善，生态环境明显好转，到 2035 年实现农村生态环境根本好转，美丽宜居乡村基本实现，到 2050 年实现"农业强、农村美、农民富"。由此可见，党中央制定的农村生态环境治理目标既清楚地认识到农村生态环境的现状，又重视农村生态环境治理，不急于求成，站在广大群众的立场上，根据我国农村实际情况，提出符合实际的乡村建设目标，这个目标与新时代我国的国家建设目标——"建成富强民主文明和谐美丽社会主义现代化强国"相辅相成。我国对农村生态问题的高度重视和把握彰显出党中央对生态文明建设问题的清醒认识和对执政规律认识的深化。可以说，开展农村生态文明建设是一块吸铁石，凝聚广大农民群众围绕在党中央周围；同时，也是一块试金石，检验着各级党组织及每位党员干部的执政能力。

第三节 农村生态文明建设的内在矛盾与冲突

近年来，随着经济社会的发展，我国农村生态文明建设取得了明显成效，但也存在许多问题，生态与资源的供需矛盾越来越突出，生态公共产品已经不能完全满足社会成员的需要，生态系统的服务功能明显滞后，导致人与自然之间的利益关系转向人类与有限生态利益的分配方式和分配结果之间的矛盾，导致深层次的生态环境问题的产生。剖析其产生根源，是人们对自然资源的不同利益诉求及其矛盾与冲突。从利益构成要素的角度分析，生态利益的矛盾和冲突主要划分为利益主体矛盾、利益客体矛盾和利益主客体矛盾三种情况。

一、利益主体矛盾

所谓利益，就是人们受客观规律制约，为了满足生存和发展而产生的，对于一定对象的各种客观需求。通俗地讲，利益是指好处。《牛津法律大辞典》中将利益解释为：个人或个人的集团寻求得到满足和保护的权利请求、要求、愿望。利益是一个社会学名词，指人类用来满足自身欲望的一系列物质、精神的产品，从某种程度上来说，包括金钱、权势、色欲、情感、荣誉、名气、国家地位、领土、主权等所带来的快感，但凡是能满足自身欲望的事物，均可称为利益。利益依附欲望而生，组成社会的基本元素是人，就不可避免地出现了阶级、既得利益者、阶级矛盾、政治、战争……利益冲突决定着一切。利益是用来解决各种矛盾的，利益的不同取决于所面临的矛盾的不同。

利益矛盾在农村生态文明建设社会关系中利益主体之间的矛盾表现得最平常、最突出。由于利益的分化，作为利益主体的个体、群体、区域之间都可能产生矛盾冲突。在时间维度上，利益主体的生态利益矛盾主要表现为当代人和后代人之间的代际利益的矛盾与冲突。人类历史是一个连续的过程，当代人和后代人都要依靠一定的自然资源才能生存和发展，对自然资源的需求同等重要。因此，当代人在享受生态利益的同时，理应承担保护生态环境的道德责任和道德义务，这种责任和义务就是把人类的当前利益与长远利益有机结合起来，实现生态系统的可持续利用和生态利益的代际共享与代际均衡，因为后代人与当代人应拥有同等的生存权与发展权。然而，人们在开发利用自然生态资源时，往往受历史局限更加注重现实需要而忽视长远需要，尤其在利益最大化的诉求引导下，为满足当代人当前需要，往往以牺牲后代发展为代价，耗费了大量资源能源，破坏生态环境，将生态责任转嫁给后代人。

在空间维度上，利益主体的生态利益矛盾主要表现在三个方面：第一，城乡之间的利益矛盾。城市和乡村是一个不可分割的整体，但由于我国城乡二元结构长期存在，二者之间的生态利益并非完全一致，因此，存在着矛盾和冲突。国家往往更重视工业和城市的发展，而忽视乡村和农业的发展。一方面，广大农村的生态资源被输送到城市，却承担自然环境被破坏的责任而失去生态利益。另一方面，城市污染向农村转移的趋势越来越严重，但环境治理的重点却在城市。第二，区域间的利益矛盾。我国东西部地区的生态资源存在天然差异，经济社会发展存在不平衡性，东部发达地区往往凭借其天然优势，对西部欠发达地区的生态资源和生态利益进行剥夺，常常引发区域之间的生态利益冲突。例如，发达地区和欠发达地区为谋求发展，一般是把欠发达地区的资源、能源输往发达地区，欠发达地区为了发展以牺牲自身的生态环境和资源为代价，却未获得发达地区相应的生态补偿，不发达地区长期处于贫困与生态恶化的恶性循环状态。第三，整体与局部之间的利益矛盾。由于狭隘的利己主义和地方保护主义的影响，不同个人、群体和地区作为相对独立的利益主体，为了自身利益习惯忽视全局利益，为了局部利益而牺牲整体利益。然而，社会的公共利益具有整体性和普遍性，是独立于个人利益之外的一种特殊利益[①]。其公共性决定了个别社会成员不可能独占利益，但是，每个社会成员总是希望从公共利益中多分得利益，实现个人利益最大化。正因为个人所追求的仅仅是自己的特殊利益，马克思认为，这种共同

---

① 孙笑侠.法的现象与观念[M].济南：山东人民出版社，2001：46.

利益是"异己的"和"不依赖"他们的①，势必导致集体利益与个人利益的矛盾与冲突。第四，中央政府与地方政府之间的矛盾和冲突。作为代表国家和社会整体利益的中央政府，出发点更倾向于从大局和总体上全盘考虑经济社会的发展目标与生态环境保护之间的关系。而地方政府作为一定区域范围内的经济社会管理者，则更多地维护地方的局部利益和特殊利益实现地方政绩，因此，由于责任不同，在客观上也会导致利益的矛盾和冲突。

二、利益客体矛盾

农村生态文明建设中的经济利益与生态利益是既有联系，又有区别的。

第一，生态利益是经济利益创造的前提和基础。自然环境是人类的生存空间和衣食原料的来源，是人类追求经济利益的载体，为人类各种经济活动提供不可或缺的资源和条件。自然生态资源的丰富与贫瘠也决定着经济活动的规模。自然生态环境在一定程度上决定着人们的生活环境和精神风貌。正因为如此，马克思说："无论是人还是动物，人类生活从肉体方面来说都要靠无机界生活，人和动物相比，人赖以生活的无机界的范围更广阔。从实践领域来说，这些无机界也是人的生活和活动的一部分。人在肉体上只有靠这些自然产品才能生活，不管这些产品是以食物、燃料、衣着的形式还是以房屋等的形式表现出来。自然界是人为了不致死亡而必须与之处于持续不断地交互作用过程的人的身体。"②

第二，经济利益受生态利益的约束和限制。自然生态环境对于人类对它的开发利用程度有一定的限度，人类获取经济利益必须控制在生态环境容量和自然资源承载力允许的范围之内，不能为所欲为、无所顾忌。如果人类过度索取大自然资源，过分追求经济利益，势必会导致自然环境的不断恶化和衰退，甚至使自然生态环境减弱或丧失满足人类经济利益的功能。经济利益与生态利益也是相互联系的整体，经济利益的生产是进行物质生产和经济建设，生态利益的创造是进行生态建设和环境保护。无论是生态利益还是经济利益，都是现实世界对人类需要的一种满足，二者在根本上具有一致性，两者统一于全面协调、可持续的科学发展当中。

当前，经济利益与生态利益的冲突主要表现为：第一，我国是最大的发

---

① 马克思恩格斯选集：第 1 卷 [M]. 北京：人民出版社，1995：85.
② 马克思恩格斯选集：第 1 卷 [M]. 北京：人民出版社，1995：45.

展中国家，对经济增长的要求更为迫切。因此，仍以经济建设为中心，把经济发展放在重要位置。仍有一些地方急不择路，积极效仿西方发达国家，采用以生态环境利益为代价换取经济利益的发展模式。一些贫困落后地区，为了脱离贫困，为了解决温饱，为了获取一点微薄的经济利益，不惜以严重的生态破坏与环境污染作为代价，如过度开发利用生态资源，大量开发和出卖宝贵的自然资源和低附加值的初级产品。正像艾伦·杜宁所说，贫困是解决环境问题的关键，一无所有的农民以砍伐和焚烧拉丁美洲深处的森林谋求生活，饥饿的牧民把他们的畜群驱赶到脆弱的非洲草原，使其变成荒漠，在绝望中，他们只能通过损害未来来拯救现在。① 第二，经济发展是社会发展的核心和基础。无论个人还是群体，事实上基本都会优先考虑经济利益再考虑生态利益，经济利益仍是人们所追求的最主要的利益内容。正如约翰·贝拉米·福斯特所讲，资本主义国家把追求经济利益增长作为首要目的，所以要不惜任何代价，追求经济增长。这种迅猛增长通常意味着迅速消耗能源和材料，同时，向环境输送越来越多的废物。② 第三，生态利益具有公共性、整体性、长远性的特点。相比生态利益，经济利益更具有具体性、直接性和私人性的特点，它能够在物质上很快地给主体带来实实在在的好处，如生活水平的提高、利润的增长等，进而成为人们从事经济活动的强大动因，这也是生活中常常发生取经济利益而舍弃生态利益的理由。

三、利益主客体矛盾

恩格斯曾说："我们对自然界的全部统治力量，就在于我们比其他一切生物强，能够认识和正确运用自然规律。"③

（一）人类的主观认识与生态环境之间的矛盾

自然生态系统有自身发展的规律，不管人们是否认识，自然规律都是不以人的主观意识为转移的，人们不能制造规律也不能消灭规律。人具有主

---

① ［美］艾伦·杜宁. 多少算够——消费社会与地球的未来［M］. 长春：吉林人民出版社，1997：6-7.

② ［美］约翰·贝拉米·福斯特. 生态危机与资本主义［M］. 耿建新，宋兴无，译. 上海：上海译文出版社，2006：2-3.

③ 马克思恩格斯选集：第4卷［M］. 北京：人民出版社，1995：384.

观性、创造性，能够自由发挥人的主观能动性去认识和揭示规律，顺应规律。正如马克思所说："不以伟大的自然规律为依据的人类计划，只会带来灾难。"① 按规律办事才能从中受益，否则就要受到惩罚和报复。

近代以来，特别是 21 世纪自然科学迅速发展，人类中心主义和消费主义的兴起，资本主义工业发展，造成了严重的生态环境问题。正如马克思所说："在这个时代，每一种事物都包含有自己的反面。技术的胜利，似乎是以道德的败坏为代价换来的。随着人类愈控制自然，个人却似乎愈易成为自然的奴隶或自身卑劣行为的奴隶。"②

人类中心主义者认为，人是世界万物的统治者和核心，人类可以通过技术力量的发展来控制和支配自然；认为人的一切行动的目标和出发点都是向自然环境索取；认为自然界的存在意义仅仅是为人类的生存和发展提供物质保障。归结起来，一切以人的利益为尺度，一切从人的利益出发，一切为人的利益服务。消费主义是指一种毫无节制地消耗自然资源和物质财富，把物质消费看作人生最高目的，把个人享受看作自己唯一幸福的源泉。同时，它还主张通过刺激消费来促进社会资本的快速运转，加快生产—分配—流通—消费的循环，从而形成通过大量生产、大量消费、大量废弃的方式促进经济增长的机制。无论是人类中心主义还是消费主义，这些认识和理论都是把人类凌驾于自然之上，将人与自然对立起来，导致人类无情索取和掠夺地球上的自然生态资源。实际上，人类要遵循自然生态环境发展的规律，协调好人与自然的矛盾与冲突，尽可能保持生态道德的自觉性，树立尊重自然、顺应自然和保护自然的生态利益观，尊重其他生命形式的价值，维持生态环境的多样性、稳定性。

（二）人口发展与环境资源承载的矛盾

进入 21 世纪，人口发展与生态资源环境之间的主要矛盾表现在两个方面：一是人口过快发展会破坏生态资源环境的平衡。人类的生存和发展需要丰富的自然资源和良好的生态环境，人口增长过快，人口总规模的增加，人口分布过于密集，势必会增大对资源环境的消耗和压力，使自然生态系统偏离平衡状态。例如，人口激增会加大对粮食的需求，人们必然会大量使用化

---

① 马克思恩格斯全集：第 31 卷 [M]. 北京：人民出版社，1972：251.
② 马克思恩格斯选集：第 1 卷 [M]. 北京：人民出版社，1995：775.

学肥料和毒性农药来提高粮食和经济作物的产量，这样，可能会导致植被破坏、森林减少、土壤退化、物种灭绝、土地过度开垦、水资源严重污染。人口激增还会增大工农业和群众生活"三废"的排放量，降低生态环境的自我调节和自净能力，如果不进行合理的调控，超出生态环境的承受能力，就会打破自然生态平衡，人类就会受到自然界的报复。

二是环境通过自身的承载力对人类的人口发展、构成以及各种活动起着约束性作用。这种作用体现在很多方面。如果生态环境被污染，生活在污染区的人们身心健康和生命安全就会受到严重的威胁，甚至是遭到疾病和死亡的危险。有数据显示："目前我国75%的慢性病与生产和生活的废弃物污染有关，癌症患者的70%～80%与环境污染有关。"[1] 如果资源短缺，人们相互之间的资源争夺就会加剧，摩擦与冲突就会持续增多，人们生活水平和生活质量提高就会面临巨大压力。[2] 如果生态环境脆弱，就会引起各种灾难发生，每年自然灾害所造成的损失和抵抗自然灾害付出的代价就会变大。如果以农业耕作区置换"工业园区、城市集群、若干加工场"等方式，势必会造成大量的废水、废气和废物污染自然环境，人民的生活环境就会急剧恶化。

---

① 余源培．生态文明：马克思主义在当代新的生长点 [J]．毛泽东邓小平理论研究，2013(5)：17-23．

② 唐代兴．利益伦理 [M]．北京：北京大学出版社，2002：49．

第二章　农村生态文明建设之理据

　　中国共产党是以马克思主义为指导的伟大的光荣的正确的政党。是马克思主义一直指导着中国共产党人进行新民主主义革命，社会主义革命、建设、改革以及新时期社会主义现代化建设，在生态文明建设方面也是如此。中华民族优秀传统文化中儒家的"天人合一"、道家的"道法自然"、佛家的"众生平等"等各类思想主张无不闪烁着生态文明的光芒。尤其中华人民共和国成立后，中国共产党历届领导集体在发展社会经济时，日益提高对生态文明建设的重视程度，并在理论和实践上进行了大量的、行之有效的探索和发展。马克思恩格斯生态文明思想、中华优秀传统文化蕴含的生态文明思想以及中国共产党历代领导集体生态文明思想，构成了新时代中国农村生态文明建设的理论基础。

第一节　马克思恩格斯的生态文明思想

马克思与恩格斯因受到历史时代限制，并没有对"生态文明"特别是"农村生态文明建设"进行直接论述，但在他们的著作中却保留了大量的关于人类与自然、自然与社会关系的论述。从这些论述中，我们可以发现和归纳出较为系统、丰富的生态文明思想。在马克思恩格斯看来，人类是大自然的产物和重要的组成部分，人类对自然界存在依赖性，自然界是人类生存以及发展的基础条件。同时，人类又是社会的产物，具有一种高于自然物质的属性，具有能动性。人类不仅具有认识世界的能力，更具有改造世界的能力，可以保护和修复生态环境，实现人与自然和谐共处，这是马克思、恩格斯生态文明思想的基本观点。

一、人是自然存在物

马克思认为，要想透彻地理解资本主义生产方式，首先就应该清醒地认识与理性地把握人与自然的关系。马克思不是孤立地去理解人类变革自然的行为，而是把这种行为纳入自然界、人类社会、主体自身三者关系的整体系统去考量，关注人与自然、人与人（社会关系）、人与自身（精神世界）的三对关系，马克思还把人与自然的关系看作后两者关系的逻辑前提，从而揭示了人与自然存在的辩证统一关系。

（一）人是自然发展的产物

人是自然界长期发展过程中某一历史阶段的产物，"人本身那些现实的、有形体的、站在稳固的地球上呼吸着一切自然力的人，是自然界的产物，是在积极的环境中并且和这个环境一起发展起来的"①。因此，人的生存和发展离不开自然界。恩格斯认为，"我们连同我们的血肉和头脑都属于

---

① 马克思恩格斯选集：第3卷[M].北京：人民出版社，1995: 167.

自然界和存在于自然界之中"①。与永恒的自然相比，人类只是自然界某一历史阶段的产物，因此，自然是人类劳动的对象，也是生产资料的来源。"没有自然界，没有外部的感性世界，劳动者就什么也不能创造。"②马克思在《1844年经济学哲学手稿》中指出，人类是有机身体和无机身体的统一，自身的肉体是有机的，无机的身体就是自然界，因此，人类是无法脱离自然界而生存的，人为了生存与发展必须与自然界进行持续的友好的交互作用，因为自然界会为人类提供必需的生存物资和生产的物质资料。

（二）自然界比人具有优先地位

大自然是不依赖于人的存在而存在，不以人的意识为转移的客观存在的物质。其发展遵循着自身的固有规律，人类的实践活动必须遵循自然规律，否则将受到自然的惩罚，"不以伟大的自然规律为依据的人类计划，只会带来灾难"③。马克思指明了自然相当于人的优先地位。但自然的优先地位并不意味着人类要停止自身发展来换取人与自然和谐共生，也并不代表人处于消极被动的地位。人是有意识、有目的自然存在物，进行的实践活动必然有人的思想、目的复杂。人类的历史是在人类与大自然进行实践活动产生的。马克思指出，为满足自身生存需要而进行的生产活动是人类的第一个活动，而这种生产活动离不开天然的自然条件和具体的社会历史环境。首先，人类是一种自然存在物。马克思认为，"人作为自然存在物，而且作为有生命的自然存在物"④，人是一种具有自然力、生命力、能动力的自然存在物。即使人类有区别于动物的独有的思维与意识，也与自然界有着千丝万缕的关系，思维与意识也是自然界长期发展的产物。"究竟什么是思维和意识，它们是从哪里来的？它们是在自己所处的环境中并且和这个环境一起发展起来的，它们是人脑的产物，而人本身是自然界的产物。"⑤其次，人是在一定社会历史环境中生存和发展的。人是一种社会存在物，"人的本质不是单个人固有的抽象物。

① 马克思恩格斯选集：第4卷 [M].北京：人民出版社，1995：383.
② 马克思.1844年经济学哲学手稿 [M].北京：人民出版社，2000：53.
③ 马克思恩格斯全集：第31卷 [M].北京：人民出版社，1972.
④ 马克思恩格斯文集：第1卷 [M].北京：人民出版社，2009：9.
⑤ 马克思恩格斯选集：第1卷 [M].北京：人民出版社，2012：410.

在其现实性上，它是一切社会关系的总和"①。人是不能离开社会而孤立存在的，人也是一种自然存在物，自然界是人类社会的一部分，人与自然相互渗透、相互影响，自然界是人类产生的根源，也是孕育人类生命的源泉。

（三）人与自然相互制约

人类与自然界存在着一种相互制约、彼此协调的关系。一方面，人类的生存发展必须依赖自然界，这就决定了自然界对人类的约束性。自然界不仅为人类提供了维持生命有机体所需的水分、空气、阳光、植物等直接的生活资料，还为人的生命活动如制造食物、服饰、住房、车辆等对象（材料）和工具提供加工的基础材料库。②自然界是人的无机的身体，人靠自然界生活，自然界是人为了不致死亡而必须与之处于持续不断交往的交互作用的人的身体。③ 另一方面，人类如何有效利用自然资源，高效节约自然资源，形成可持续的社会发展方式，始终是马克思、恩格斯最关心的问题。在有限的自然资源约束下，人类应该顺应自然，按照自然发展规律从事合理的劳动生产，维持自然内部的循环与平衡，实现人类与自然的和谐统一。

二、人化的自然界

在马克思、恩格斯的思想中，自然界不仅是一种客观存在物，还是人的"对象性"活动的产物。人类的生活实践与生产实践改变着自然界，使自然界打上了人类实践活动的"烙印"，这种打上人的烙印的自然界我们称之"人化的自然界"。劳动是人类实践活动的基本形式，人类只有通过各种各样的实践活动，改造自然界、摄取自然资源才能维持生命体，这就需要人类不断地与自然界进行物质交换，建立起与自然界持久的、和谐的联系。要取得这种联系，人们只有在不断认识自然，才能逐步发现自然界的内在规律，正确运用自然规律，更好地了解自然界，清楚地认识到人与自然和谐相处的必要性和重要性，克服过去盲目支配和统治自然造成的不良后果。"劳动，首先是人和自然之间的过程，是人以自身的活动为中介，来调整和控制人和自然之间的物质变换的过程。"④

---

① 马克思恩格斯选集：第3卷[M].北京：人民出版社，2012：135.
② 马克思恩格斯文集：第1卷[M].北京：人民出版社，2009：161.
③ 马克思恩格斯文集：第1卷[M].北京：人民出版社，2012：55-56.
④ 马克思恩格斯文集：第2卷[M].北京：人民出版社，2012：169.

人类的生产生活离不开自然界，人类所在之处都被打上了人类的烙印。马克思在《1844 年经济学哲学手稿》中明确提出："人靠自然界生活。"① 一方面，自然界是人类生存的基础，全部人类历史的第一个前提是有生命的个人存在，因此，首先需要确认的事实就是"这些个人的肉体组织以及由此产生的个人对其他自然的关系。"② 另一方面，人是能动的自然存在物，在自然界面前不是无能为力，无所作为的，人是能够生产自己所需的生产资料和生活资料并去改造自然的，这也是人与动物的区别所在。"当人开始生产自己的生活资料的时候，这一步是由他们的肉体组织所决定的，人本身就开始把自己和动物区别开来。人们生产自己的生活资料，同时间接地生产着自己的物质生活本身。"③ 人为了满足自身的生存需求和生活需要，就需充分发挥自身的主观能动性，从事有目的的生产实践和生活实践活动。马克思充分认识到人类在自然界中的能动地位，人是可以根据自身的生产需要、生活需要来认识自然和改造自然的。人们除了重视、发挥人的主观能动性外，还要关注自然界的一些发展规律，善于运用人们已经掌握的自然规律，勇于发现和探索天然自然、自在自然的新规律。

人与自然的紧密联系是在自然环境和社会环境中形成的。马克思认为，只有在人类社会中，自然界才是人与人联系的纽带，才是它为别人的存在；只有在人类社会中，自然界才是人自己的合乎人性的存在基础，才是人的现实的生活要素；只有在人类社会中，人的自然存在才是人的合乎人性的存在，自然界才能成为人的存在。因此，"人类社会是人同自然界的完成了的本质的统一，是自然界的真正复活，是人的实现了的自然主义和自然界的实现了的人道主义。"④ 如果脱离了社会关系，人与自然就会失去产生联系的纽带，人的存在就是残缺的，不具有完整性，也就无法建立起现实的互动关系。人与自然的关系时刻受到所处社会形态的制约，人与自然统一在人类生存的社会之中。若没有人类社会这一纽带的存在，也就不能产生和形成人与自然之间的相互联系了。因此，社会的发展和人的发展都要以社会生产力的发展为基础，而其前提是妥善解决人与自然之间的不和谐关系，人们能够从

---

① 马克思恩格斯文集：第 1 卷 [M]. 北京：人民出版社，2009：161.

② 马克思恩格斯文集：第 1 卷 [M]. 北京：人民出版社，2012：67.

③ 同上.

④ 马克思恩格斯文集：第 1 卷 [M]. 北京：人民出版社，2009：187.

自然界中有目的、有计划地进行改造自然的劳动，获取物质资料，但也不能破坏自然界的生态平衡。

三、资本主义制度是生态危机产生的根源

无论人类处在原始社会从自然界摄取资源与生产资料，还是处在资本主义社会谋求更高层次的生存和发展，人类难免都要对自然界的生态系统进行改变。这种改变不外乎通过两种路径：一是人类通过正确认识与科学把握自然发展规律，尊重、顺应自然界生态系统的自我修复过程，最终达到与自然界和谐共生。二是缺乏对自然界发展规律正确认识，在自然面前盲目、任意行动，按照自己的主观意愿改造自然，最终打破自然平衡，导致生态灾难。对于后一种路径，恩格斯早已在《自然辩证法》中指出了这种灾难性的后果："我们不要过分陶醉于我们人类对自然界的胜利。对于每一次这样的胜利，自然界都对我们进行了报复。"① 开始，或许人类能从自然界取得预期的结果，但是往后和再往后，却会发生出乎预料的影响，常常会把最初的结果消除了。

随着资本主义工业革命的到来，科学技术水平得到了大幅度提高，人类对自然界的改造能力得到了空前提升。正如马克思所言："工业的历史和工业的已经生成的对象性的存在，是一本打开了的关于人的本质力量的书。"② 工业革命使生产力得到了空前解放，人类的生产方式产生了巨大飞跃，资本主义生产方式从欧洲地域扩展到整个世界市场，逐步加剧了人与自然之间的紧张关系。"社会生产的不断扩大，如果不加以引导，将会变成社会的过度生产，过度生产必然会造成对自然界的过度索取，这种索取超出自然界所能承受的限度，最后会导致资源消耗、环境污染、生态破坏加剧。"③ 这一问题从欧洲一隅逐渐蔓延到全球各地，逐渐演变为人们必须面临并且亟待解决的全球生态问题。

马克思否定了资本主义制度下产生的自然观。马克思指出，"在私有财产和钱的统治下形成的资本主义自然观，是对自然界的真正的蔑视和贬

---

① 马克思恩格斯文集：第 3 卷 [M].北京：人民出版社，2012：998.

② 马克思恩格斯文集：第 1 卷 [M].北京：人民出版社，2009：192.

③ 马克思恩格斯文集：第 4 卷 [M].北京：人民出版社，1995:55-67.

低"①。每个资本家从事生产的目的都是获得直接的利润，资本家"首先考虑的只能是最近的最直接的结果"②。马克思深入分析了资本主义生产方式是如何造成生态危机的。马克思认为，自然具有它自身一定限度的承载力，一旦超过了这个承载力，自然生态系统便失去平衡。在资本主义生产方式下，在乡村，人们为了获取更多农产品不断地耕种土地；在城市，人类不断增加生活、生产垃圾，无论是乡村还是城市都制造了"一个无法弥补的裂缝"。为何人与自然之间的"裂缝"在资本主义条件下是无法弥补的？马克思认为，从根源上寻找原因，首先应从劳动分析，人与自然之间的对象性活动是通过"劳动"从自然界获取生产、生活需要，因此，马克思认为，人与自然之间出现问题是在"劳动循环"上，因为在这个劳动中隐藏着一部分剩余劳动，工人在剩余劳动中创造的剩余价值被资本家无偿占有，资本家在不断地剥削工人的剩余价值。资产阶级追求利润最大化的本性，决定资本主义的生产与发展必定会过度索取和开发、滥用自然资源。马克思认为，近代工业化生态危机的根源在于资本主义制度，只要资本主义制度尚存，生态危机就不可避免。要想从根本上解决生态环境问题，就要从生产关系入手，消灭产生剩余价值的根源，彻底对资本主义生产方式进行变革，需要"社会化的人，联合起来的生产者，将合理地调节他们和自然之间的物质变换"③，只有这样，人类才能与自然界建立一种和谐共生的关系，人和自然才能和解。④

第二节　中华优秀传统文化的生态文明思想

　　中华民族有着博大精深、源远流长的历史文化传统，数千年来，在人与自然和谐共生方面积累了丰富的理论体系和丰硕的智慧成果。这种思想基础之上的中华文明，既需要薪火相传，也需要与时俱进。中国传统文化中，儒、释、道、法、农等诸家思想极具代表性，虽思想侧重点各有不同，但都认同人和自然万物的一体关系，强调节制人类的私欲，提倡爱护生态环境，

①　马克思恩格斯文集：第 1 卷 [M]. 北京：人民出版社，2009:52.

②　马克思恩格斯文集：第 1 卷 [M]. 北京：人民出版社，2009:185.

③　马克思恩格斯文集：第 23 卷 [M]. 北京：人民出版社，1973:16.

④　马克思恩格斯文集：第 1 卷 [M]. 北京：人民出版社，2012:24.

善待万事万物，才能实现和自然万物的和谐共存。这些思想是新时代新农村生态文明建设的重要思想资源。

一、儒家文化蕴含的"天人合一"

中国传统生态文明思想中最核心、最深层的观念就是"天人合一"的自然观。[①] 儒家的生态文明思想深厚悠长，人与自然万物和谐共生的观念贯穿中华文明五千年的进程，逐步凝结成我国古代的生态文明思想精髓。

（一）"顺天"因时制宜思想

儒家思想认为，"天"有自己的不为人们控制的运行发展规律，因此，人类在实践过程中必须按照"天"的运行发展规律，才能获得更好的发展。儒家经典《易经》有大量"顺天"的记载，反映了儒家最根本的自然观。《周易·乾卦》记载，"夫'大人'者，与天地合其德，与日月合其明，与四时合其序，与鬼神合其吉凶，先天而天弗违，后天而奉天时"[②]，认为"大人"的德行必须与天地之德相一致。《周易·坤卦》记载，"至哉坤'元'，万物资生，乃顺承天"[③]。认为世间万物的生长，必须顺应天道。《周易·序卦》中记载，"有天地，然后万物生焉""有天地然后有万物"，认为人是自然的一部分，人与自然是一个有机整体，人与万物统一于自然。《周易·益卦·象传》记载，"凡益之道，与时偕行"，认为世界上一切事物都是不断运动和变化的，只有把握现实脉搏、跟上时代发展，才能立于不败之地。[④] 以孔子、孟子、荀子为代表的儒家思想家把"天"看作一种客观事物，它的运行发展不以人的意识为转移，具有一定的客观规律。孔子说过，"天何言哉？四时行焉，百物生焉，天何言哉？"强调了四季变换、万物生长的自然规律；孔子曾说，"子钓而不纲，弋不射宿"[⑤]，主要反映了古人把"仁爱"原则扩展到禽兽、天地、自然万物的关系，告诫人们在取用自然资源时要坚持适度原

① 任俊华，刘晓华.环境伦理的文化阐释——中国古代生态智慧探考 [M].长沙：湖南师范大学出版社，2004：7.

② 周振甫.周易译注 [M].北京：中华书局，1991：9.

③ 周振甫.周易译注 [M].北京：中华书局，1991：13.

④ 周振甫.周易译注 [M].北京：中华书局，1991：146.

⑤ 杨伯峻.论语译注 [M].北京：中华书局，1980：73.

则，要常怀有珍惜爱护之心的生态观念。孟子曰："七八月之间旱，则苗槁矣。天油然作云，沛然下雨，则苗浡然兴之矣！其如是，孰能御之？"认为天不下雨，禾苗干旱；天下雨则使禾苗欣欣向荣，这都是自然现象，我们不能控制。接着，孟子又说："不违农时，谷不可胜食也。"告诫人们不耽误农作物的耕种时节。荀子也认为："天行有常，不为尧存，不为桀亡。"在人与自然的关系上，自然发展、社会发展有其自然的、特定的规律。荀子还说："草木荣华滋硕之时，则斧斤不入山林，不夭其生，不绝其长也。"荀子认识到，动植物有其生长发育的规律和过程，人类向自然索取要有度，当自然界的动植物处于生长发育阶段时，必须实行"时禁"。汉代大儒董仲舒提出："天生之，地养之，人成之。天生之以孝悌，地养之以衣食，人成之以礼乐，三者相为手足，合以成体，不可一无也。"[①] 认为人和天地可以相互感应，二者同在一体，为此，告诫人应该像爱护自己一样，爱护自然万物。总之，儒家认为，人与天地万物是不可分割的有机体，天地的运行规律和人事法则有一致性，阴阳、刚柔、强弱在不断变化，人应该顺应这种变化，合理利用自然，主张人与自然万物之间和谐共生。

（二）"尽心知性"思想

先秦时期儒家"尽心知性"的修身思想始于孔子。孔子言："性相近也，习相远也。"[②] 初步涉及心性的基本问题。孟子提出"尽心知性知天"的论述，孟子说："尽其心者，知其性也，知其性，则知天矣。"[③] 孟子认为，心性和天道是相通的，能尽人的本心就能洞悉人的本性，洞悉了人的本性就洞悉了宇宙自然客观规律的存在。孟子所讲的"尽心"是尽人先天的诚心、仁心、道德心，也称之为人的"仁义礼智"之心。只有内心真诚的人，才能明确此心之仁德，进而将仁善之心推己及人，化为道德实践。只有做到这一点，才真正做到"尽心"，进而能"知性知天"，达到天人合一的理想境界。

宋明时期，程颐和朱熹开启了宋明理学，提出"天理"是世界的本源，仁者以天地万物为一体的思想[④]。程颢指出人与自然万物本来就是一体，爱护

① 曾振宇.春秋繁露[M].郑州：河南大学出版社，2009：199.

② 论语[M].杨伯峻，译注.北京：中华书局，2012：253.

③ 论语[M].杨伯峻，译注.北京：中华书局，2012：278.

④ 程颐，程颢.河南程氏遗书[M].北京：中华书局，1981：15.

自然万物就是爱护自己本身。程颐以"理"解"气"，他说："至诚者，天之道也。天之化育万物，生生不穷，各正其性命，乃无妄也。"① 指出天理孕育出了世间万物，人与世间万物各自完成着自己的使命与责任，"道并行而不相悖"，和谐运转。明代朱熹提出"天人一理"的生态观，他认为，"心者人之神明，所以具众理而应万事者也"。② 意思是心是人的主宰，是人之灵明所在，心具众理，这里的理即天地自然客观，是自然本体，能够理顺天下万事。

近现代时期新儒学的代表人物熊十力、唐君毅等人也有相关的论述。熊十力先生在《新唯实论》一书中指出，"仁者本心也，即吾人与天地万物所同具之本体也"③，认为人的"仁心"乃是天地万物的本体所在，是人的"本"与"根"。他将人心分为"本心"（人的仁善之心）与"习心"（人心萌发的外在欲望），他认为"本心"自然真诚，"习心"功利现实，人的"本心"容易被"习心"所蒙蔽，所以，提倡通过修养"自识本心"，进而"尽心知性"。唐君毅先生十分强调道德的自我超越，认为"尽心知性"就是人的道德的自我超越，在道德的自我超越过程中，人能实现"尽心知性"。

（三）朴素节俭思想

朴素节俭思想是儒家思想的重要内容，是儒生经济生活的重要道德。儒家朴素节俭思想主要体现在重义轻利和知足而止的思想，提倡适度善用、节以修身的个人思想和薄敛惠民、俭以富国的治国思想三个方面。

儒家学者普遍承认欲望的存在，并且针对个人欲望提出要克己复礼来纠正。孔子认为追逐利益就是欲的体现，于是，他主张"欲而不贪"，认为满足欲望无可厚非，但是发展至贪欲就非君子所为，因此，要遵循礼义来规制欲望。孔子自身非常节制，反对浪费，他非常赞赏弟子颜回生活节俭。他赞叹道："贤哉，回也！一箪食，一瓢饮，在陋巷，人不堪其忧，回也不改其乐。贤哉，回也！"孟子将欲望区分为普通欲望和贪欲，他认为，贪欲对人影响最坏，人受贪欲控制就会置仁义于不顾，只顾私利，进而丧失人格。孟子认为，想要成为"大丈夫"，就必须有勤劳俭朴的生活方式，要用淡然乐观的态度来对待清贫的生活方式。而这种生活是一种磨炼，一种浴火重生。

---

① 程颐，程颢.二程集[M].北京：中华书局，1981：822.

② 朱熹.孟子集注[M].上海：上海古籍出版社，2006：438.

③ 熊十力.新唯实论[M].北京：商务印书馆，2010：397.

孟子还说"俭者不夺人"，即节省的人不侵夺、抢占别人的财产。荀子认为个人出生时就伴有各种欲望，故曰："夫人之情，目欲綦色，耳欲綦声，口欲綦味，鼻欲綦臭，心欲綦佚，此五綦者，人情之所必不免也。"在他看来，这五种欲望是人之本性。如果这些欲望得不到控制，就会引发混乱。过度纵欲会导致罪恶，因此，必须采取措施对欲望加以引导和节制，故曰："人生而有欲，欲而不得，则不能无求。求而无度量分界，则不能不争；争则乱，乱则穷。先王恶其乱也，故制礼义以分之，以养人之欲，给人之求。"意思是所以，为了避免社会的动乱，才试图通过"礼义"制度来规范不同人的言行和欲望，从而实现人与人之间的和谐共处。如果"伐其本，竭其源，而并之其末，然而主相不知恶也，则其倾覆灭亡可立而待也。"意思是如果人类对自然资源无节制地滥用、浪费，最后不仅不能实现富国的目标，还会导致国家的毁灭。荀子提出要"重己役物"，告诫人们要控制自己的欲望，重视自己内心的修养，不被外界的事物所控制、支配，那么，即便是勤俭节约的物质生活也能让人身心愉悦。朱熹主张"存天理，灭人欲"，大力呼吁节制甚至克服人的欲望，以实现万物共存，和谐共生。人类应该遵循"天理"之法则，不能逾越"天理"之界限去破坏世间万物的生态平衡。他还提倡"取之有时、用之有节"的适度的消费观和生态观。

儒家还把节俭思想引入治国领域。春秋战国时期，诸侯争霸、战乱频仍，百姓生产、生活水平得不到提高。为此，儒家学者都提出了加强生产、恢复井田、节用民力和民财、减少税赋等一系列措施以惠民富民，从而保障民众的生产和生活。孔子也将节制贪欲、生活俭朴列入从政者的五种美德，"君子惠而不费，劳而不怨，欲而不贪，泰而不骄，威而不猛"，培养君子人格，希望人通过自讼自省、自戒自约等自律方法战胜本身贪欲为主的欲望，贯彻节俭的生活方式。孟子主张"养心莫善于寡欲"。他指出要清心寡欲，也要使用适当的方式来节制自己的欲望，节俭是富民的重要手段之一，奢侈浪费会导致国家灭亡。孟子提出，"恭者不侮人，俭者不夺人"。意思是说，对人恭敬之人就不会侮辱别人，行事节俭之人就不会欺凌侵夺他人。孟子反对统治者对国内民众征收严重赋税，反对行霸权、攻伐他国掠夺财物，也反对统治者过奢侈享乐的生活。孟子提倡过节俭生活，克制贪欲，要求统治者以人民群众的根本利益为管理的出发点，认为"与民同乐"才是统治者追求的最高境界。荀子认为，勤俭节约能够使统治者财源滚滚，能够得到民众的爱戴和敬重。荀子提出"节用裕民"的主张，"节用"是指节俭国家用度，"裕民"是指国家没有过重赋敛使人民收成后还有节余，从而藏富于民。荀子认为，通过节俭实现富国富民有三条途径：一是节用裕民，二是裕民以政，三是开源节流。荀子已经看到社会财富的增加主要依靠劳动生产者，他从民富则国富的角度提出治理国家者必须重视开源节流。

二、道家文化蕴含的"道法自然"

道家文化在中国传统文化思想中占据着重要地位，同样蕴含着丰富的生态保护智慧。老子、庄子是道家文化的代表人物，道家的生态文明思想主要体现为"无为无不为""道法自然"以及"天人一体"等思想。

（一）道生万物

道家认为，"道"是自然的本源，自然万物运行的普遍法则是自然而然，人类不能对万物的成长和发展强加干预，应顺其自然，因势利导。《道德经》记载："人法地、地法天、天法道、道法自然。"[①] 老子指出，人的言行应该合于道。老子的核心思想是"道法自然"，"道生一，一生二、二生三，三生万物"[②]。这一思想也是道家生态文明思想的朴素表达。"道"产生万物却不据为己有，有利于世间万物而不居功自傲，有智慧的人也应该像"道"一样对待自然万物。庄子在《庄子·齐物论》中提道："天地与我并生，而万物与我为一。"[③] 庄子认为，人与万物的性命都秉受于天地，万物和我是一体的，人应该用生命去保护和爱护与自我命运相连的自然万物，人才不负万物之灵的称谓。庄子认为，"天地与我并生，而万物与我为一"，表明庄子尊重自然、崇尚自然、遵循自然规律的生态文明思想。列子继承和发扬了庄子的道家思想，他论述了"不生不化者"的思想。列子认为，自然万物的生成、发展和归宿都是被这个"不生不化者"支配和主宰的。这里的"不生不化者"，其实就是老子所说"道"，"道"的表述更具象。

---

① 陈鼓应.老子今注今译[M].北京：商务印书馆,2006: 169.
② 陈鼓应.老子今注今译[M].北京：商务印书馆,2006: 233.
③ 陈鼓应.老子今注今译[M].北京：商务印书馆,2006: 88.

（二）天地不仁

道家认为，人与自然万物没有高低贵贱之分，不存在支配与被支配的关系，二者是平等的存在，因此，人类不应该凭借自身在智力方面的优势，去任意破坏和剥夺其他生物的生命和利益。《道德经》记载："天地不仁，以万物为刍狗；圣人不仁，以百姓为刍狗。"[①] 老子认为，天地对万物一视同仁，无所偏私，任凭万物自由生长。列子在《说符》篇中说："天地万物与我并生，类也。类无贵贱，徒以小大智力而相制，彼此相食，非相为而生之。"[②] 他认为，在种类上，人类与天地万物除了智力上的差别之外没有任何区别，人类不能因为智力高于其他万物就任意妄为，相反，人类应该感恩天地生养的恩德，怀着感恩的心善待万物，成就万物，并与万物和谐共存、发展。

（三）上善若水

老子在《道德经》第八章中记载："上善若水，水善利万物而不争，处众人之所恶，故几于道。"[③] 他认为，水具有滋养万物生命的德性，它能使万物得到它的利益，却不与万物争利，故天下最大的善性莫如水。"水利万物而不争"意在教人效法水性之善，人若能效法自然的无私善行，做到如水一样"处柔处弱、处下不争"，做到像水那样至柔之中的至刚、至净、能容、能大的气度，做一个有大善之人。"处众人之所恶"，是说水是往低处流的，它总是流向低洼、众人所"恶"之地，看似低下平庸，然而却可以包容一切，意在教法人要谦虚为下、行众人不愿去行的事。水是万物中最纯净的东西，却能洗涤万物的污垢；水是万物中最柔软的东西，却能滴穿最坚硬的石头。为此，老子把智者的德性比喻成水。老子在《道德经》第六十六章中记载："江海所以能为百谷王者，以其善下之，故能为百谷王。"[④] 老子认为，水有自然无为、滋润万物的品德，智慧之人应该效法水之品德，以包容、柔软、居下的心态克制自己的私欲，无私善待和成就自然万物，与自然万物和

---

① 陈鼓应 . 老子今注今译 [M]. 北京：商务印书馆，2006：93.
② 叶蓓卿 . 中华经典名著全本全注全译丛书：列子 [M]. 北京：中华书局，2016：284.
③ 陈鼓应 . 庄子今注今译 [M]. 北京：商务印书馆，2006：102.
④ 陈鼓应 . 庄子今注今译 [M]. 北京：商务印书馆，2006：308.

谐共存共长。老子提出要"去甚、去奢、去泰"①，提醒人们必须克制自己的私欲，去除自己奢侈的、过分的言行，不能过度地向自然界获取资源，以免打破自然的和谐和平衡。

（四）无为而不为

何谓"无为"，按照老子的思想，"无为"主要包含三种含义：第一，"无为"是"道"。老子在《道德经》第三十七章中记载："道常无为，而无不为，侯王若能守之，万物将自化。"② 这句话的含义有三个方面：其一，"道"是自然规律，事物内在规律，并以"无为"形式出现。其二，"无为"与"不为"的关系。"无为"就是"无不为"。其三，"无为"的意义。老子认为，侯王如果能够持守"无为"，万物就会自生自长。"为无为，则无不治"③，"道"永远是顺应自然的，然而，没有一件事不是它所为。

第二，"无为"是顺应自然不妄为。《道德经》认为"道"的本质、本性是"自然"。"自然"是存在的状态、客观的存在、自然的规律，是指自己的本来面目，自然而然的样子。天地万物都以自己的自然状态存在和运行，因此，"道"以回归"自然"为然。老子认为，对于一个自然过程来说，不必要的外在作用不但无助于事物的存在和发展，反而会破坏事物发展。顺其自然不妄为，实际上也是"为"，是一种独到的、有深刻意蕴的"为"，这种"为"是"为无为，事无事"，就是以"无为"的态度、状态去"为"，以清静、无事的方式去"事"。可见老子仍然鼓励人们去"为"，去发挥主观能动性，同时，提醒人们不要强作妄为，要遵循事物的客观规律。老子提出"治大国若烹小鲜"，认为君主治国应效法大道的"无为"，处处按自然的规律行事，不违背民意，不违背自然去追求个人私利，这样才能做到无为而治。

第三，"无为"是适宜原则。适中为度，适度为宜，"过犹不及"的"过"与"不及"都不符合适度原则，即不能上下，不能左右，不能进退等。老子说："天地相合，以降甘露，民莫之令而自均。始制有名，名亦既有，夫亦将知止，知止可以不殆。"天地之气相合以降甘露，不可能顺从于谁的

---

① 陈鼓应.庄子今注今译[M].北京：商务印书馆，2006：118.

② 老子.道德经[M].长沙：湖南出版社，1994：82.

③ 老子.道德经[M].长沙：湖南出版社，1994：6.

命令，而它自己却能分布均匀，万物开始时就有了秩序和名分，既然有名分，就应该知道它的自然规律，知道它的自然规律就可以适可而止。

何谓"不为"？切记不能错误地理解成"什么都不做"的意思。"不为"是相对于"有为""无为"的第三种存在状态。理解"不为"，需要先理解"有为"的三种类型。第一类是符合"无为"规律和客观实际的"有为"，即我们常说的"有所作为"；第二类是违背客观规律的"有为"，实际上是祸国殃民的"胡作非为"；第三类是"不为"的代名词。任何偏离、违背客观规律的"有为"都是对人类有害无益的。譬如，我国历史上的"大跃进、大炼钢铁"，就是不尊重自然规律的"有为"教训。要想从"有为"上升到"无为"的境界，关键在于实现主观与客观、理论与实践、知与行的统一。无为是处理一切事物的原则，当"有为"按照事物发展的内在自然法则办事情，也就是以"无为"的态度处事、处世。真能"无为"，则能"无不为"，"无为"是一种"天人合一"的积极的人生哲学，是与自然法则、客观规律融为一体的"无所不为"和"无所不可为"的有机统一。

三、佛家文化蕴含的"众生平等"

佛家文化是东汉前后传入中我国的外来文化，经过中国文化的洗礼和升华，成为具有中国特色的佛家思想。例如，三论宗、华严宗、天台宗、禅宗，在中国古代哲学思想中占据着重要地位。

（一）因缘

"因缘"是佛家文化的重要基础，"佛教以因缘为宗，以佛圣教自浅至深，说一切法，不出因缘二字。""一切法因缘生。"[①] 华严宗认为，自然法则在宇宙万物运行变化中无处不在，人类只有遵循自然法则，才不会破坏和惹恼众生而招来祸端。华严宗的教义明确指出宇宙万物和人类之间，有为无为，色心缘起时，都因宇宙万法而互相依持、互相依存，人类不能为了一己私利，损害自然万物的利益。三论宗通过"缘起性空"理论阐释了人类与事物之间的联系，指出世间万物的联系都因"缘起"，世间万物因"缘"聚生，因"缘"散灭，世间没有独立存在的事物，一切事物都存在于因果联系的链条中。如果人类不尊重自然，不保护生态环境，也必然会受到自然的报复。

---

① 董国柱.佛教十三经今译（八）[M].哈尔滨：黑龙江人民出版社，1998: 33.

大乘佛教龙树菩萨的《中论颂》指出："因缘所生法，我说即是空，亦为是假名，亦是中道义。"[1] 也就是说，世间上任何一件事物，不管是有生命的还是没有生命的，有心意识的还是没有心意识的，都是由两种以上元素、材料或关系条件组合而成的。因缘所生的果是"空"，没有真实的独立体，没有真实的实在体，因此，没有一样东西是独一的、固定的，观察形形色色的事物，它的身体没有自性，自性就是空，这就是中道思想。总之，佛家认为，"诸法因缘生，诸法因缘灭"是世间万物发展变化的规律，只有尊重、保护了自然万物，才能种下好的因缘，从而给人类自身带来好的果报。

（二）持戒

佛家认为，人人皆有"佛性""山川草木，悉皆成佛"，因此，坚持提倡用"众生平等"的思想来对待世间的万事万物。因为世间万物都有生长、生存的权利，人类理应善待自然、敬畏生命，要以"普度众生"的慈悲情怀来关爱自然、关爱生命。为此，佛家提出了不杀生、不偷盗、不邪淫、不妄语、不饮酒、不恶语等一系列戒行规范。同时，佛家还提醒人类要时时反省自己的言行，做任何事情都要扪心自问，不能做出损害生命和自然环境的事情。人的生命要面临如疾疫劫、饥馑劫、刀兵劫等各种磨难，在这种磨难中仍然不能因一己之私损害他人、自然生灵，乃至破坏生态环境。佛教徒都追求自然、俭朴的生活状态，甚至通过闭关苦修的方式来遵守清规戒律，尽量减少对自然万物的伤害。

（三）极乐

极乐世界是佛家的理想世界，反映了佛家文化追求生活的终极目标。《佛说阿弥陀经》描绘了极乐世界的种种美好情景：极乐国土有七重栏楯、罗网、行树、宝树、楼阁、莲花等。有七宝池，池有一千由旬，一由旬有四十里，像大海一样，一千由旬有十多万里，八功德水充满其中。池的四边阶道都是以金银、琉璃、玻璃等七宝合成，池底以金沙铺地。有八功德水，在无数的七宝池中盛满了具有"澄净、清冷、甘美、轻软、润泽、安和、除患、增益"八种功能妙用的水。有莲花，大如车轮。池子里面的莲花，一朵

---

① 中国传统文化研究所. 中论 [M]. 成都：四川省新闻出版局，1994：177.

莲花大的有十二由旬，十二由旬就等于四百八十多里。我们发心念佛求生净土，七宝池里头就有一朵莲花出现，如果我们念佛的心精进，念到了一心不乱，那么这朵莲花就越来越大，光明也越来越好。莲花有四种颜色，"青色青光，黄色黄光，赤色赤光，白色白"，不同的色彩，"微妙香洁"，概括了莲花的四种功德。"微"说它精微，由七宝造成；"妙"说它不可思议，随着念佛功夫增长，莲花就会开得越来越大；"香"说念佛往生的人能够闻到一些清香；"洁"说它洁净、清白，出淤泥而不染。佛家的极乐世界反映了人与自然万物和谐相处的美好情景。

除儒释道三家文化外，诸子百家中的农家、法家、墨家等文化流派也蕴含了丰富的生态文明思想，对推进我国生态文明建设具有重要的借鉴意义。农家经典著作大多已经散失，但在我国历史上以《齐民要术》为代表的"农学五书"，记载了顺应天时，尊重自然规律，保护地力等生态文明思想。以管子、韩非子为代表的法家主张以法治国，在《管子》《韩非子》等经典著作中有一些生态法制的论述。

第三节　中国共产党历代领导集体的生态文明思想

随着我国经济社会的发展，环境破坏问题逐步受到历代领导集体的重视和关注。中国共产党历代领导集体根据我国生态文明建设实践和经济社会发展情况，进一步完善和发展马克思、恩格斯生态文明思想，逐步形成了具有中国特色的生态文明建设理论成果。

一、中国共产党生态文明思想的形成

从 1949 年中华人民共和国成立到党的十一届三中全会的召开这一时期是中国共产党生态文明思想的形成时期。中华人民共和国成立初期，自然环境基本保持了原始风貌，但也存在滥砍滥伐、水土流失等生态问题。以毛泽东为代表的第一代中央领导集体已经开始关注我国的生态环境问题，提出了植树造林绿化环境、建章立制、厉行节约等理论。

（一）植树造林绿化环境

为了改变森林资源缺乏的状况，1956 年 3 月，毛泽东同志在全国各地考察时便提出了"植树造林、绿化祖国""在一切可能的地方，均要按规格种起树来""真正绿化，要在飞机上看见一片绿"的口号，号召全国人民植树造林，保护和建设全国生态环境。1958 年 4 月 7 日，毛泽东在《中共中央国务院关于在全国大规模造林的指示》中指出，"迅速地大规模地发展造林事业"，对我国自然环境的改善、经济发展的促进具有重大意义。1958 年 11 月，毛泽东在修改《关于人民公社若干问题的决议》稿时，曾把在全国种农业作物、草、树三类植物来美化中国这一设想加入决议。后来，毛泽东在他的著作中先后提出，"要将绿化荒山和村庄纳入农村合作化的全局中规划"，要"在 1976 年之前基本上消灭荒山荒地"，要计算"林业覆盖面积和覆盖比例，制定森林覆盖面积规划"等主张 [①]。毛泽东在当时特殊历史环境下没有把林业建设提到一个历史高度，是因为当时新中国受到发展重工业的"赶英超美"战略思想的影响，因此，未能真正贯彻执行林业建设思想。

（二）初步建章立制

20 世纪 70 年代，面对生态与发展的双重压力，我国继承并创新了国际社会的可持续发展思想。1971 年国家基本建设委员会成立了三废利用管理办公室。1972 年 6 月 23 日，官厅水库水源保护领导小组成立，多个水域成立环保领导小组。1973 年 8 月 5 日，国务院召开首次全国环境保护会议，制定了《关于保护和改善环境的若干规定（试行草案）》，这是我国第一部环境保护的综合性法规。会议确定了"全面规划、合理布局、综合利用、化害为利、依靠群众、大家动手、保护环境、造福人民"的方针，这次会议标志着我党第一代领导集体将环境保护纳入社会主义建设的事业。1974 年，国务院环境保护领导小组成立，各地也相继成立相应机构，颁布了一系列环境标准，如 1973 年国家计委、国家建委和卫生部联合发布了《工业"三废"排放试行标准》，1976 年卫生部发布了《生活饮用水卫生标准（试行）》。虽然毛泽东同志提出的植树造林、水土保护等思想还没有形成完整的理论体系，但对我国农村生态环境的改善和经济发展奠定了良好的基础。

---

① 毛泽东文集：第 7 卷 [M].北京：人民出版社，1999：362.

二、中国共产党生态文明思想的发展

从 1978 年党的十一届三中全会到 2012 年党的十八大成功召开这一时期是中国共产党生态文明思想的发展时期。这一时期，随着全球污染的进一步恶化和我国实施改革开放政策，中国共产党人在探索环境保护和经济发展上先后提出了环境保护基本国策、可持续发展理论、科学发展观、科学技术改善生态环境等理论。

（一）构建我国的环保法律体系

一是进一步建章立制。十一届三中全会召开后，随着改革开放的不断推进和社会经济的快速发展，我国的生态环境问题日益突出。邓小平同志非常重视农业农村的生态文明建设，并提出了"绿色革命"的重要论断，说坚持绿色革命最难解决的不是工业问题而是农业问题[1]。这一时期，我党深刻认识到环境保护的法制建设，完善的法律和制度体系的构建对促进经济、社会和环境协同发展的重要性，先后颁布了诸多政策、法规。1978 年 3 月，第五届全国人民代表大会再度修宪，《中华人民共和国宪法》（1978 年版）第二十条规定，国家保护环境和自然资源，防治污染和其他公害。同年 12 月，邓小平在中央工作会议中指出应该制定森林法、草原法、环境保护法等法律[2]。1979 年，《中华人民共和国环境保护法（试行）》颁布，环境保护方面的基本方针、任务和政策以法律的形式确定下来，新中国首部综合性的环境保护基本法得以确立。此后，我国陆续颁布了涉及生态保护某一领域的法律法规。

二是"环境保护"被确立为我国一项基本国策。1982 年 9 月，党的十二大报告提出"加强能源开发、节约能源消耗、控制人口增长"等生态文明观点。邓小平提倡"植树造林，绿化祖国，造福后代""宁可进口一点木材，也要少砍一点树""反对过度砍伐森林，禁止盲目开荒""提倡搞好农田水利工程，提高灌溉效率"，走生态农业发展道路。同年，美国前驻华大使伍德科克来北京参加中美能源、自然资源和环境会议，邓小平同志在会见他时，曾谈到把黄土高原变成草原和牧区，生态环境会向好的方向发展。1981

---

① 邓小平年谱（一九七五——一九九七）（下）[M].北京：中央文献出版社，2004：1271.

② 邓小平文选：第 2 卷 [M].北京：人民出版社，1994：146-147.

年 12 月第五届全国人民代表大会第四次会议通过了《关于开展全民义务植树运动的决议》，开启了全国人民义务植树运动的新征程。这一运动深受群众广泛认可，在全国城乡开展并延续至今。1983 年 12 月，第二次全国环境保护会议成功召开，会议把"环境保护"确立为我国一项基本国策。1984 年颁布了《中华人民共和国水污染防治法》，1987 年颁布了《中华人民共和国大气污染防治法》等。1982 年成立了城乡建设环境保护，1984 年国务院成立了环境保护委员会，1989 年国家环境保护局独立出来。1983 年召开第二次全国环境保护会议，党和政府明确宣布环境保护是我国一项基本国策。1987 年提出可持续发展战略，既满足当代人需要，又不危害后代满足其需要的能力的发展。1989 年《环境保护法》修订，"新五项制度"确立，逐步构建了我国的环保法律体系。

三是利用科学技术改善生态环境。1978 年在全国科学大会上，邓小平重申了"科学技术是第一生产力"这个马克思主义论点。1985 年，全国科技工作会议提出了改革科技体制。1988 年 9 月，邓小平同捷克斯洛伐克总统胡萨克谈话时提出了"科学技术是第一生产力"的著名论断。1983 年邓小平同志在与胡耀邦等人谈话时指出，"解决农村能源，保护生态环境等等，都要靠科学"，并且指出，"将来农业问题的出路，最终要由生物工程来解决，要靠尖端技术。对科学技术的重要性要充分认识"。邓小平同志提出了依靠科技发展绿色农业。1995 年 5 月 26 日，江泽民在全国科技大会上指出，"没有强大的科技实力，就没有社会主义的代化"，提出"科教兴国"战略。1999 年，全国技术创新大会提出了进一步实施科教兴国战略，建设国家知识创新体系，加速科技成果向现实生产力的转化。2006 年 1 月 9 日，胡锦涛在全国科学技术大会上指出，"科技竞争成为国际综合国力竞争的焦点。当今时代，谁在知识和科技创新方面占据优势，谁就能够在发展上掌握主动"，提出要建设创新型国家。2006 年 2 月，国务院发布《国家中长期科学和技术发展规划纲要（2006—2020 年）》。

（二）提出"可持续发展战略"思想

1992 年 6 月，联合国环境与发展大会在巴西里约成功召开，会议提出并通过了全球的可持续发展战略——《21 世纪议程》，标志着"可持续发展"思想由理论发展为行动战略，受到世界各国广泛认可。以江泽民为核心的中国共产党第三代中央领导集体提出了一系列有关可持续发展战略的重要理论。

一是可持续发展思想和战略的形成。1992 年 10 月，江泽民在党的十四大上重点阐述了经济、人口和资源的关系，要不断改善人民生活，严格控制人口增长，加强环境保护，促进整个经济由粗放经营向集约经营转变①。1994 年 3 月，《中国 21 世纪议程——中国 21 世纪人口、环境与发展》白皮书印发并实施，这一重要文件标志着中国可持续发展思想和战略的形成。《中国 21 世纪议程——中国 21 世纪人口、环境与发展》白皮书的颁布实施，使中国成为世界上第一个制定和实施国家级 21 世纪议程的国家，中国政府郑重表示：中国将实施可持续发展战略，力求经济、社会与人口、资源、环境的协调发展。1995 年 9 月，党的十四届五中全会通过了《中共中央关于制定国民经济和社会发展"九五"计划和 2010 年远景目标的建议》，提出在我国现代化发展过程中必须贯彻并实施可持续发展战略，这是在中国共产党的文献中第一次使用"可持续发展"的概念。

二是可持续发展思想的发展。这一阶段明确指明生态环境与经济发展的关系。1996 年，江泽民同志在第四次全国环境保护会议上提出，"必须把贯彻实施可持续发展战略始终作为一件大事来抓""经济发展，必须与人口、资源、环境统筹考虑""控制人口增长，保护生态环境，是全党全国人民必须长期坚持的基本国策""环境意识和环境质量如何，是衡量一个国家和民族的文明程度的一个重要标志"等主张，这是我国党和政府第一次明确指明生态环境与经济发展的关系。2001 年，江泽民同志在海南省考察工作时进一步强调，大力推进经济体制和经济增长方式的根本性转变，保持经济持续快速健康发展；要坚持把农业摆在国民经济的首位，要把增加农民收入作为农业和农村工作的重点，作为农村经济发展的主攻方向；加快调整农业和农村经济结构，提高农业的综合生产能力和可持续发展能力；要以高新技术产业为支撑，走培育高新技术产业与改造传统产业并举的路子，推动工业结构优化升级；要合理调整生产力布局，促进地区经济协调发展，改善区域经济结构，加强基础设施建设，因地制宜发展特色经济；要积极稳妥地推进城镇化，实现城乡经济协调发展。1997 年，在党的十五大报告中江泽民指出，

---

① 江泽民.加快改革开放和现代化建设步伐夺取有中国特色社会主义事业的更大胜利——在中国共产党第十四次全国代表大会上的报告 [J].求实，1992（11）：1-16.

我国是人口众多、资源相对不足的国家，在现代化建设中必须实施可持续发展战略。1998 年，在九届全国人大会议上，江泽民又提出，要将改善生态环境作为一项长期坚持的战略任务，实现我国生态环境的极大改善和农业生产的稳步提升。

三是可持续发展思想的进一步发展。这一阶段明确提出要把"建设生态良好的文明社会"作为全面建设小康社会的四大目标之一。2002 年 3 月 10 日，在中央人口资源环境工作座谈会上，江泽民强调，要扎扎实实做好人口资源环境工作，坚定不移地实施可持续发展战略，按照可持续发展要求，正确处理经济发展同人口、资源、环境的关系，促进人与自然的协调和谐发展，努力开创生产发展、生活富裕、生态良好的文明发展道路。2002 年 11 月，江泽民在党的十六大报告中再次强调，要不断增强资源环境的可持续发展能力和提高资源利用率，逐步实现人与自然关系的和谐，把"建设生产发展、生活富裕、生态良好的文明社会"作为全面建设小康社会的四大目标之一。这是党对多年来在环境保护方面所取得成果的总结。在此之后，我国相继出台了一系列保护环境的法律法规，如《中华人民共和国水污染防治法》《中华人民共和国环境保护法》等，而且在《中华人民共和国刑法》中增加了"破坏环境和资源保护罪"，这些内容丰富和完善了环保方面的法律法规内容。以江泽民为核心的第三代党中央领导集体提出可持续发展战略，丰富了生态环境建设法治化思想，使我国环境保护工作进入制度化和规范化阶段。不过，当时环境保护工作的重点还在城市，对农村环境污染问题重视不足。

总之，可持续发展理论是一种新型发展观，其核心是发展，谋求在社会、经济、人口、环境与资源协调发展的前提下促进经济社会的发展，这种发展是既满足当代人的需求，又不对后代人满足其需求的能力构成危害的发展。[①] 其目标是既要达到发展经济的目的，又要保护好人类赖以生存的土地、大气、森林、淡水、海洋等自然资源，使子孙后代能够安居乐业、永续发展。

---

① 赵国锋，肖洁. 生态环境视角下西部地区新农村建设的路径选择 [J]. 安徽农业科学，2010, 38(34): 19757-19759.

（三）提出"科学发展观"

为了更好地推动经济社会的发展，营造安居乐业的环境，以胡锦涛为核心的党中央领导集体提出了"科学发展观"和"社会主义生态文明"的理念，科学规划和指导 21 世纪中国该如何发展。一是提出"科学发展观"的概念。2003 年 10 月，胡锦涛在党的第十六届三中全会上明确提出"科学发展观"这一概念，即坚持以人为本，树立全面、协调、可持续的发展观，促进经济社会和人的全面发展。科学发展观的提出标志着我们党已将生态环境问题纳入党的思想体系，为促进我国经济社会的和谐发展奠定了重要的理论基础。2004 年 3 月，中央人口资源环境工作座谈会进一步论述了以人为本、全面发展、协调发展、可持续发展的内涵，坚持走生产发展、生活富裕、生态良好的文明发展道路。同年 9 月，党的十六届四中全会提出，要建立社会主义和谐社会，"三农"问题成为构建和谐社会最根本的问题。2005 年 3 月12 日胡锦涛在中央人口资源环境工作座谈会上指出，要彻底转变粗放型的经济增长方式，努力建设资源节约型、环境友好型社会。

二是提出建设社会主义新农村。2005 年 10 月，胡锦涛在党的十六届五中全会中把提升自主创新能力作为调整经济结构、转变增长方式的支撑点，促进社会和谐。会议审议通过了《中共中央关于制定国民经济和社会发展第十一个五年规划的建议》，提出按照"生产发展、乡风文明、村容整洁、管理民主"的要求，扎实推进社会主义新农村建设。2006 年 2 月，胡锦涛在中共中央举办的省部级主要领导干部建设社会主义新农村专题研讨班讲话中指出："巩固和发展退耕还林、天然林保护等重点生态工程，实现人与自然和谐发展，走出一条中国特色农业现代化道路。"[1] 2007 年，党的十七大将新农村建设推向了战略新高度，提出全社会牢固树立建设生态文明观念，推进社会主义新农村建设，坚持节约资源和保护环境的基本国策，加强水利、林业、草原建设，促进生态修复等主张，提高了我国生态文明建设的理论层次。[2] 2008 年 1 月，胡锦涛在中央政治局集体学习时指出："必须全面推进经济建设、政治建设、文化建设、社会建设以及生态文明建设，促进现代化

---

[1]　胡锦涛文选：第 2 卷 [M]. 北京：人民出版社，2016: 411–415.

[2]　胡锦涛. 高举中国特色社会主义伟大旗帜 为夺取全面建设小康社会新胜利而奋斗 [N]. 人民日报，2007–10–25.

建设各个环节、各个方面相协调。"① 这是我们党第一次把生态文明建设与经济、政治、文化、社会建设结合起来，充分体现了党中央对生态文明建设理论的认识更加深入。

三、中国共产党生态文明思想的成熟

从 2012 年党的十八大召开至今是中国共产党生态文明思想的成熟阶段。党的十八大以来，以习近平同志为核心的党中央高度重视生态文明建设，并把它摆在党和国家事业发展全局中的重要位置，做出了一系列的顶层设计、制度安排和决策部署，最终形成了习近平生态文明思想。

（一）习近平生态文明思想的发展历程

习近平生态文明思想不是凭空产生的，是他个人深邃思想、主持地方和中央工作生动实践和与中国特色社会主义建设事业相辅相成、螺旋上升的结果。结合习近平不同时期的工作实践，习近平生态文明思想经历了萌芽期、起步期、发展期和成熟期四段历程。

1. 习近平生态文明思想萌芽期

1969—1975 年是习近平生态文明思想的萌芽期。1969 年，习近平奔赴陕北梁家河插队，开始了为期七年的知青生活。贫瘠的黄土地，黄沙漫天的恶劣生态环境，严重阻碍了经济社会发展，影响了人们的生产生活。习近平在担任大队支书后，为改变当地贫穷落后的面貌，带领村民重点抓了两项工作：一是修筑大淤地坝。由于雨季到来时，黄土高原的水土流失，严重并阻碍了农村农业生产，为了合理引导雨季黄土高原上的雨水，防止雨水泛滥造成生态环境的破坏，习近平带领村民在原自然河道开展加深、清淤工作，修筑大淤地坝。二是兴建沼气池。为了发展生产，改善村民落后的生活条件，又不造成生态环境的污染，习近平通过学习四川绵阳地区的先进经验，1975 年 8 月，利用秸秆和畜禽粪便，在梁家河成功建成了陕西第一口沼气池，打破了坊间"沼气不过秦岭"的传说。沼气池的兴建，为村民解决用火做饭、照明问题，改善了当地群众的生活。习近平自己也说，在陕北插队劳动的几年，是他人生成长的起步时期，有关人民群众、实事求是、农村生态循环经

---

① 胡锦涛. 高举中国特色社会主义伟大旗帜 为夺取全面建设小康社会新胜利而奋斗 [N]. 人民日报，2007-10-25.

济等思想观点都是在那个阶段萌生的，至今，他仍旧受益。在这七年的知青岁月里，习近平开始思考如何正确处理、改善人民生活与环境保护关系的问题，这个时期也成了习近平生态文明思想的萌芽期①。

2. 习近平生态文明思想起步期

1982—1992 年是习近平生态文明思想的起步期。在这个阶段，习近平在地方分别主持了县委、市委工作，生态文明思想随着他政治生活的发展变化，也在不断丰富和发展。

1983—1985 年，习近平担任河北省正定县委书记，积极开展植树造林，增加城区绿化面积，禁止乱伐树木活动，体现了习近平生态文明思想中"人与自然和谐相处"的观点。河北省正定县委制定的《正定县经济、技术、社会发展总体规划》还强调，"宁肯不要钱，也不要污染，严格防止污染搬家、污染下乡"。习近平还和县委班子一起开创了"中国正定旅游模式"，并率石家庄市养殖业代表团参观了美国艾奥瓦州的农场，借鉴国外经验增加粮食和畜牧业的产量及其附加值等。这一时期，正定县经济奠定了持续发展的基础，也初步形成了经济多元化发展的生态理念。

1990—1992 年，习近平担任福州市委书记时，主持制定了《福州市 20 年经济社会发展战略设想》("3820"工程)②。该"战略设想"明确提出，要切实做好城乡绿化和环境保护等工作，并从福州的农业、工业、第三产业、教育、交通、科技等行业在经济、政治、文化以及两岸经贸交流等方面进行了系统规划，致力于发挥福州市山、水、温泉的自然特色，融众多文物古迹于一体，把福州建设成为"具有浓厚地方特色的清洁、优美、舒适、安静、生态环境基本恢复到良性循环的沿海开放城市"③，并用了整整 10 页篇幅集中在水污染、噪声污染、大气污染、生态修复等方面，提出了详细的建设思路和系统规划④。从"3820"工程规划设计可以看出，习近平把保护生态环境思想逐步渗透到福州政治、经济、文化建设中，肯定了自然环境是人类社会不可缺少的外部条件。而且，习近平的公开文献中第一次出现"生态环境"的概念，这为后续生态文明建设思想的凝练、拓展、深化奠定了基础。

① 朱玉利. 习近平生态文明思想三个维度解析 [J]. 黑河学院学报，2020（7）：17.

② 习近平. 福州市 20 年经济社会发展战略设想 [M]. 福州：福建美术出版社，1993: 10.

③ 习近平. 福州市 20 年经济社会发展战略设想 [M]. 福州：福建美术出版社，1993: 30.

④ 习近平. 福州市 20 年经济社会发展战略设想 [M]. 福州： 福建美术出版社，1993: 145-146.

3. 习近平生态文明思想发展期

1993—2007 年是习近平生态文明思想的发展期。在此 15 年间，习近平任福州市委书记、福建省省长、浙江省委书记和上海市委书记等职，是习近平生态文明建设思想上升成为理论并快速拓展、深化的时期。

第一，最早提出"城市生态建设"理论并深入开展实践。从现有公开文献来看，习近平早在 1992 年《福州市 20 年经济社会发展战略设想》中就提出了"城市生态建设"的理论。该思想理论主要包括生态农业、生态旅游和大气污染、水污染、噪声污染、废弃物污染、交通污染等的综合整治。习近平任福建省领导后，针对福建长汀县水土流失严重的问题，于 2002 年率先提出"建设生态省"的战略构想，希望经过 20 年的努力奋斗，把"福建建设成为生态效益型经济发达、城乡人居环境优美舒适、自然资源永续利用、生态环境全面优化、人与自然和谐相处的生态文明省份"。这是习近平首次使用"生态文明"的概念，随后，福建省成为全国第一批生态建设试点省。习近平调任浙江后，以建设"绿色浙江"为目标，再次丰富和发展了"建设生态文明省"的科学内涵。他提出，"坚持海洋经济发展规模、速度与资源环境承载力相适应，坚持海洋资源开发利用与海洋生态环境保护相统一，加快治理海洋污染和加强建设海洋生态环境，努力实现海洋环境生态化、资源利用集约化，增强海洋经济可持续发展能力"。由此可见，习近平的生态建设理念从陆地生态治理发展到海洋生态保护和利用，是一个从点到面的生态建设理念[①]。

第二，最早把生态建设与文明发展统一起来进行哲理分析。2002 年，习近平担任浙江省委书记时提出了建设"绿色浙江"的目标任务。为了进一步丰富"建设生态文明省"的理论内涵，进一步加快"绿色浙江"建设步伐，习近平在多家报刊上撰写文章论证生态文明建设的重要性。"生态兴则文明兴，生态衰则文明衰""推进生态建设，打造绿色浙江，是保护和发展生产力的客观需要""调整经济的结构优化、产业的合理布局，减少环境污染和生态破坏，是更好地为生产力的发展增添后劲"[②]。这些论断不仅丰富了习近平"建设生态文明省"的内涵，而且，还首次站在文明兴亡的高度论述了生

---

① 阮朝辉.习近平生态文明建设思想发展的历程[J].前沿，2015（2）：106.
② 习近平.生态兴则文明兴 生态衰则文明衰[J].求是，2003（13）：1.

态文明建设的重要性，使生态文明建设思想迈向了与人类文明建设相协调的认识论的高度①。

第三，最早把生态建设与经济发展统一起来进行综合分析。习近平强调，要把建设节约型社会、发展循环经济的要求体现并落实到制度层面，把发展循环经济纳入国民经济和社会发展规划，建立和完善促进循环经济发展的评价指标体系和科学考核机制；强调人类"不能盲目发展，环境污染，给后人留下沉重负担，而要按照统筹人与自然和谐发展的要求，做好人口、资源、环境工作"②。在此阶段习近平提出著名的"两山论"，深入系统地阐述了"绿水青山"与"金山银山"二者的辩证关系，揭示了经济社会发展与生态文明之间内在逻辑统一的关系。习近平对建设生态文明的思考，以形象化的感性方式上升到了更高的哲学境界，成了一种发展新理念。

第四，最早对"生态文化建设"进行理论界定。推进生态文明建设，不能仅仅停留在文件、国家制度、人们行动层面，还应把生态建设的价值观念、文化认同植根于每个人的内心深处。也就是说，既要推进经济增长方式的转变，更要进行思想观念的深刻变革。为此，习近平在 2004 年以"哲欣"为笔名，撰文论证了"生态文化建设"的重要性，提出了生态文化的核心不仅是一种行为准则，还是一种价值理念的科学论断。衡量这种生态文化是否在全社会植根，关键要看这种准则和理念在社会生产生活的方方面面是否能自觉体现。③ 这一论断的提出，不仅准确界定了生态文化建设的基本科学内涵，还进一步提升了习近平生态文化建设的认识论④。

4. 习近平生态文明思想成熟期

2012 年至今是习近平生态文明思想的成熟期。2012 年，习近平担任总书记后，站在中华民族伟大复兴的高度，多次针对生态问题进行专题研究和批示，深刻阐释生态文明思想。具体内容包括以下几个方面：

第一，提出走向社会主义生态文明新时代。2013 年中央一号文件与同年 2 月农业部办公厅发布的《关于开展"美丽乡村"创建活动的意见》以及《农业部"美丽乡村"创建目标体系》，都把创建"美丽中国"当成农村工

① 朱玉利. 习近平生态文明思想三个维度解析 [J]. 黑河学院学报，2020（7）：17.

② 习近平. 之江新语 [M]. 杭州：浙江人民出版社，2013：37.

③ 哲欣（习近平的笔名）. 让生态文化在全社会扎根 [N]. 浙江日报，2004-5-8(1).

④ 阮朝辉. 习近平生态文明建设思想发展的历程 [J]. 前沿，2015（2）：106.

作的重中之重，是农村生态文明建设理论与实践的升华。4 月 2 日，习近平总书记在参加首都义务植树活动时强调要为建设"美丽中国"创造更好的生态条件；5 月 24 日，习近平在主持中国共产党第十八届中央政治局第六次集体学习时，强调努力走向社会主义生态文明新时代；9 月 7 日，习近平在哈萨克斯坦纳扎尔巴耶夫大学回答学生提问时，进一步明确阐述了"绿水青山就是金山银山"的发展理念。11 月，习近平提出建立系统完整的生态文明制度体系。中国共产党第十八届三中全会审议通过了《中共中央关于全面深化改革若干重大问题的决定》，提出建设生态文明，必须建立系统完整的生态文明制度体系，实行最严格的源头保护制度、损害赔偿制度、责任追究制度，完善环境治理和生态修复制度，用制度保护生态环境。

第二，把"保护生态环境"列为全面依法治国内容。2014 年 3 月 7 日，习近平总书记在参加第十二届全国人民代表大会第二次会议贵州代表团审议时提出，"保护生态环境就是保护生产力，改善生态环境就是发展生产力"；中国共产党第十八届四中全会审议通过的《中共中央关于全面推进依法治国若干重大问题的决定》指出，用严格的法律制度保护生态环境，加快建立有效约束开发行为和促进绿色发展、循环发展、低碳发展的生态文明法律制度，强化生产者环境保护的法律责任。建立健全自然资源产权法律制度，完善国土空间开发保护方面的法律制度，制定完善生态补偿和土壤、水、大气污染防治及海洋生态环境保护等法律法规，促进生态文明建设。

第三，"绿色"理念成为新发展理念之一。2015 年 1 月，习近平总书记在云南大理市湾桥镇古生村考察工作时提出了"山水林田湖是一个生命共同体"的理论；4 月，中共中央国务院发布了《关于加快推进生态文明建设的意见》，该文件的颁布进一步推动了绿色发展理念的形成与发展，明确提出建设"美丽中国"，坚持绿色发展、低碳发展、循环发展的道路，大力弘扬生态文化，大力倡导绿色低碳的生活方式；10 月，中国共产党十八届五中全会提出并阐释了创新、协调、绿色、开放、共享的五大发展理念，阐释了生态兴衰与文明变迁、生态文明建设与中华民族伟大复兴之间的耦合关系，形成了习近平生态文明思想。

第四，全面绘就大气、水、土壤污染治理的立体作战图。2016 年 5 月，国务院印发《土壤污染防治行动计划》，与已经出台的《大气污染防治行动计划》和《水污染防治行动计划》全部实施，全面绘就了大气、水、土壤污染治理的立体作战图。2018 年 8 月，中共中央办公厅、国务院办公厅印发了《关于设立统一规范的国家生态文明试验区的意见》，设立国家生态文明试验区的目的是开展生态文明体制改革综合试验，为完善生态文明制度体系探索路径、积累经验。

第五，坚决打好蓝天、碧水、净土三大保卫战，提出实施乡村振兴战略。2017 年 7 月，在中央全面深化改革领导小组第三十七次会议上，习近平在谈及建立国家公园体制时强调，"坚持山水林田湖草是一个生命共同体"。10 月，党的十九大报告指出，污染防治攻坚战是决胜全面建成小康社会的"三大攻坚战"之一；"坚持人与自然和谐共生"是新时代坚持和发展中国特色社会主义十四条基本方略之一；把"增强绿水青山就是金山银山的意识"等内容写入党章，使全国人民更加自觉、更加坚定地贯彻党的基本理论、基本方略，统筹推进"五位一体"总体布局；提出实施乡村振兴战略，要按照产业兴旺、生态宜居、乡风文明、治理有效、生活富裕的总要求，建立健全城乡融合发展体制机制和政策体系，加快推进农业农村现代化。

第六，把"生态文明"写入宪法。2018 年 3 月，第十三届全国人民代表大会第一次会议通过的《中华人民共和国宪法修正案》，将生态文明正式写入国家根本大法，实现了党的主张、国家意志、人民意愿的高度统一。5 月，习近平提出新时代推进生态文明建设的六点原则：一是坚持人与自然和谐共生，坚持节约优先、保护优先、自然恢复为主的方针，像保护眼睛一样保护生态环境，像对待生命一样对待生态环境，让自然生态美景永驻人间，还自然以宁静、和谐、美丽；二是绿水青山就是金山银山，贯彻创新、协调、绿色、开放、共享的发展理念，加快形成节约资源和保护环境的空间格局、产业结构、生产方式、生活方式，给自然生态留下休养生息的时间和空间；三是良好生态环境是最普惠的民生福祉，坚持生态惠民、生态利民、生态为民，重点解决损害群众健康的突出环境问题，不断满足人民日益增长的优美生态环境需要；四是山水林田湖草是生命共同体，要统筹兼顾、整体施策、多措并举，全方位、全地域、全过程开展生态文明建设；五是用最严格的制度、最严密的法治保护生态环境，加快制度创新，强化制度执行，让制度成为刚性的约束和不可触碰的高压线；六是共谋全球生态文明建设，深度参与全球环境治理，形成世界环境保护和可持续发展的解决方案，引导应对气候变化的国际合作。

第七，继续推进生态文明建设。2019 年 10 月 28 日，中国共产党十九届四中全会提出，坚持和完善生态文明制度体系，促进人与自然和谐共生。坚持节约资源和保护环境的基本国策，坚持节约优先、保护优先、自然恢复为主的方针，坚定走生产发展、生活富裕、生态良好的文明发展道路，建设美丽中国。实行最严格的生态环境保护制度，全面建立资源高效利用制度，健全生态保护和修复制度，严明生态环境保护责任制度。2020 年 3 月 30 日，习近平在参加首都义务植树活动时再次指出，"实践证明，经济发展不能以破坏生态为代价，生态本身就是经济，保护生态就是发展生产力"。3 月 29 日至 4 月 1 日，习近平在浙江考察时指出，全面建设社会主义现代化国家，既要有城市现代化，也要有农业农村现代化。要推动乡村经济、乡村法治、乡村文化、乡村治理、乡村生态、乡村党建全面强起来。2021 年 1 月 18 日至 19 日，习近平在河北考察时指出，要突出绿色办奥理念，把发展体育事业同促进生态文明建设结合起来，让体育设施同自然景观和谐相融，确保人们既能尽享冰雪运动的无穷魅力，又能尽览大自然的生态之美。

（二）习近平生态文明思想的主要内容

1. 生态自然观

保护生态环境就是保护人类共同的家园，"我们要像保护眼睛一样保护生态环境""像对待生命一样对待生态环境"。2013 年 11 月，在中国共产党第十八届三中全会上习近平指出：山水林田湖是生命共同体，人、田、水、山、土、树命脉相连，要树立生命共同体意识，在自然开发中要充分考虑自然系统中各要素，遵循其内在规律，系统保护和综合治理自然环境。2015 年 10 月，中国共产党十八届五中全会首次提出创新、协调、绿色、开放、共享五大发展理念，表达了党中央以人民为中心的深厚情怀，突出了社会发展与环境保护之间的协调发展，展现了我国走绿色发展之路的决心。党的十九大报告提出："人类必须尊重自然、顺应自然、保护自然，人与自然是生命共同体。"2019 年 3 月，习近平在参加第十三届全国人民代表大会第二次会议内蒙古代表团审议时强调，要加大生态系统保护力度，打好污染防治攻坚战。同年 4 月，习近平参加首都义务植树活动时强调，要全国动员、全民动手、全社会共同参与推进大规模国土绿化行动。

总之，自然系统是一个有机整体，是人类生存发展的重要生态保障，要求牢固树立生命共同体意识，建设"美丽乡村""美丽中国"。

2. 生态发展观

2005 年，习近平担任浙江省委书记考察安吉县天荒坪余村时，首次提出"绿水青山就是金山银山"的著名论断；2013 年 9 月，习近平在哈萨克斯坦纳扎尔巴耶夫大学演讲时提出："我们既要绿水青山，也要金山银山。宁要绿水青山，不要金山银山，而且绿水青山就是金山银山。我们绝不能以牺牲生态环境为代价换取经济的一时发展。"2014 年 3 月，第十二届全国人大第二次会议期间，习近平在参加贵州团审议时强调："既要绿水青山，也要金山银山。绿水青山就是金山银山。"2016 年 11 月，习近平在关于做好生态文明建设工作的批示中指出："各地区要树立'绿水青山就是金山银山'的强烈意识，努力走向社会主义生态文明新时代。"2017 年 10 月，在党的十九大报告中习近平再次强调："必须树立和践行绿水青山就是金山银山的理念，坚持节约资源和保护环境的基本国策。"自习近平担任中共中央总书记以来，在多个场合强调要将生态环境保护放在更加突出位置，强调不以环境为代价去推动经济增长，重申并进一步发展了"绿水青山就是金山银山"的观点和思想，深刻阐释了生态环境和生产力之间共生互存的关系，即"保护生态环境就是保护生产力、改善生态环境就是发展生产力"。这一阐释发展和丰富了生产力理论，以尊重自然、人与自然协调发展理念引领中国发展迈向新境界。

3. 生态民生观

社会主义新农村生态文明建设的价值取向始终围绕为了谁，依靠谁这个问题。中国共产党始终坚持群众路线，把人民的利益放在最高位置，把实现好、维护好、发展好最广大人民的根本利益作为工作目标。2013 年 4 月 10 日，习近平在海南考察工作时指出："良好的生态环境是最公平的公共产品，是最普惠的民生福祉。"同年 5 月，习近平在中国共产党十八届中央政治局第六次集体学习时，进一步强调建设生态文明，关系人民福祉，关乎民族未来。2015 年 3 月 6 日，习近平在参加第十二届全国人大第三次会议江西代表团审议时指出："环境就是民生，青山就是美丽，蓝天也是幸福。"2017 年 10 月 18 日，习近平在党的十九大报告中强调："我们要建设的现代化是人与自然和谐共生的现代化，既需要创造更多的物质和精神财富以满足人民日益增长的美好生活需要，也要提供更多优质生态产品以满足人民日益增长的优美生态环境需要。"改革开放以来，我国经济社会发展取得了历史性成就，但同时又不得不面对严峻的生态环境问题。按照中国共产党的初心与使命，我们进行生态文明建设，必须秉持生态惠民、生态利民、生态为民，不断满足人民群众日益增长的对美好生活和优美生态环境的需要。从民生福祉的高度看待生态文明，就承认了生态文明建设的根本目的是为了人民，明确了社会主义新农村生态文明建设是以人民为中心的生态价值观为指导的。

4. 生态法治观

党的十八大以来，以习近平同志为核心的党中央在多种场合都强调，进行生态文明建设需要制定严格的法律制度，用最严密的法治保护生态环境。2013 年 5 月 24 日，习近平在主持中国共产党第十八届中央政治局第六次集体学习时指出："保护生态环境必须依靠制度、依靠法治。只有实行最严格的制度、最严密的法治，才能为生态文明建设提供可靠保障。"2013 年 11 月 12 日，中国共产党第十八届三中全会做出指示，建设生态文明，建立系统完整的生态文明制度体系，实行最严格的源头保护制度、损害赔偿制度、责任追究制度，完善环境治理和生态修复制度来保护生态环境，要牢固树立生态红线的观念，完善经济社会发展考核评价体系和建立领导干部责任追究制度。2014 年 10 月，中国共产党第十八届四中全会的决定指出：建立健全自然资源产权法律制度，完善国土空间开发保护方面的法律制度，制定完善生态补偿和土壤、水、大气污染防治及海洋生态环境保护等法律法规，促进生态文明建设。2016 年 12 月，习近平对生态文明建设做出重要指示："要深化生态文明体制改革，尽快把生态文明制度的'四梁八柱'建立起来，把生态文明建设纳入制度化、法治化轨道。"党的十八大之后，党中央将生态文明上升到制度层面，提出用制度保护生态环境，深化环保领域改革，为生态文明建设提供了重要的制度保障，是深入推进生态文明建设的重要举措，经过不断探索与实践，我国生态文明建设制度体系不断完善，达到国家治理现代化水平。

5. 生态治理观

一是体现在国内治理方面。2013 年 11 月，中国共产党第十八届三中全会提出，要"紧紧围绕建设美丽中国，深化生态文明体制改革，加快建立生态文明制度，健全国土空间开发、资源节约利用、生态环境保护的体制机制"。2015年9月，中共中央、国务院印发《生态文明体制改革总体方案》，对我国生态文明建设做出了顶层设计，安排部署生态文明领域改革中的思想、原则、保障等重要内容，确保其改革的系统性和协同性。2015年10月，中国共产党第十八届五中全会将"加强生态文明建设"纳入五年规划任务目标之一。

二是体现在国际治理方面。由于地球是一个不可分割的共同体，生态环境问题是一个全球问题，其危害和影响的是世界各国。发达国家利用自然资源先富裕起来，产生的环境问题弥留至今且蔓延全球。针对这种情况，习近平曾指出："先发展起来的发达国家理应对生态治理多一份责任，坚持共同但有区别的责任原则、公平原则、各自能力原则，发达国家应提供资金技术支持，增强发展中国家应对气候变化能力。"党的十八大以来，中国共产党在不断推进国内生态文明建设的同时，也积极致力于国际生态治理。我们党和政府积极秉承"人类命运共同体"的科学理念，积极开展国际合作，积极参与全球生态治理，不断为全球生态文明建设提供中国方案。习近平相关主张启示我们在农村生态文明建设中要重视各个主体的团结协作，调动各方力量，共同致力于生态文明建设。

6. 生态目标观

发展生态文明，关乎人民幸福，关系国家未来。我国是农业大国，农村人口众多，农村面积广阔，要实现"美丽中国"的目标就必须建设"美丽乡村"。习近平指出，中国要强，农业必须强；中国要美，农村必须美；中国要富，农民必须富。2013年，习近平在中央农村工作会议上指出，搞新农村建设要突出乡土味，体现乡土色，保留乡村风，注重生态环境保护。2016年4月，习近平在安徽凤阳县小岗村主持召开农村改革座谈会并发表重要讲话："要因地制宜搞好农村人居环境综合整治，创造干净整洁的农村生活环境。"2016年12月，习近平主持召开中央政治局常委会会议并发表重要讲话："要坚持新发展理念，把推进农业供给侧结构性改革作为农业农村工作的主线，培育农业农村发展新动能，提高农业综合效益和竞争力。"2017年10月，习近平在党的十九大报告中提出实施乡村振兴战略，要坚持农业农村优先发展，按照产业兴旺、生态宜居、乡风文明、治理有效、生活富裕的总要求，建立健全城乡融合发展体制机制和政策体系，加快推进农业农村现代化。2019年3月，习近平在参加第十三届全国人大第二次会议河南代表团审议时，深刻阐述了乡村振兴战略，并再次强调"要树牢绿色发展理念"，实现经济、政治、文化、社会、生态的协调可持续发展，才能真正实现新时代"美丽中国"、乡村振兴的建设目标。

7. 生态全民观

人心是最大的政治，因而中国共产党的执政之基关键在于人民的拥护和支持。习近平就任总书记与记者见面会上曾提道，"人民对美好生活的向往，就是我们的奋斗目标"。实现这一伟大的目标，需要全体人民的不懈努力，牢记生态文明价值观念和行为准则，努力把建设"美丽中国""美丽乡村"转化为人民的自觉行动，共同参与到建设"美丽中国""美丽乡村"的行动中来，使之成为全民共同参与、共同建设、共同享有的伟大事业。绿色发展既是理念又是举措，既适合国内，也适合国际。2016 年 6 月，习近平在乌兹别克斯坦最高会议立法院演讲时强调："我们要着力深化环保合作，践行绿色发展理念，加大生态环境保护力度，携手打造'绿色丝绸之路'。"2017 年 5 月，习近平在"一带一路"国际合作高峰论坛开幕式上提道："我们要践行绿色发展的新理念，倡导绿色、低碳、循环、可持续的生产生活方式，加强生态环保合作，建设生态文明，共同实现 2030 年可持续发展目标。"习近平在"一带一路"倡议中倾注了生态文明建设的重要理念，借此凝聚世界各国的力量，传递生态理念，实现生态治理全球化。地球是人类的共同家园，"美丽中国"的实现离不开周边国家环境的改善，实现国际密切合作，是习近平生态文明思想的一个重要特征。

第三章　生态思维：农村生态文明建设必经之转变

恩格斯曾说，"一个民族要想站在科学的最高峰，就一刻也不能没有理论思维"①。树立科学的思维方式，运用先进的世界观、方法论对一个国家、地区的社会发展具有重要的指导意义。新农村生态文明建设一刻也离不开人们的生态思维。生态思维强调生态系统内部与外部的协同运作、动态平衡和有机关联，是一种科学研究的新思路。人们的生态思维方式在建设新农村生态文明伟大历史进程中不断形成，并且已经显示出巨大的现实指导作用。但是，人们思维方式的生态化历史进程还未最终完成，还需进一步培育人们的生态思维。

① 马克思恩格斯选集：第 3 卷 [M]. 北京：人民出版社，1971: 467.

第一节 思维方式的基本含义和本质特征

一般意义上讲，思维方式是指一定时代的思维主体遵循自身的需求目的和能动指向，借助一定的结构、方法和程序的思维工具去处理、映射、加工思维客体相关数据的相对稳定的定型化的组合方式和运行样式[①]。其主要包含两层意思：思维主体在思维什么；思维主体是如何思维的。[②] 也就是说，思维方式是人们认识问题、思考问题和分析问题时比较稳定的思维逻辑框架，它由中心概念、认知框架、思维主体、思维对象、思维中介等要素构成，反映了特定历史背景下人们思考问题的程序和方法。尽管思维方式的多样性、复杂性和可变性导致不同时代、不同民族和不同国家的人们的思维方式各不相同，但无论思维方式如何千差万别，我们仍然可以从思维活动的主体及其指向的对象展开思维活动的运行样式中找到它的一般规律，并由此把握其基本含义和本质特征。

一、思维方式的基本含义

思维方式首先要知道思维主体在思维什么，思维主体所需要的关照对象是什么。

（一）思维什么

思维什么对思维方式有着重要的规定作用。思维主体是人，这里的人可以是单个的人（个体）、有组织的群体乃至整个人类。当思维主体站在不同的思维基点上，采用不同的思维方法，运用不同的思维手段，依照不同的思维路径，遵循不同的思维方式展开思维时，思维的对象始终是不同的。唯心主义集大成者黑格尔说，"哲学乃是一种特殊的思维方式"，哲学思维方式，属于哲学理论内在的思维逻辑，表现哲学对待事物的方式、理解事物的模式

---

① 高晨阳.中国传统思维方式研究 [M].北京：科学出版社，2012：5-6.
② 刘湘溶.我国生态文明发展战略研究 [M].北京：人民出版社，2012：87.

以及处理事物的方法。例如，德国古典哲学的创始人康德，以理性实践的思维方式开启了西方哲学史上的"哥白尼式革命"[①]，他的哲学理论的基本出发点是他认为将经验转化为知识的理性是每个人与生俱来的，有了这个先天的范畴，我们是能够理解世界的。于是，康德把哲学理念所指向的对象"宇宙、灵魂和上帝"，理解为超越经验界限的"本体"，而把科学思维要把握的对象理解为经验世界，即"现象界"。马克思主义创始人马克思的哲学基石是实践，实践不仅是人的一种对象化活动，还是把握世界的一种思维方式。实践思维所指向的对象是从事实践活动的人和这个实践主体不断改变的客观现实世界。实践思维方式是一种方法论，是马克思用来批判唯心主义和旧唯物主义，建立辩证唯物主义的主要武器之一，是其用来分析和把握世界的一种根本方法。

（二）如何思维

"如何思维"对思维方式有着根本性的规定作用。在考察思维方式时，我们不仅要看到"思维什么"，更重要的是要看到不同的思维主体是"如何思维"的，以及它对思维方式如何起到根本性的规定作用。

思维主体是如何思维的，既涉及人们思维活动展开的出发点，运用什么手段或工具进行思维，又涉及思维过程中所要遵循的逻辑程序，这些方面规定了人们思维活动的基本视阈以及所要遵循的具体路径。

人类最基本的思维手段是概念、范畴，尤其是进行科学研究和科学理论的表述时，总是要借助许多理性概念。例如，黑格尔在比较哲学、宗教和艺术这三种思维方式时，曾指出哲学是一种概念式思维方式。与使用理智概念的科学思维相比，哲学概念更加抽象和普遍。现实中，人们常常把哲学的概念式思维同宗教、艺术的形象思维相比较。这一比较，就在事实上承认了人类思维所借助的工具，并不限于理性的抽象思维，也把感性的形象当成了思维的手段。概念式思维是按照严格的逻辑程序展开的，并且在展开过程中不能违背矛盾律、同一律和排中律等基本的逻辑规则，艺术的形象思维往往并不按照严格的逻辑程序展开，它具有自由发散和飘逸灵动的特性。

人们依照思维活动的出发点划分了不同的思维类型。例如，有马克思的

---

① 路向峰. 哲学思维方式与哲学变革——兼论马克思对康德哲学的继承与超越 [J]. 教学与研究，2012(11): 36-41.

实践思维、费尔巴哈的直观思维。马克思在《关于费尔巴哈的提纲》中指出，包括费尔巴哈的唯物主义在内的一切旧唯物主义，一个主要缺点就在于只是从客体的或者直观的形式去理解对象，而不是把它们当作感性的人的活动，当作实践去理解①。马克思认为费尔巴哈没有把"感性"理解为实践活动，因而把费尔巴哈的唯物主义叫作"直观的唯物主义"，而把自己的新唯物主义叫作"实践的唯物主义"。马克思始终是从人的感性实践活动出发、立足于人的感性实践活动，去理解人类生活的整个现存的感性世界。正是由于马克思始终立足于实践来理解人类世界，他所看到的人类世界才会是一个可以随着人类自身实践活动而不断能动改造的世界。

人们还可以进一步从思维活动在具体展开过程中所经历的具体路径来把握思维方式的不同类型。例如，有一种因果论的思维方式，是从已知的现象去探求导致这个现象的原因，习惯于从现在开始往后追溯。而目的论的思维方式却恰恰相反，它总是放眼未来，向前展望某个事物将要出现的前景。还有一种思维，根据不同层次可划分为"实然思维"和"应然思维"。前者着眼于"是"，导致事实判断和科学判断，后者着眼于"应该"则导致价值判断和发出行动命令，这也是科学思维方式同价值思维方式的根本区别。此外，人们还可以把思维区分为分析性思维和综合性思维等不同类型的思维方式。

人类的思维是一个有机整体，可以划分为五种基本形态，即宗教思维、哲学思维、科学思维、数学思维、艺术思维。它们各有自己的本质规定，具有独特的存在形态和意义。从研究内容看，人类的思维可以划分为宗教、哲学和科学三种形态。宗教奠基于世界的神秘性，哲学立足于世界的可理解性，科学则依赖于存在的可确证性。宗教思维是最早产生的思维形态，哲学思维从宗教思维形态中分化出来，科学思维又从哲学思维形态中分化出来。从研究途径看，人类的思维可以划分为哲学、数学、艺术三种形态。哲学思维从质的途径切入对事物的把握；数学思维从量的途径切入对事物的把握；艺术思维从既综合质与量，又将质与量赋形的途径切入对事物的把握，往往并不按照严格的逻辑程序展开，而是具有自由发散和飘逸灵动的特性。哲学的质是纯粹的质，数学的量是纯粹的量，都具有形而上的性质；艺术则是形而上与形而下的统一。哲学思维具有超越性、批判性和反思性等根本特征，各种

---

① 马克思恩格斯选集：第 1 卷 [M]. 北京：人民出版社，1995: 56.

思维形态均具有各自的独特性和不可替代性，从而人类的思维具有整体性、复杂丰富性和多层次多极性等特征。

由此可见，思维方式是一个同时涉及思维的手段、程序、出发点和具体路径的多种要素的整体，这些要素共同规定了思维方式的组合方式和运行样式。但这些要素的不同又导致了思维方式的内部区分。值得注意的是，即使是同样的思维方式，由于思维主体的不一样，思维的结果又有所差异。例如，哲学高度抽象的概念式思维方式离不开哲学家这个思维主体，艺术的形象思维离不开艺术家这个思维主体，等等。

总之，"思维什么"与"如何思维"始终是思维方式所包含的两个基本方面，它们共同构成人的思维方式，人类思维方式的差别都可以从这两个方面加以理解。

二、思维方式的本质特征

（一）思维方式的本质

根据马克思主义的实践思维来理解、把握思维方式的本质时，思维方式不仅是从事实践活动的人们的实践方式在观念上的一种反映，还是实践主体思维活动的运行样式能动地反作用于人们现实的实践方式。[①] 换句话说，现实中从事实践活动的人们的实践方式，特别是社会生产方式决定着他们思维什么，决定着他们思维活动的实际内容，也决定着他们如何思维，决定着他们思维活动的具体形式。

首先，社会生产方式决定了思维内容和思维对象的广度和深度。从思维内容来看，大脑思维什么一般源于人的某种内在需要。例如，在物质资料生产比较低下的原始社会、奴隶社会，人们的思维内容较多地从物质利益方面考虑。而在物质资料生产比较发达的封建社会、资本主义社会，人们的思维内容就会不断增加如理想、信念、价值、尊严和奋斗等精神方面的内容，从而使人们的思维内容丰富化。生产力越发达，物质资料越丰富，人的精神活动也就越丰富，思维内容随之丰富化，反之思想内容就会贫瘠。从思维对象和范围看，随着人类社会历史的发展，人们的生产实践活动范围越来越广

---

① 刘湘溶.我国生态文明发展战略研究[M].北京：人民出版社，2012：92.

泛，认识事物的能力也随着认识工具的不断发展而越来越深刻，纳入自己思维的对象领域的事物也越来越多。

其次，社会生产方式还决定了社会的结构、性质和面貌，制约着人们的经济生活、政治生活和精神生活等全部社会生活，也就是说决定着人们如何去思维。人类社会是一个复杂的有机系统，包括物质生活、政治生活，精神生活等方面。但物质生活的生产方式制约着整个社会生活、政治生活和精神生活的过程，社会领域中的各种关系都是在物质资料生产方式的基础上建立起来的，一个社会是什么样的性质，处在什么样的阶段，最终都是由生产方式决定的。例如，以资本家私人占有制为基础的生产方式，就决定了资本主义的社会性质；原始的生产方式所限定的思维方式是一种与当时水平低下的生产力和非常简单的生产方式所决定的原始思维方式。中国古代倡导"整体和谐性"思维方式是与古代中国自给自足的小农经济的生产相适应的；近代西方形而上学的思维方式是与西方近代的生产方式相适应的，现代社会系统整体性的辩证思维方式是与现代生产方式的变化相适应的。

最后，社会生产方式还决定了整个社会历史的变化发展。生产方式并不是凝固不变的，从原始社会发展为奴隶社会，由奴隶社会发展为封建社会，由封建社会发展为资本主义社会，由资本主义社会转化为社会主义社会和共产主义社会，其都是生产方式的矛盾运动发展的必然结果，生产方式的变革和发展决定着一种社会形态向另一种社会形态的转化。

（二）思维方式的一般特性

1. 社会性

任何人都要从自然界获取生活资源，都离不开自然界而独立生存，人类社会任何一种思维意识都是人们对社会生活的反映，因而，这就决定了任何意识或思维方式从一开始就要受社会的影响。一方面，任何一种思维方式只有在社会实践活动中才能形成和发展，不可能脱离社会实践而存在；另一方面，任何一种思维方式的内容、结构都要受到特定的自然环境以及社会环境的制约和影响，离开环境之外的思维方式是不存在的。可见，思维方式的形成、发展、变革都离不开人们社会性的实践活动。

2. 历史性

思维方式必须随着时代的变迁而创新。从人类社会历史的发展阶段看，时代性规范着思维方式的发展方向。不同时代有不同的生产方式、科学技术发展水平等现实状况，这就决定了人们的思维方式总要受到那个历史时代的影响。因此，不同的历史时代会形成不同的思维方式，并具有那个时代的特点。我们所讲的人的思维方式，一般是指要反映某一历史时期、某一时代性质的思维方式。任何一种思维方式，都必然打上那个时期、那个时代的烙印，反映那个时代的要求，体现那个时代的特色。

3.民族性

由于不同民族具有不同的生活方式、思想观念和交往方式等活动方式，因此，同一时代不同民族的思维方式也是不同的。思维方式的民族性体现为：一方面，某一民族与其他民族思维方式的差异性。例如，中华民族与西方民族在思维方式上相比，一般认为，中华民族善于采用纵向分析比较的方式，而西方民族则善于采用横向分析比较的方式。另一方面，民族性体现的是不同民族或民族共同体的思维特点，并没有思维方式的优劣之分。我们只有深刻认识思维方式是多样的、平等的、包容的，才能实现不同思维方式之间相互尊重、彼此借鉴、求同存异、和谐共生，使人类文明更加姹紫嫣红、欣欣向荣。但从特定思维方式对推动社会发展的效果看，它又表现出好与差之分。因此，思维方式的民族性不但反映着不同民族的思维特点，还包含着对其他民族优良思维方式的学习、借鉴，两者缺一不可。否则，就不是真正的民族性，真正的民族性是与开放性融为一体的。

4.稳定性

人类的思维活动复杂多变，但其思维方式却具有相对的稳定性。从思维活动的客体来看，由于事物内在的本质联系具有相对的稳定性，因此，反映这种联系的思维方式也必然相对稳定。从思维的主体来看，思维方式源于社会的物质存在和人们的实践经验，某种思维方式一旦形成，就会成为思维主体的一种相对稳定的思维习惯和思考、处理问题的模式，而这种思维模式会自觉或不自觉地控制和影响人的意识机制，从而支配人的行为。但是，这种稳定性并不是一成不变的，它是对前人思维方式的批判继承，只有继承，才有发展，有了发展，才能具有相对的稳定性。因此，稳定性是继承性和创造性的统一，是一种历史性的积淀。它源于历史又反作用于历史，指导现实并在一定程度上超前于现实。

5. 其他特性

思维方式还有多样性、能动性等特征。思维主体、思维对象和思维的具体样式（手段、程序、路径、方法等）的多样性共同规定思维方式的多样性。思维方式的历史性、民族性特征都表明思维方式是随着时代的变化而不断变化的，都要反过来影响人的行为。归根到底，思维方式的这些特征，都是建立在实践性这一本质规定的基础上的：人们的生产社会实践从根本上规定着人们的思维方式，思维方式却能动地作用于人们的社会实践，理解了这一点，我们就能从辩证的、历史的唯物主义的角度去把握人类思维的本质及其特性。

第二节　生态思维方式的含义、背景和特性

生态思维是随着生态学的发展、生态危机的出现，尤其是随着生态环境保护以及生态文明建设的展开而出现的新概念。生态思维是借助生态学、生态哲学理论相关知识去认识世界的一种思维方式。其最初目的是应对人与自然之间复杂、不稳定的关系，解决人类社会的生态危机，后来，逐渐被运用到不同学科领域中，生态思维便具有了普遍的方法论意义。

一、生态思维方式的基本含义

生态思维既可以指某种思维以"生态"或"生态环境"为自己的思维对象，也可以赋予"生态"这个词以"和谐的、整体的、健康的、有机的"等多重含义。当然，人们也可以对"生态思维"做专门的概念界定：以自然生态为思维对象，注重保护生态环境，自觉追寻人与自然和谐统一的思维类型。

（一）对生态思维方式的广义理解

人类思维一般分为生态思维和反生态思维两大类型。人们常常对生态思维方式做广义、宽泛的理解，广义上讲，把所有思维方式以和谐的、有机的、整体的、健康的等思维对象的思维统称为生态思维，把不和谐的、局部的、机械的、病态的等思维对象的思维统称为反生态思维。例如，将生态思维运用到媒体发展中，它将媒体发展看作一个复杂的动态的生态系统，倡

导一种全方位的生态关怀。[①] 生态思维强调用系统整体动态的眼光看问题，这种系统的、动态的、整体的认知倾向于一种辩证的、有机的系统整体论，认为世界是一个具有内在关联的有机体和各种环境组成的相互作用的生态系统。

（二）对生态思维方式的狭义理解

狭义的生态思维方式专指人与自然和谐统一的、有机的、整体性的生态理念，改造工业文明、粗放型经济增长背景下的反生态思维，这种思维是逐步从工业文明向生态文明、由粗放型的经济增长模式向资源节约型和环境友好型的经济增长模式的转型过程中展开的生态思维[②]。首先，生态思维方式是由反生态思维方式向生态化思维方式的历史转型，这种转型表明：第一，自然生态环境在人们思维中的重要地位得到普遍认可。第二，人们在自己的生产活动乃至整个生活过程中越来越多地把自然生态环境作为思维的对象。从历史和现实来看，自然生态系统是人们生存永恒的、任何时候都不可废弃的前提，在他们从事物质生产实践活动中，早已和自然环境接触，早已天然地生活于自然生态系统中。但是，人们却不会时刻在自己生活的各方面都始终以自然生态为思维对象。例如，从事农业、畜牧业和工业生产的生产者、管理者或许会因工作原因不得不在生产过程中对自然系统进行认识和思考，但是，他们未必会在生活的消费行为、日常交往和娱乐休闲等其他方面时刻想到自然生态系统。人们在自己温暖的家庭中使用冰箱、电视等各种物质产品，在超市购买洗面奶、洗发液、洗浴液、鞋袜、休闲服、床单、被罩等日常生活用品，在公共场所聚会和休闲娱乐，在公路上开着私家车上下班……在从事诸如此类的活动时，人们很难把这些活动同自然生态环境联系起来做整体思考，就更不用说去思考这些活动会对自然生态环境产生什么影响了。因此，只有转向生态思维方式，人们才会把这些表面上同自然生态环境"无关"，其实是密切相关的活动，同自然生态环境的保护联系起来思考。转向生态思维方式，需要强化生态意识、增长生态知识，人们才会在从事各种实践活动时将眼光转向人类始终不能离开的自然界，转向当前亟待世界各国共同加以保护和建设的生态系统。

① 张浩. 研究思维发生学的目的、意义及方法 [J]. 求索，1990(5): 46-51.
② 刘湘溶. 我国生态文明发展战略研究 [M]. 北京：人民出版社,2012: 108.

其次，生态思维方式是由反生态思维方式向生态化思维方式的历史转型，这种转型表明：人们已逐步学会用生态方式来对待自然生态环境或生态系统。换句话说，人们开始用生态思维去对待自然生态环境。第一，有关自然生态环境的概念、知识在生态学、生态环境学等新兴交叉学科中，人们越来越多地按照生态学这一概念，运用生态学的知识展开自己的思维，促使自己更好地把握自然生态系统的规律，保持生物的多样性和维护生态系统的动态平衡。第二，从思维的出发点看，生态思维要求人们在各类日常活动中始终把自然生态环境作为思考问题的出发点，始终立足于自然生态环境的合理保护、人与自然生态环境的和谐统一。第三，从思维活动遵循的"程序"看，推行生态思维就意味着人们在认识和把握自然生态环境时，要自觉而严格地遵守支配整个生态系统的自然生态规律。第四，从思维展开的具体路径看，推行生态思维方式，人们应该坚持人与自然生态环境是有机整体的理念，双向思考人与自然的相互作用，而不是采纳外部生态环境简单地服从于人的眼前需要的单向路径。第五，从思维的方法看，生态思维方式要求人们越来越自觉地运用辩证的方法，在人与自然的分化和对立中把握两者之间的统一。

最后，生态思维方式同马克思、恩格斯的实践思维是一致的。马克思和恩格斯立足实践，去考察整个人类世界尤其是人与自然相互之间的辩证关系，我们必须坚持和发扬。当今，仍有一种错误认识，认为马克思主义的实践思维强调实践主体性会导致对生态环境的破坏，因此，马克思的实践思维业已过时。这种观点错在把马克思主义的实践思维简单等同于片面的主体性思维，实际上，马克思在强调实践主体性的同时，始终强调实践活动对外部自然界的依赖性。

二、生态思维方式的历史背景

工业文明向生态文明的转型过程中，不仅要求物质资料生产方式转向生态化，还要求人类思维方式也实现生态化转型，即由反生态的思维方式转向生态思维方式。这种转型归根到底是由生产方式乃至整个文明的历史转型所决定的[①]。当然，生态思维方式也会能动地反作用于人类生产方式。

---

① 刘湘溶. 生态文明论 [M]. 长沙：湖南教育出版社，1999.

（一）实现工业生产方式生态转型的历史必然

生态危机的爆发是大工业生产方式急需向生态转型的一个明显特征。从世界范围看，人类工业化初期就已出现了大工业生产方式。一方面，这种方式为人类提供了巨大的物质生产力，创造了巨大的物质财富，充分展现了人类的实践能动性和创造性。另一方面，正是生产力的提高严重破坏了自然生态环境的结构、功能，从而造成了威胁人类自身生存的生态危机，即严重破坏了生态系统，瓦解了维持生命的有机系统。

1. 原始文明

按照技术形态分，原始文明是人类文明发展的第一阶段。在生产力低下的原始社会，人类生活完全依靠大自然赐予，采集、狩猎、捕捞是当时人类的主要生产方式。石器、弓箭、火是原始社会的重要发明。尽管当时也有原始的制造简单工具、构筑简陋房屋等手工业生产，但这种生产仍然是围绕采集、狩猎、捕捞来发展的，人类所用的生活资料主要依靠直接摄取自然界现成的动植物。这种生产方式的基本特征是：人类寄生于大自然，只能尽量利用原生态的动植物才能获得生存。然而，在地球资源中，人类能直接利用的物质资源的种类和数量极其有限，人类对自然的开发和支配能力极其有限，因此，这个时期的人类在许多方面和动物一样，是不自由的。

原始社会人破坏自然生态系统程度很小，自然生态系统自行修复。由于原始人对自然界认识还处于萌芽时期，其生产活动带有极大的盲目性，在取得食物时，常常又破坏食物的来源。例如，旧石器时代晚期，人们已广泛使用弓箭，捕杀动物的能力越来越强，导致狩猎的地方动物日益稀少，甚至许多大型哺乳动物遭到了灭顶之灾。同时，加上气候自然变化，使原来能采集植物的天然条件丧失，使原始人获取食物的可能性进一步变小，他们的生存受到了威胁。人类的狩猎能力超过了动物的自然再生能力，过度的采集超过了植物的自然再生能力，甚至灭绝了许多物种，这是人类生产生活引起的最早的生态环境问题。[①] 原始人面临着生存之忧，必须去开辟新的食物来源，于是，原始人进行迁徙，转移到有食物的地方生活，但是，过了一段时间，又以同样的方式破坏了这里的食物来源，然后，又被迫迁徙。不过，那个时期地球相对于人口数量很少的人类来说是地大物博，一个区域停止了人类的

---

① 刘湘溶. 生态文明论 [M]. 长沙：湖南教育出版社，1999.

生产活动之后，这个区域的生命维持系统可以自行修复，因此，原始人可以从一个地区迁徙到另一个地区，维持采集狩猎生活数万年之久。

2. 农业文明

人类社会经历了五千多年的农业文明时代，开始出现青铜器、铁器、陶器、文字、造纸、印刷术等科技成果。铁器的出现使人改变自然的能力产生了质的飞跃。该时期主要的生产活动是农耕和畜牧，人类通过改善、创造适当的环境，使自己所需要的物种得到生长和繁衍，不再依赖自然界提供的现成食物。人们对自然力的改善和利用已经扩大到若干可再生能源（畜力、水力等）领域，铁器农具使人类劳动产品由"赐予接受"变成"主动索取"，人们的经济活动开始主动转向生产力发展的领域，开始探索获取最大劳动成果的方法。

农业文明经历了三个阶段：第一阶段是游耕农业。游耕是人类最早的农业技术，人们开垦土地和草原，砍伐焚烧森林，把天然腐烂的草木作为土地肥料，耕种几年后，天然肥力用尽，收成开始下降，人们只好弃耕转移到另一个地区，开始新的种植。由于土壤未被彻底破坏，腐烂的落叶过几年后可以再度肥沃起来，原始植被得到自然恢复，土地可以被再度开垦。游耕对生态环境有一定的影响，随着人口增长，反复刀耕火种和反复弃耕，在一些干旱或半干旱地区，会导致土壤的彻底破坏、水土流失的情况。第二阶段是轮耕农业。与游耕农业相比，轮耕农业更具有选择性和目的性，人类严格控制着整个生产系统。具体做法：人们把一整片自然的林地土地划分为若干块，每两至三年开垦其中一块，在连续耕种数年后，这块土地可获得30年左右的抛荒修养期，在下次耕种之前，自然植被能基本恢复原状。第三个阶段是传统农业。社会需要更多的农田用来生产粮食以满足日益增长的人口的需要，这使得大量土地转变为永久农田，从而轮耕农业逐步解体。这个时期，靠以往通过开荒来扩大耕地的生产潜力已变得不可能，因而，不得不以增加投入来提高产量，除人力和畜力这类传统生物能源之外，风力和水力等非生物能源也进入能源投入，人类对农田的控制力明显增强。无论是何种农业耕作方式，虽也造成了对生态环境的破坏，但人都是直接和自然界相互作用，依靠人力、畜力长期固定在某块土地上从事生产的农业是一个符合生态学原理的系统①。

---

① 余谋昌. 当代社会与环境科学 [M]. 沈阳：辽宁人民出版社，1986：131-142.

3. 工业文明

工业文明是人类运用科学技术的武器以控制和改造自然取得空前胜利的时代，它贯穿劳动分工精细化、生产规模化、劳动组织集中化、劳动节奏同步化、劳动方式最优化和经济集权化六大基本原则。这个时期，人类主要通过对自然物质的加工来获取生活资料，开始以自然的"征服者"自居，对自然的超限度开发造成了严重的环境危机。工业文明以 1776 年第一台瓦特蒸汽机的投产使用为标志开启了生产过程的机械化过程，以 19 世纪 30 年代的直流电机的产生和发展开启了生产过程的电气化过程。这个阶段的工业生产的基本特点：以无生命的东西为劳动对象，以机器为生产工具，以材料与能源为主要能源，以工业科学技术为手段，在不依附自然条件的工厂中进行生产活动。工业使用的资源主要是煤、石油、天然气、金属和非金属矿产等不可再生的自然物质及其转化成的能量。中心生产技术是运用采掘、材料、机械、动力、建筑等在内的工业技术，以大规模机器开发自然力来代替人力和畜力，并广泛采用人造材料和合成材料来代替天然材料的方式进行生产，推动生产发展的人力已经处于次要地位了。

工业文明强调经济利益是人的唯一利益，经济目标是人类发展的唯一目标或最高目标；认为只要经济发展了，社会各方面就会随之发展，社会的各种矛盾就会自然化解，经济发展就是社会全面发展，不应该受到任何控制和约束。在这样一种思想支配下，人类的一切活动几乎都是围绕"追求更多的物质财富"这样一个共同的甚至可以说是唯一的目标展开的。这种发展观以工业增长作为衡量社会发展的唯一标志，片面强调商品的生产和资本的积累，以实现国家工业化作为发展的目标，单纯用 GDP 来衡量国家的发展水平，GDP 高和人均 GDP 高的国家就是经济强国。按照这种思路，人类社会的发展就是要无限制地开发、使用地球的资源，最大限度地满足人们的物质生活需要。

工业文明极大地提高了社会生产力，创造了前所未有的物质财富，但同时也给人类文明带来严重的威胁。马克思和恩格斯充分肯定了工业生产方式的伟大历史作用，指出了工业生产力"比过去一切时代创造的全部生产力还要多、还要大"[①]。但他们同时又指出，工业生产方式给人类文明带来严重的威胁。首先是对自然界的破坏。工业生产一切都从赚钱出发，单方面追求产

---

① 马克思恩格斯选集：第 1 卷 [M]. 北京：人民出版社，1995：277.

值、产量和利润，它确实带来了物质繁荣，然而，就在人们庆祝物质文明高度发展的时候，却造成了自然生态环境的严重破坏。其次是造成道德的滑坡。工业的发展要以市场为条件，在工业文明制度下，市场交换只认金钱，只认货币，结果就造成了拜金主义的普遍流行。最后是工业生产的高投入、高消费、高污染。工业生产必然引发浪费和享乐主义的泛滥。不仅如此，资本主义工业文明在扩张的过程中，还不断地在进行"生态泛滥"，发达国家向发展中国家转移淘汰落后、易污染的工业设备和工业垃圾。因此，随着工业化运动在全球的扩张，工业生产造成了日益严重的环境污染和资源枯竭，给整个人类赖以生存的生态圈带来了巨大的冲击。特别是第二次世界大战后，人类在奋力追求全球经济发展的同时，出现了一系列环境问题：生物、森林、能源等自然资源日益衰竭；大气、水体、土地等人类生产、生活环境日益遭受污染；生活环境质量低，乡村人口空心化；气候恶化，灾害频发，地球四大圈层失去稳定……归根结底，经济社会发展与人口、资源、环境的不平衡、不协调是现代工业文明生态危机的症结所在。

我国同样面临着经济发展与环境保护的双重挑战。一方面，我国还处于不发达的社会主义初级阶段，工业基础仍旧薄弱，这就决定了我国还不能超越生产力的发展阶段，不能直接越过工业文明进入生态文明；另一方面，中华人民共和国成立后，尤其是改革开放以来，虽然在经济发展方面取得了重大成就，但也出现了严重的资源与生态环境问题，尽管这是每个发展中国家在发展过程中都要遭遇的问题，但我国不能重复西方工业化的老路，因此，我国的发展处境比发达国家当年的处境还要艰辛。

工业文明的发展模式与思维方式都是反生态的。在工业文明兴起和发展的过程中，一直有人在进行思索、预测和研究工业文明可能引起的危机。1798 年，英国经济学家马尔萨斯针对人口指数增长的潜在威胁进行过分析，他指出，如果不对人口加以抑制，人口对食物需求的总量将超越一个国家或世界食物生产的能力。当然，这种观点在当时不被普遍认可。19 世纪末，美国学者乔治马奇指责人类活动导致了环境恶化，并指出地球的毁灭与动物的消亡将是人类对自然犯罪的结果。遗憾的是，经济发展所导致的生态危机被科学技术所带来的巨大成就掩盖了。20 世纪上半叶，有很多有志之士对人类自身活动所导致的生态危机做了深入思考，并试图建立"生态伦理学"。例如，法国学者诺贝尔和平奖获得者施韦兹在 1923 年出版的《文化哲学》

一书中提出了万物之间都是平等的观念，主张凡是维护生命、完善生命和发展生命的行为，都是善的。1949年，英国学者莱昂波特出版的《大地伦理学》提出，要重新确定人类在自然中的地位与作用，指出人类并非自然的统治者，而是自然界的普通成员，大地上的花草树木和飞禽走兽等一切生物，都有自己生存和繁殖的权利。这部著作的出版标志着生态伦理学作为一门相对独立的学科正式形成，也意味着一些有识之士面对西方工业文明的发展已有明确的生态意识，形成了生态思维。总之，不论是从世界范围看还是从中国的特殊国情看，科学技术的高度发展和工业化进程的加快，既带来了日益丰富的物质财富，也带来了全球性的生态危机，这也凸显了实现工业生产方式和文明转型的历史必然性。

（二）实现思维方式生态转型的历史必然

特定的生产方式总是要对应特定的思维方式，要实现工业生产方式和工业文明的历史转型，就有必要实现与之相适应的思维方式的转型。

在原始文明中，人类的生命很弱小，面对自然界只能被动服从，听任摆布，原始社会的人们认为，只有对大自然表现谦卑、温顺才是正当的、善的，从而萌生了"自然崇拜"的观念，最后走向"敬天、敬地、敬鬼神"的宿命论。他们对世界的认识和观察以整体性为前提，把世界直观地看成相互联系又不断变化的统一整体。因此，原始人的思维形式是动作思维与表象思维，他们的思维方式的基本特征是"万物有灵"和"万物皆变"。

在农业文明中，人依然在很大程度上依赖于自然界。自然限制了人的发展，在谋生目的的支配下，人和自然关系的狭隘性决定了人和人关系的狭隘性，这种人与人关系的狭隘性又反过来限制了人和自然关系的发展。个人的劳动内容带有一定的全面性，但这种全面性是一种低层次的全面性，反映在人的思维上，是一种人与自然关系的朴素整体性，朴素整体性是农业文明下思维方式的最大特点。生态意识具有两个层次：第一层次是不自觉的生态意识，它是对社会存在的直接反映，是一种不系统、自发的、未定型的思维内容，可称为生态心理。第二层次是自觉的生态意识它是对社会存在的间接反映，是从社会生活中提炼出来的一种系统的、抽象化的思维内容，可称为生态哲学。农业文明下思维中的生态意识，是人们在农业生产劳动和日常生活中表现出来的一些保护、利用自然生态系统的感情、意识、知识、风俗习惯。农业文明的"整体和谐性"思维方式，连同原始社会的动作思维与表象思维，都旨在说明和解释事物或现象以及人类本身，但这种思维实质上是人类面对自然现象、社会现象以及人类自身的各种现象，无法解释的一种无能为力的表现。

工业文明的思维方式尤其是资本主义工业化早期起支配作用的思维方式是机械的形而上学的思维形式。它的主要特征是先把事物从整体中分离出来，然后把它们孤立地加以认识和研究。从系统论的视角来说，它强调事物整体中个体要素的多元发展和不平衡，注重对立和冲突的必然性，张扬人的主体性和征服自然，注重对要素个体的把握，忽视了整体与部分，部分与部分之间的内在联系，不能全面地把握和认识事物，必然陷入片面的机械论。在这种思维方式的指导下，人和自然被割裂开来，社会发展仅仅被理解为单纯的经济增长、科技进步和人们对物质世界的实际占有等。从社会经济制度的角度来看，这种反生态的思维方式往往还同资本主义私有制密切相关。人类"思维主体性"的发挥和生产力的高度发展其实都受到资本家谋求经济利润的影响。因此，要真正实现人类生产方式的历史转型，就需要改变资本主义的私有制度。同样，要真正实现人类思维方式的生态化，就需要从根本上改变利己主义的价值观。

人类凭借先进的科学技术手段去征服自然，对自然进行掠夺式的开发和利用，使地球出现严重的生态问题，从而导致人在建立自己家园时，却又在毁坏自然的家园，使人类面临着严重的生态危机。因此，工业文明的反生态思维方式不能从根本上解决人类的发展问题，不能从根本上解决人与自然、社会的关系问题，人类必然运用一种新的生态思维方式，构建新的发展观。

生态文明是建立在知识、教育和科技高度发达基础上的人类与自然实现协调发展的社会系统，它强调自然界是人类生存与发展的基石。它涵盖了人类以前的一切文明成果，是对工业文明以牺牲环境为代价获取经济效益进行反思的结果，是传统工业文明发展观向现代生态文明发展观的深刻变革。

三、生态思维方式的基本特性

生态思维与其他思维方式相比，其核心价值取向是在合作竞争中实现各生态主体的协同进化。其实质是人类在实践的基础上逐渐形成的一种注重人与自然和谐统一、注重保护自然生态的一种生态思维。生态思维作为一种崭新的系统思维方式，把整个世界看作一个"自然—社会—人类"相互关联、协同发展的生态系统，具有思维结构的整体性、思维视野的开放性、思维方向的前瞻性和思维取向的和谐性等特征。

（一）在思维结构上，强调整体性

形而上学思维方式用一种孤立的、静止的、片面的观点认识世界、改造世界，把人与自然在生态系统中人为割裂引发生态危机，从而呼唤人类寻找一种新的能把自然、社会、人三者统一起来的思维方式。生态环境及人与自然的关系等思维对象具有整体性特征，这就决定了生态思维方式结构的整体性。我们唯有整体考量才能驾驭全局，唯有全面系统推进才有总体效应，这都需要我们具备协同的整体性思维[①]。生态思维方式的整体性表现在整体的结构、功能和运演规律三个方面。自然界是一个巨大的生态系统，从过程来看，生态系统包括物质、能量和信息的流动，物种的发育与变化，水分与大气的循环，等等；从成分来看，生态系统包括有机物、无机物、气候、生产者、消费者和分解者等等；从层带来看，生态系统包括大气圈、生物圈和矿物圈。这些成分、过程和层带纵横交错、彼此联系，具有整体结构、整体功能和整体运演规律。自然界作为一个生态系统，其整体性在各层带、成分和过程的变化方面都会影响其他层带、成分和过程的变化，进而影响系统的整体结构、整体功能和整体运演规律。反之，生态系统的整体性变化又会影响它的每一层带、成分和过程的变化。

人与自然关系的整体性表现为：自人类出现以后，自然逐渐成为人化的自然，人类历史是整个自然史的一部分，必须从人与自然的整体性关系出发去把握人类历史。其一，尽管人类社会自产生起就有区别于自然的特殊性，在一定程度上可以凭借"自我发展"的原则来发展，但人类历史的奥秘却无法完全依照自然规律，也无法从人类社会系统自身来加以揭示，而要从人与自然的相互作用来说明。其二，从人与自然的整体性关系出发，而不是从二者的某一局部、某一方面出发。人类对自然的改造总是以特定的组织形式、意图和手段进行的。一方面是人的目的、人的本质力量的对象化，是自然界的人化；另一方面，则是自然界的非对象化，人的自然化。人与自然的整体性关系是包含社会因素、主观因素和社会因素的统一体。总之，这种整体性不仅强调人与自然关系的整体性，还强调人对人类变革自然的实践活动效应

---

① 徐蕾.基于生态思维视域下高职院校创新型人才培养 [D].南昌：东华理工大学，2016.

的整体性把握，既注重它的经济效应和社会效应，又注重它的生态效应，要求人的实践活动必须自觉遵守自然的整体运演规律。

（二）在思维视野上，强调开放性

在生态系统中，因事物具有普遍联系的特征，异质多样的生态主体通过合作与竞争，最终完成系统内生态主体的协同进化，从而决定了生态思维的开放性。[①] 开放性是自然生态系统和社会生态系统客观的存在方式。根据事物具有普遍联系的观点，此事物与众多彼事物之间总是有着千丝万缕的联系。因此，任何一个生态系统的各类事物都要在开放的系统内、系统外进行物质、能量和信息的交换，只有进行了这种交换，事物才具有生命力，才得以存在和发展，自然界就是这样一个充满活力又具有开放的物质、能量和信息循环的系统。开放的重要性除了在自然系统中体现，在社会生态系统中同样有体现。任何文明社会的发展都离不开与文化环境、地理环境的相互作用。就文化环境而言，不同民族和国家只有彼此开放、相互学习、相互融合、取长补短，才能繁荣昌盛。所谓地理环境，是指对社会文明发展产生现实作用的各种自然条件的总和。避开地理环境，就无法全面把握社会文明发展史上的诸多问题。

生态系统的开放性要求人们在思考问题时必须具备开放的思维视野，坚持从运动、变化、发展的角度去看待事物；还要求人们不断对思维的目标、程序和方法进行动态调节，以把握动态的客体。生态思维方式的开放性是思维动态调节的前提。生态思维方式的目标是追求某种事物发展的可能性、概率性和机遇性，在多种可能中选择较为有利的可能，在变与不变的统一中把握思维的目标和指向。生态思维方式的程序和方法处于不断变化中，通过思维的双重机制，一边进行思维的信息加工，一边根据反馈的结果，不断对思维的要素特别是程序和方法进行自觉修正，以达到理想的思维结果。这些都是思维在与周围环境的交流中，在思维内部各要素的不断调整中，在信息不断输入和输出的过程中实现的。如果思维与外界封闭、隔绝以及思维各要素内在地封闭与隔绝，那么这种动态调节就不可能发生。

---

① 阮菲,陈文娟.基于政府文件网络文本的无锡智慧旅游发展研究 [J].旅游纵览(下半月),2019(24): 115-118.

（三）在思维方向上，强调前瞻性

思维方式的前瞻性是指依据客观事物的发展规律做出科学预测，并寻求超常规应变的策略获得实践的成功。其内容主要体现在两个方面：一是坚持未来优先原则，追求可持续发展，从长远利益出发实施有预见性的战略措施。二是具备科学预测的能力，在动态中把握事物发展，正确认识充满挑战的复杂局势。其做法是要求人们立足现实，着眼未来，从广泛复杂的联系中、从事物的动态发展中把握事物，通过对未来的预测和规划来指导当前的活动[①]。其基本原则是在肯定现阶段满足人类基本需要和合理消费的前提下，还需充分考虑生态环境循环限制下未来代际发展的客观需要，以寻求当代人与后代的共同持续发展。

前瞻性是现代社会发展尤其是生态运动对人类思维的必然要求。要找到做出科学预测和预见的客观规律，必须把事物现状与其历史结合起来考察，要从事物的联系中认识事物的变化和发展规律。时间是运动过程的持续性，它永远沿着过去、现在和未来所构成的轴线向前流逝。过去、现在和未来三者构成一个彼此联系、不可分割的发展链条。提前预测、预见事物的未来需要人们正确地看待过去、科学地考察现在，并从中找到事物变化发展的规律，找到这种内在逻辑之后，便能以这种规律、逻辑为依据去审视其历史、考察其现实、前瞻其未来。总之，生态思维方式的开放性是指思维向度不限于某种固定的思维框架，通过与外界的交流，能不断地汲取新知识、新方法，做到多视角、多层面、全方位地看问题。

（四）在思维取向上，强调和谐性

生态思维的和谐性注重在动态平衡状态下分析问题、解决问题，强调人与自然的和谐性，使整个系统处于持续发展、良性循环的运行状态[②]。生态文明的建设要求人们从过去单向的功利性思维向双向的和谐性思维转变，转变的根本原则是以互利互惠的原则来处理人与人的关系和人与自然的关系。

---

① 尹德志，欧庭宇．基于生态思维的流动人口参与社区文化建设研究[J]．北华大学学报（社会科学版），2016,17(1): 36-40.
② 蔡锦妍，李荣丽．关于无锡旅游形象定位与设计的思考[J]．美与时代（城市版），2018(7): 84-85.

相应地，和谐性思维取向也具体分为人与人互相和谐的思维取向和人与自然互相和谐的思维取向两种。前者利于优化人际关系、公共关系，有利于减少乃至消除一些社会问题；后者则利于人与自然的和谐共生，确保生态系统的共存共赢，协调发展。

和谐性思维取向根源于重要的客观依据和理论依据。第一，根源于凸显的日益社会生产系统化的整体利益。工业文明社会里生态危机的出现及其加剧，使人们普遍认识到自然生态系统与社会系统是相互依存、相互作用的有机整体，二者的整体关联性使自然利益与人类利益趋于一体，从而形成了互相依存，具有内在互动性的社会生态系统的整体利益。人类对自然利益的维护实际上是对自身利益的维护。人类利益与自然利益的直接同一性和高度相关性为和谐性思维取向提供了重要的客观依据。第二，根源于马克思主义生态思想理论。马克思认为，人作为道德的主体，不仅把自己的道德关系施之于人，还应该施之自然中的动物、植物等。自然是人类之根、人类之母，是人类的栖息之所，地球可以没有人类，但人类绝不能没有地球。人类要确保自己在自然中持续存在与发展，就必须维护、保护自然，马克思主义理论所表达的人与自然和谐相处的善良理念为和谐性思维取向提供了重要的理论依据。可以看出，和谐性思维取向以人类利益和自然利益为其关注的对象，这种思维取向所追求的目标不是人类在征服自然的道路上走得如何顺利，如何迅速，而是找到一条人与自然和谐共生之路。[①] 生态思维方式是一种崭新的哲学思维范式，既有思维方式的共性特征，又有自身独特的功能。它追求人类与整个生态系统的整体互融、科学发展。中国思维方式生态化的历史进程已经展开，但还未最终完成，因而对我国新农村生态文明建设具有指导作用。

第三节　中国生态思维方式的生动实践

从中国的现实情况看，思维方式的生态化已成为生动的现实。中国共产党一贯重视生态问题，特别是党的十八大以来，党中央根据新形势，对生态问题进行了深入探索，形成了一系列生态新理念、新战略和新论断，并运用和谐思维、法治思维、制度思维和整体思维等多种生态思维解决生态问题。

[①] 刘湘溶，罗常军. 思维方式生态化及其现实价值——思维方式的基本含义、本质特性与典范形态 [J]. 湖湘论坛，2010(3)：5-7.

一、人与自然共生共荣的和谐思维

纵观历史发展长河，人与自然问题在人类文明经历的原始文明、农业文明和工业文明社会里，始终是全人类共同关注的问题之一。21世纪以来，全球生态问题日益严重，严峻的生态危机迫使人类反思这种人与自然的对立关系，西方欧美等发达国家，有一些环保主义者也积极呼吁要尊重自然、善待自然。在中国，特别是党的十八大以来，针对人与自然的关系问题，党中央提出要推进生态文明建设，必须全面树立尊重自然、顺应自然、保护自然的生态文明理念。

第一，人与自然和谐共生思维是我们党和国家对传统粗放型发展方式的深刻反思和经验总结。中国共产党对人与自然关系的认识经历了从"战胜自然"到"人定胜天"，再从"人定胜天"到"尊重自然"，最后从"尊重自然"到"人与自然和谐共处"的一个不断积累和深化的进程。以毛泽东为核心的第一代中央领导集体在社会主义建设初期就重视环境问题，提出了一些保护生态环境的理论和主张，对我们党的生态理论和生态建设进行了初步探索。以邓小平为核心的第二代中央领导集体，提出了"科学技术是第一生产力"的著名论断。邓小平指出，解决农村能源，保护生态环境等问题都要靠科学，将来农业问题最终要靠尖端科学技术来解决。这个时期我国经济高速发展，经济总量跃升至世界前列，但是，这种发展是以牺牲环境和大量耗费资源为代价的，环境问题已经成为严重制约我国经济发展的因素，成为实现全面建成小康社会最难解决的问题。以江泽民为核心的第三代中央领导集体提出了发展中国特色社会主义事业要走可持续发展的道路，认为经济发展必须与资源和环境相统筹，不能吃祖宗饭，断子孙路。以胡锦涛为总书记的第四代中央领导集体提出要构建资源节约型和环境友好型社会的目标。以习近平同志为核心的第五代中央领导集体在各种不同场合多次谈到生态文明建设问题，并提出了人与自然和谐共生的生态文明建设理念。从毛泽东到习近平，党中央的环境理念不断深化，发展脉络非常清晰，最终形成了中国共产党的人与自然和谐共生的新的生态理念。

第二，和谐共生思维继承和发扬了中国优秀传统文化，是马克思主义生态文明思想的理论基础。中国共产党的和谐生态思维具有深刻的中华民族优秀传统文化意蕴，正如第二章所述，人与自然和谐发展的思想在道家、法家、儒家等诸多学派中都能够找到其理论渊源。例如，"天地宇宙整体运作，以求整体的协调发展的道家文化理念"①，这些都能体现古人对宇宙和生命给予的最大关怀。和谐思维也与马克思主义生态观不谋而合。马克思和恩格斯在他们的著作中虽没有使用过"生态文明"的概念，但人与自然的关系问题始终是他们关注的问题，针对工业生产的具体环节等人类破坏生态的行为，马克思、恩格斯都进行了猛烈批评，还提出了消灭物欲膨胀的资本主义制度，建立新的生产方式是解决生态危机的根本途径。

第三，转向人和自然的和谐思维，需要每一位社会成员树立尊重、保护和顺应自然的生态伦理观念。党的十八大提出建设"美丽中国"，并将生态文明纳入"五位一体"的总体布局。2017 年 5 月，习近平在主持中国共产党第十八届中央政治局第四十一次集体学习时强调，中国共产党人要树立尊重自然、保护自然、顺应自然的新理念，并在实践中践行这一理念。② 尊重和保护自然是人类应有的人类自觉、主动行为，顺应自然是认识自然规律和尊重自然规律，不是人们平常所说的听天由命。人类的实践行为一般具有能动性和受动性两个特征。能动性要求是人们在改造自然的过程中有明确的行动目的；受动性要求人类不能脱离自然规律肆意而为，我行我素，必须服从自然界的发展规律，按照客观规律办事。例如，经济发展和环境承载力两者需要同时考虑，坚持发展与保护的内在统一，创新绿色经济，给子孙留下碧水蓝天。人与自然和谐共生，关键在于人，我们要有像保护眼睛一样保护生态环境，要像对待生命一样对待生态环境的生态思维方式。

二、生态良好需要法治屏障的法治思维

法治思维是思维主体崇尚法治、尊重法律、按照法治的观念和逻辑来认识、分析问题，并善于运用法律手段来解决问题的思维方式。法治是治国理政的基本方式，依法治国是中国共产党领导人民治理国家和社会的基本方略。

第一，领导集体的生态法治思维。法治的根本目标是要维护人民权利，维护社会和谐稳定。中华人民共和国成立以来，我们党对社会主义治国方略

---

① 程鹏.浅谈人与自然和谐发展思想的道家文化渊源[J].中共太原市委党校学报，2016(2): 62-63.

② 新华社.习近平主持中共中央政治局第四十一次集体学习[EB/OL].(2017-05-27)[2020-04-05]. http://www.gov.cn/xinwen/2017-05/27/content_5197606.htm.

进行了艰辛的开创性探索。第一代中央领导集体提出"摧毁旧法制，创建新法制"的口号，开始建立和完善新中国的法律制度。党的十一届三中全会后，我们党的经济工作重心转移，指导思想也开始逐步向依法治国上转变。以江泽民为核心的第三代中央领导集体确立了"依法治国"的基本方略。胡锦涛做十八大报告时号召全党特别是全国各级领导干部运用法治思维和法治方式深化改革、推动发展、化解矛盾、维护稳定，提出法治是治国理政的基本方式。2014年10月，中国共产党第十八届四中全会通过了《中共中央关于全面推进依法治国若干重大问题的决定》，正式开启了中国法治思维阶段。习近平在生态建设方面主张用严格的法律制度保护生态环境，对破坏生态行为的违法行为实行更果断、更严厉的惩治。法治思维是生态文明建设的外在硬性保障，强行要求人们应该干什么和不应该干什么。

第二，制定严厉的环保法律。法治是政治的组成部分，政治在我国始终发挥着刚性作用，当法治思维模式开启后，我们就不得不思考法治与政治、法治与生态等各个方面的关系。[①] 生态与法治关系的最低要求是生态行为需要法制来约束和规定。在中国特色社会主义依法治国思想的指导下，2015年1月1日正式实施的新《中华人民共和国环境保护法》完善了环保制度，对污染企业实行"上不封顶、按日连续计罚、对负有环境监管责任的官员实行最严厉的问责制"等内容的生态法律制度；还进一步优化了环保"约谈制度"，从过去采取"约谈企业"改为现在的"约谈政府"的措施助推我国的生态文明建设。2017年3月15日，第十二届全国人大第五次会通过了《中华人民共和国民法总则》，其中第九条内容是"民事主体从事民事活动，应当有利于节约资源，保护生态环境"，这是民法生态化的典型例证。可见，中央十分注重利用法治来加强环境保护，依靠法律来保障绿色发展。又如，《生态文明建设促进法》明确公民享有生态文明建设的知情权、参与决策权及其救济权，以保障公民的生态利益，而法律条文明确规定公众参与生态文明建设应承担的相关法律权利和责任，这种法律条文越细化就越具有可操纵性。[②]

---

① 陈金钊."法治改革观"及其意义——十八大以来法治思维的重大变化[J].法学评论，2014, 32(6): 1-11.

② 王志鑫.公众参与生态文明建设的法律问题探究[J].西南石油大学学报（社会科学版），2016, 18(6): 33-40.

三、治理方式达到生态向好的制度思维

制度对于一个国家和民族的治理至关重要，具有根本性、稳定性和长期性的特点，是其他各项工作持续深入健康发展的保障。

（一）运用制度思维改善生态环境

习近平指出，破解制约生态文明建设的体制机制障碍，就必须把制度建设作为推进生态文明建设的重中之重。① 目前，全国上下正在凝聚人民群众的智慧和力量，高质量科学编制"十四五"规划，为开启现代化建设新征程、描绘好新时代中国改革发展新画卷提供规划保障和科学指引。例如，生态环境部于 2020 年 5 月 22 日组织召开"十四五"土壤生态环境保护规划编制启动会，科学谋划"十四五"土壤、地下水、农业农村生态环境保护工作；《"十四五"生态环境保护规划》修订草案中，首次提请审议的《中华人民共和国长江保护法（草案）》将是中国第一部流域法律。《中华人民共和国固体废物污染环境防治法（修订草案）》提出，要进一步健全生活垃圾分类制度修订草案完善了政府及其有关部门固体废物污染环境防治责任和监督管理制度，明确生态环境主管部门应当会同有关部门建立信用记录制度，依法实施联合惩戒。《"十三五"生态环境保护规划》指出，要以提高环境质量为核心，实现最严格的环境保护制度。建立生态考核制度，才能更有效地保持生态良好②；要建立责任追究制度，主要是对生态责任进行追究，对那些不顾生态环境盲目决策，造成严重后果的人特别是领导干部，必须追究其责任。这说明我国在责任追究制度和领导干部离任审计制度等方面有了很大创新。我国在落实最严格的水资源管理制度中取得了进展，2014 年治理水土流失面积 5.4 万平方千米，建成生态清洁小流域300 多条，实施河北地下水超采综合治理试点等③。历代领导人特别是习近

① 新华网.中共中央政治局召开会议审议《关于加快推进生态文明建设的意见》[EB/OL].
(2015-03-24)[2020-04-05]. http://www.xinhuanet.com/politics/2015-03/24/c_1114749476.htm.

② 周光讯,周明.习近平的生态思想初探[J].杭州电子科技大学学报（社会科学版),
2015, 11(4): 35-40.

③ 赵美玲,于云荣.十八大以来中国共产党生态思维的多重探索[J].广西社会科学,
2017(9): 37-41.

平的生态制度观凸显了他从管理制度入手解决现实生态问题，为生态文明建设确立了扎实的制度保障。

（二）生态制度是体现我党执行能力的关键因素

目前，我国的生态文明建设制度体系已建立，是否能取得良好效果，还需看制度的执行力如何。制度执行是制度目标和制度效果之间的桥梁，缺少这个桥梁，制度就形同虚设。提升制度执行力，只有狠抓落实，树立良好的生态文明意识，才能真见实效。当前，某些党员干部缺乏理想信念，或者说没有道德自觉。随着市场经济的发展，一些消极甚至错误的价值观在他们思想上沉渣泛起，要让生态文化意识扎根，就要想办法让生态文明理念渗透到社会生活的各方面、各细节，让公民要有适度的物质要求，追求经济利益要懂得"知止"。制度的执行力还取决于制度的细化度。当前的生态机制基本健全，但仍存在一些领域还处于荒芜地，出现问题要么找不到依据，要么内容太陈旧不适合新情况，还未来得及对内容进行及时的调整和补充。随着互联网时代的到来，我们还可以考虑制度和规则的程序化、系统化、电子化，减少制度主观性，凸显制度的客观性。我们还要加大违反制度后的惩治力度，做到制度面前人人平等，执行制度没有特例。

四、生态问题要求社会共治的整体思维

生态文明建设是一个综合治理过程，在生态环境保护上要树立大局观、长远观和整体观。

中国共产党第十八届三中全会通过的《中共中央关于全面深化改革若干重大问题的决定》指出："我们要认识到山水林湖田是一个生命共同体，人的命脉在田，田的命脉在水，水的命脉在山，山的命脉在土，土的命脉在树。"[①]这充分阐明了自然生态系统的复杂性与整体性决定了治理的整体性和综合性。《"十三五"生态环境保护规则》指出，"坚持系统施治、坚持社会共治"，体现了综合治理生态环境的要求。

在"社会共治"的生态思维的指导下，政府、企业、公民和其他社会力

---

① 中国共产党新闻网.关于《中共中央关于全面深化改革若干重大问题的决定》的说明 [EB/OL]. (2013-11-16)[2020-04-05]. http://cpc.people.com.cn/xuexi/n/2015/0720/c397563-27331312.html.

量共同参与生态环境治理，推动环境事业的可持续发展，这种"社会共治"呈现的正是中国共产党处理生态问题时的整体思维。首先，政府是生态文明建设的协调者和组织者。政府有责任和义务执行党的方针政策，让社会成员喝到干净水、吃到安全食、呼到清新气。其次，企业有责任和义务研发企业的生态科技，做到资源的循环利用，实现企业的经济效益和生态效益的统一。再次，公民是生态文明建设的参与者。只有提升公民的整体生态意识，人们对生态环境的保护才能转化为自觉的行动。最后，社会组织是生态建设的监督者。社会组织可以最大限度地引导公民抵制有害环境的产品，广泛参与并支持绿色产业行为，从而实现善待环境的目的。[1] 生态环境部是国务院环境保护行政主管部门，对全国环境保护工作实施统一监督、管理。省、市、县人民政府也相继设立了环境保护行政主管部门，对本辖区的环境保护工作实施统一监督、管理。目前，中国县级以上环境保护行政主管部门有2500多个，从事环境行政管理、监测、监理、统计、科学研究、宣传教育等工作的人员达8.8万人。中国各级政府的综合部门、资源管理部门和工业部门也设立了环境保护机构，负责相应的环境与资源保护工作。中国多数大中型企业也设有环境保护机构，负责本企业的污染防治以及推行清洁生产。目前，各部门和企业的各类环境保护人员已达20多万人，足以证明生态文明建设融入经济建设、政治建设、文化建设、社会建设各方面和全过程。

　　总之，随着我国现代化建设的不断推进，中国共产党的执政理念不仅实现了由"革命"为主导向以"建设"为主导的重大转变，而且实现了由"摸着石头过河"向"人与自然共生共荣"的飞跃。从党的执政理念、一系列重大发展战略、环保立法进程等方面可以非常清楚地看出我国宏观决策思维方式的生态化。

---

① 赵美玲，于云荣. 十八大以来中国共产党生态思维的多重探索 [J]. 广西社会科学，2017(9): 37—41.

第四章 生态素养：农村生态文明建设主体必备之品行

"理念是行动的先导，一定的发展实践都是由一定的发展理念引导的。发展理念是否对头，从根本上决定着事情的发展成效乃至成败。"①

---

① 习近平谈治国理政：第 2 卷 [M]. 北京：外文出版社,2017:197.

第一节　生态素养的基本概述

人的基本素养可分为自然素养、心理素养和社会素养三种类型，若拓宽领域，还可分为政治素养，思想素养、道德素养、业务素养、审美素养、劳技素养、身体素养和心理素养八种类型。我们常说，人的素养有高低之分也是相比较而言的。

中华民族是一个礼仪之邦，判断一个人好不好，行不行，我们首先考察的是这个人的道德素养如何，然后，再看其他素养的高低。衡量一个民族，一个人，我们要把道德素养与其他素养分开考量。例如，一个把办公室收拾得干净整洁的人可能在领导面前造谣生事；一个随地吐痰，满口粗话的人可能在你旅途最困难的时候向你伸出援助之手。

一、生态素养的缘起与内涵

素养是指一个人由生活环境、教育程度、人生经历等因素结合养成的内在素质或道德品质，反映了一个人文化和品德的修养，它与外在的行为举止有机统一。生态素养是一个人的各种素养中的重要素养，是现代文明素养的重要内容，也是建设生态文明特别是农村地区生态文明建设必需的生态文化素质。

（一）生态素养的缘起

20 世纪 60 年代，人类开始意识到地球的承载力是有限的，并试图从人类自身实践活动出发去改善这种状况。[①] 1968 年，美国环境教育研究者罗斯（Charles Roth）为了解决生态环境问题，最早从人类主体意识的角度提出了"环境素养"（environmental literacy）。他提出的环境素养理念是指个人有意愿和能力做出对环境负责的决定，并能实施平衡生活质量和环境质量的

---

① BALDWIN J. Ecological literacy:education and the transition to a postmodern world.- book reviews[J]. Whole Earth Review,1992(10): 36-38.

行为。① 如何判断一个人环境素养的高低？ 1976 年，亨格弗德（Hungerford H. R.）提出了从环境认知知识、认知过程和认知情意三方面来界定②。随后，他和 Tomera 构建了环境素养理论模式。后来，学者们一致认为，环境素养由生态学概念、控制观、价值观、态度和环境行动策略等八个要素组成。联合国教科文组织提出了环境素养应该成为全人类基本的功能性教育，并把 1990 年定为 "环境素养年"。1992 年，罗斯对以往环境素养的相关概念进行了梳理、分析，概括出了环境素养中，主体应具备的 "外在环境敏感性" "解决环境问题的能力" "关注环境问题的持久性" 和 "保护环境的行动性" 四个特质。③ 同年，美国相关学者在总结和深化罗斯环境素养概念的基础上创造性地提出了 "生态素养（Ecological Literacy）" 的概念。④ 他们认为，具备生态素养之人不仅具有阅读能力、运用数字的能力，还具有高超的洞察大自然的能力，达到自然景观与心灵景观的和谐合一（the merger of landscape and mind-scape）；主张生态素养作为一种新的教育范式，不仅可以促使我们理解世界如何运转，还让我们懂得在这种知识的指引下生活；不仅能见到症状、正视病根，还能认识到人与生灵万物都是地球家园的成员。⑤ 因此，奥尔主张对社会每一个成员进行新的生态教育，培养其必需的生态素养，进而引导人类顺利过渡到人与自然和谐共生的后现代社会。随后，米切尔（Mitchell D. B.）和米勒（Mueller M. P.）则着重分析了奥尔 "生态素养" 中人类热爱生命、与自然共情的天性之于学生沟通的重要意义。⑥ 与奥尔同时期的著名生态学者卡普拉 (Fritiof Capra) 在他撰写的《生命之网》

① 赵唱，薛勇民．生态素养培育的现实困境与实现路径 [J]．南通大学学报（社会科学版），2017(33): 125.

② TUNCER G,TEKKAYA C , SUNGUR S , et al. Assessing pre-service teachers' environmental literacy in Turkey as a mean to develop teacher education programs[J]. International Journal of Educational Development, 2009, 29(4): 426-436.

③ ROTH C E. Environmental literacy: its roots, evolution and directions in the 1990s[M]. Eric Clearinghouse for Science, Mathematics, and Environmental Education, Columbus, Ohio,1992.

④ 大卫·W·奥尔，萧淑贞，汪明杰．生态素养 [J]．世界教育信息，2018,31(11): 9-16.

⑤ 同上。

⑥ MITCHELL D B, MUELLER M P.A philosophical analysis of David Orr' s theory of ecological literacy: biophilia, ecojustice and moral education in school learning communities[J].Cultural Studies of Science Education, 2011(6):193-211.

一书中，他重申了奥尔的生态素养概念，并强调社会的每个成员具有基本的生态素养在全人类重建生命之网和社会可持续发展中的重要意义。[①] 书的结论部分将生态素养界定为人类未来生存方式的最主要决定性理论[②]。卡普拉首次从个体（人）与整体（社会）关系的角度分析公民生态素养培育问题。

国内学者对生态素养的关注以及相关方面的研究起源于 20 世纪末。1999 年，中央教育科学研究所和北京教育学院在一项调查中最早使用"环境素养"一词。2001 年，中华人民共和国生态环境部（原国家环保总局）在它的绿色学校通讯及其网站上，首次正式使用了"环境素养"一词，引起了中国环境教育界和大中小学校的高度关注。在生态素养概念研究中，朱群芳借鉴美国学者 Rosalyn Mckeownice 教授的环境素养理论，结合环境教育活动的实践，提出了环境素养应具备"欣赏和爱护环境的情感""对自然和社会环境知识的认知""具有环境伦理观""生态哲学思想"和"掌握一定分析和处理环境问题的技能"五方面的素质。佘正荣在《生态文化教养：创建生态文明所必需的国民素质》一文中首次引入了奥尔的"生态素养"概念，提出了"生态文化教养"的观点，这一观点不仅规定了人与自然的生态观标准，还提出了养成这些生态观的措施。完芳从可教育角度认为，生态素养是通过后天学习与生活积累而不断习得的包括生态知识、意志、行为在内的综合素养。在生态素养分类研究上，佘正荣和蒋国保认为，生态素养通过后天有针对性的培养、教育和学习逐渐形成包括生态知识、生态伦理、生态审美和生态行为在内的综合素养。李伟教授认为，生态素养包含人类主体对生态价值的认知、生态知识储备和保护生态的行为的能力。在生态素养培育内容上，罗晓娜认为，生态素养的内容分为两方面：一方面指人了解自然、生态系统和与自然互动的能力，另一方面指人在日常生活中养成的利用生态思维看待和处理问题的习惯。刘怀庆认为，生态伦理素养是公民在生态伦理的知、情、意、行等方面的综合展现。在生态素养培育方面，卓越、张瑞萍、史兆光、汤丽芳、王继红等分别从公民生态环境意识、生态道德素质以及生态文明素养等方面进行了一些有益探讨。黄玮珂提出"学校—大众传媒—政

① CAPRA F. The web of Life : a new scientific understanding of living systems[J]. Colonial Waterbirds, 1997, 20(1):152.

② FRITIOF. The web of life : a new scientific understanding of living systems /-1st Anchor Books ed[M]. Anchor Books, 1996: 195.

府"三位一体的培养模式，培育大学生的生态素养。林诗语、蔡君认为，保护生态环境、实现社区可持续发展的有效途径是提升公民生态素养。刘毓航提出，生态文明建设需要具有生态素养的时代新人为支撑。吴珍平认为，提高农民的生态素养需提高农民对生态文明的认知水平和对优秀乡土文化、乡村价值的自信。焦会根从教育学的视角明确学校、社区、家庭各主体的生态教育职责。翟金德、周怡波、黄海容、周长军和刘俊利等对生态素养培育都做了有益探索。

（二）生态素养的内涵

学者研究分析得出：生态素养是一个系统性概念，其目的是构建人与自然和谐共处的良性关系；其构成既包括内在的知识储备和道德素养的提升，又包括外在的价值导向和行为实践的优化；其是经过长期的教育、影响、修养而形成的一种内在品质。

生态素养的核心要素主要有三个：一是生态知识的储备。美国学者布朗曾讲，"在通往自我认识之路上，文化因素是第一个路标"[①]。储备生态知识首先需要通过学习才能获得，学习生态与经济、政治、社会、文化等发展规律的相关知识，并最终内化知识成为自己的思维体系。生态知识的储备是形成"明是非、辨善恶"道德价值取向的前提条件，是形成完善健康的道德心理结构的基础条件，是形成恒常稳定的生态价值结构的支撑条件。然而，现实中"有知识、无修养"的现象比比皆是，因此，生态素养的最终形成还需要进一步加强生态道德的认知。二是生态道德的认知。生态道德的认知是指人的思维经过一系列的道德思维、道德判断和道德选择对生态问题做出的利益取舍和善恶评判。这种认知会伴随着生态知识、生态道德规范的不断提升而逐渐提升、巩固，从而形成合适、合宜、合理的生态保护、绿色消费和生态审美的意识，进而自觉遵守保护生态环境的法律准则、道德规范，履行生态保护的道德义务与责任。生态素养是生态道德发展到较高水平的认知结构，标志着道德判断结构的形成和成熟，并能产生外显的生态道德行为。三是生态理性的践行。生态公共理性是公民在处理社会政治经济生活问题时所

---

① ［美］乔纳森·布朗，玛格丽特·布朗. 自我 [M]. 王伟平，陈浩莹，译. 北京：人民邮电出版社，2014：43.

达成的最基本的价值共识系统。① 提高和践行生态公共理性修养，一方面，要用道德的自我约束校正感性偏差，让人反思自身行为，消除主客体的二元对立。另一方面，要矫正民众行为偏差，使民众在处置生态环境问题时不贪占妄为，不感情用事。提高生态公共理性修养，其根本目的是让社会每个成员成为有知识、有道德、有目的的生态关心者和保护者，即"环境公民"②，进而促使整个社会产生恒常的生态行为。

简言之，生态素养是指人与自然、人与人、人与社会的知、情、意融合，是三者共生、共荣、共情的产物。其中，生态的知识储备、生态的价值判断、生态的行动能力等素养是培育生态素养的主要方面。其本质是以改善生态环境、协调人与自然生态关系为宗旨，经过长期的教育和培养而形成的一种生态修养和生态品质。

二、生态素养的培育

生态素养的形成是个人长期磨炼道德修养的过程，公民的生态素养培育是一项庞大的系统工程，涵盖自然与社会的方方面面。这种生态素养培育会随着社会发展而不断变化提升，是面向全体国民的终身培育活动。生态素养的培育不仅能唤醒社会公众的历史责任感，有利于增强公众对生态文明建设工作的参与度，还有利于优化我国的国际形象。

生态素养的培育就对公民进行环境教育。"环境教育"这一术语诞生于 1972 年在斯德哥尔摩召开的首届人类环境会议，会上正式将"环境教育"（Environmental Education）确定为一个专门术语，环境教育旨在培养人的生态化人格，它是贯穿家庭教育、社会教育、学校教育的一种终身教育。首先，环境教育必须以培养现代公民的法权、心理、道德"三位一体"生态化人格为目标。因此，环境教育不仅传授相关知识与技能，更重要的是从这三个维度全面促进人格的生态化。在现代生活中，如果一个人缺乏环境素质，那么，其人格是有缺陷的。是否具有关爱和自觉保护生态环境这一素质，不仅是评价个人人格的尺度之一，还是衡量一个国家和民族文明程度的标杆。其次，要开展培养生态人格的环境教育。英国著名环境教育家帕尔默在其构建的环境教育结构模式中，曾明确提出环境教育包含以下要素：关于"环境的

① ［美］罗尔斯．政治自由主义［M］.万俊人，译.南京：译林出版社，2000：225.
② 肖祥，梁浩翰．论公民生态素养及其培育［J］.中国井冈山干部学院学报，2016，9(4)：60—67.

教育、为了环境的教育、在环境中的教育"的三条线索，关于"知识与理解力、技能、态度"的三个向度，关于"经验事实要素、伦理要素、审美要素"的三个要素，关于"体验、关怀、行动"的三种成分，关于"人们的生活经历"的一个基础。最后，以培养生态人格为目标的环境教育，是贯穿在家庭教育、社会教育、学校教育当中的一种终身教育。家庭环境教育是环境教育的最初形式，十分重要，不可或缺，是环境教育的启蒙。社会环境教育则由政府主导，有赖于企业、社区以及各种媒介的共同参与，营造出有利于生态人格培养的文化氛围。学校是环境教育的主阵地，贯穿幼儿、小学、中学、大学各个学校教育阶段，教育具有一贯性和系统性，是塑造生态人格的主要教育形式。

三、公民生态素养培育的重要意义

纵观人类发展进程，每个社会文明形态都孕育着与之相匹配的伦理道德。人类文明经历了三次大的发展进程，生态文明是一种新的文明形态，是人对自然更深层次的理解，需要人们有新的生态伦理素养支撑生态文明建设。

随着农村经济社会的快速发展，美丽的生态宜居的自然环境是社会发展的根基，建设"美丽中国"，范围涵盖水土、环境、江河湖泊、气候环境、生态系统、矿产自然资源等各个领域。公民特别是新一代农民生态素养高低关系到我国生态文明建设事业的完善与发展。开展公民生态伦理素养的培育，可以促使人们深刻反思过去破坏环境、不尊重生态的行为，从而帮助人们唤起生态责任意识，并通过内在的生态道德力量约束自己在经济活动、政治活动、文化活动等方面的不当行为，自觉遵守大自然的各种规律，参与保护生态环境，促使人与自然和谐发展。目前，对农民生态素养培育的理论与实践研究成果都不多。提升农民的生态素养是一个过程，需要从无意识到意识觉醒再内化为自觉行为，要完成这样一个生态文明意识自觉是很漫长和艰难的。正因如此，创设"美丽乡村"是中华民族每一个公民特别是当代最广泛的农民群众的责任和义务，要积极培育和提升公民的生态素养。公民的生态伦理素养展现在现实生活中形式极其丰富，既包括人们的生态意识、生态伦理知识，还包括人们对生态伦理道德的认识、判断、选择、评价等实践能力。其中，生态意识是生态伦理素养的核心，生态伦理知识是生态伦理素养的基础，生态道德实践能力是生态伦理素养的关键。[①]

第二节 农村生态素养培育存在的问题

生态意识是人类对当前严重的环境污染、生态恶化的现状反省后的一种观念与思想。生态素养是生态意识的核心要素，它是基于人与自然关系而产生的新环境认识、新价值评判、新道德规范，其生态科学知识是生态素养的基本内容，也是生态保护行动的基础知识。

一、生态意识淡薄

农村生态文明建设的主体主要是广大农民，农民正确的生态价值观是指导人们实践的内在准则和行为规范。生态意识的长期缺失会导致个人乃至社会不正确的生产观和消费观，进而从根本上制约农村生态文明建设的成效。

（一）对公共环境的保护意识不强

本书的第二章已阐述中国传统文化主要包含儒家的"天人合一"、道家的"道法自然"和佛家的"众生平等"等思想，这些传统生态伦理思想对农村生态环境产生了重要影响。一方面，因对自然的敬畏人们形成了自给自足的生活方式，在客观上保护了农村生态环境；另一方面，则因商业经济的飞速发展，农民原有的价值观由于受市场经济的冲击，"经济利益至上"的观念逐渐改变着农民原有的认知，农民从对土地的珍惜和保护逐渐转向对经济利益的追求。同时，由于基础教育中长期缺少生态伦理教育，分散的小农生产方式导致农民缺乏对社会公共环境的保护意识，缺乏关注公共利益，农民更为关注自己的经济利益。

（二）农民的生态道德意识不强

被农民普遍认可和接受的观念与道德，不一定被城市居民认可。共住一

---

① 刘怀庆. 公民生态伦理素养教育之必要性探究 [J]. 济源职业技术学院学报，2013,
12(2): 42-44.

栋楼、一个单元甚至同一层的城市居民可能互不相识，老死不相往来，而农村邻里之间互相熟悉、互相帮助。城市里的夫妻打架，隔壁邻居可以充耳不闻，而在农村，则是左邻右舍都去劝架。这种"熟人社会"的性质，致使村民意识里有一种天然的道德约束感。这种道德约束对农村的和谐稳定起到了不可忽视的作用。然而，这样的道德约束并未或很少体现在生态保护领域，几乎没有农民把破坏环境的行为认为是可耻行为。目前，一些陋习在农村生活中依然存在。部分农民为了节省生活成本，无视各级政府出台的禁止焚烧秸秆的规定，在午间或夜间偷偷焚烧秸秆，极大地破坏了当地的空气质量；为追求农作物的高产，过度使用化肥、农药和地膜，严重破坏了土壤的酸碱平衡度和自我调节恢复能力；农民随意丢弃与焚烧生活垃圾、随意排放生活污水，造成土壤和地下水二次污染。大多数农民并没有意识到这些不良行为习惯对自然环境的破坏，缺乏对自身行为道德上的约束感。

（三）生态法律意识缺失

当前中国农民的文化水平总体上还比较低，法律观念普遍淡薄。相比公序良俗、村规民约，法律离农民的生活还比较遥远。第一，很多农民特别是老年人认为，杀人、放火、盗窃等恶性犯罪才是违法行为，对破坏生态环境的违法性质则认识不清，对自己破坏生态环境的违法行为不知，面对他人破坏环境的行为更是无动于衷，完全不懂得通过法律途径正当地维护自己的合法权益。第二，基层干部的生态法律意识也不强。乡镇政府和村两委是直接面对农民的领导者和执法者，基层干部的生态意识以及处理生态问题的态度直接影响当地农民的生态法律意识。如果基层领导干部缺乏可持续发展、绿色发展的观念，会默认和纵容企业进行破坏生态环境的生产，进而制约农村生态环境的持续优化。

二、农村生态文明教育缺失

实现农村生态文明建设的持续性和恒久化，必须从根本上改变农民的生产方式与生活方式，因而需要加强对农民进行生态环保教育，提升农民的生态素养。然而，农村的生态环保教育缺失还很严重，这种缺失主要体现在以下几个方面。

（一）生态教育制度的缺失

当前，我国的生态文明教育处于起步和探索阶段，还缺乏科学明确的顶层设计。幼儿和青少年时代受到的教育会在人成年后的方方面面体现出来。要使生态意识深入人心，每个人都能有保护生态的自觉行动，就需要建立健全完善的生态教育制度体系。一些发达国家比我国更早意识到生态教育的重要性，建立了相关的法律法规，为国民的生态教育提供了坚实的法制保障。例如，美国最早制定了《环境教育法》《国家环境教育法》，随后，德国制定了《德国可持续发展委员会报告》《走向可持续发展的德国》等，推进生态文明教育。与这些较早开展生态教育的发达国家相比，我国生态文明教育领域的法律数量较少，但也有少数地方人大立法，如《宁夏回族自治区环境教育条例》《天津市环境教育条例》等地方性法规，但是这些法律，与当前整个农村生态文明建设的整体环境并不适应。我国推行生态教育，常常以行政干预作为推动生态文明教育的手段，如在世界地球日、世界水日等特定时间开展，这种方式对普通群众教育缺乏吸引力，因此推动力度虽大，但活动成效往往不显著且难以持续。

（二）生态教育内容的实践性不强

我国当前实行的农村生态文明教育内容缺乏针对性、全面性和系统性，教育形式重理论、轻实践；教育内容和教学方法比较单一，缺少对农民在生产、生活实践中应采取何种具体行为的明确指导，缺少对生态环境恶化成因的讲解，缺少对生态环境恶化危害的鲜活展示，因此，不能充分有效地激发学生和农民的主动性和参与性，达不到教学想取得的理想效果。更为糟糕的是，我国部分地区农民群众既没有受到系统的生态文明理论教育，更没有得到生态文明的实践性和操作性教育。不同地区的毒大米、毒蔬菜等事件频频发生，这些事件都与农民没有受到系统生态教育有直接关系。

（三）生态法制教育缺失

在现行教育体系中，生态法制教育没有得到应有的重视。目前，我国中小学教育内容中法制教育内容偏少，其中涉及生态法制教育的内容更是寥寥无几了。除了高校法律、环境等相关专业的学生能够受到系统的、完整的生

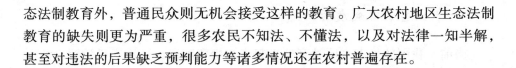

态法制教育外，普通民众则无机会接受这样的教育。广大农村地区生态法制教育的缺失则更为严重，很多农民不知法、不懂法，以及对法律一知半解，甚至对违法的后果缺乏预判能力等诸多情况还在农村普遍存在。

三、农村生态文化宣传薄弱

乡村文化是农村生态文明建设的灵魂，它为农村生态文明建设提供了智力支持和精神动力。反过来，农村生态文明建设实践和探索成果又能为乡村文化建设提供丰富的内容。目前，我国乡村文化建设还缺乏活力与内在动力，主要表现在：

一是对乡村文化资源挖掘与宣传还不充分。长期以来，由于基层政府和基层领导干部对于乡村文化的重视不足，政府投入文化建设的资金较少，导致乡村文化资源，特别是对优秀传统的生态文明思想的开发、挖掘、弘扬和宣传未受到重视。有一些乡村地区，对乡村文化资源进行了一定的挖掘和开发，但该地区缺乏文化开发与管理运营的专业人才，影响了乡村文化资源的对外传播，这在一定程度上制约了农村文化建设的进程。

二是乡村文化意识比较薄弱。大多数基层干部由于忙于处理一些常规乡村事务，对乡村文化建设有所忽视，对乡村文化重要性的认识不足，缺乏积极、自觉、主动组织文化活动和文化建设的热情。辛苦劳作一天的农民，更热衷于喝酒、打牌、看电视、上网等休闲方式，一些历史传承下来的舞狮子、扭秧歌、看戏等传统文化符号正在农村文化生活中日益淡化。

三是乡村文化专业人才缺乏。近年来，随着城镇化进程的加快，乡村年富力强的农民都外出务工，留守农村的几乎都是老人和儿童，部分乡村地区有一些中年妇女留守。单靠这一群体难以进行有效的乡村文化建设。大部分乡镇已经没有吹、拉、弹、唱等方面的专业人才和文艺辅导人才，更缺乏培育和组建专业文化队伍的资金。另外，乡村文化建设最大的难点就是缺少真正的文化建设领路人。如何留住人才？如何吸引人才回农村搞建设？这是推进乡村文化建设的关键。农村生态文明建设是一项问题涵盖面广、利益关系复杂的系统性综合工程，要想实现新时代农村生态文明建设的总体目标，实现乡村的全面振兴，必须全面加强党对农村生态文明建设的领导。

第三节　加强农村公民生态素养的现实路径

培育人与自然和谐共生的生态观念，是尊重和顺应自然规律，秉承"人与自然是生命共同体"的价值追求。提高了公民生态素养，可改变落后的生产、生活习惯，激发农民的主体意识，达成新农村生态文明发展共识。

一、树立绿色发展理念，提升生态文明建设的主体意识

习近平总书记指出："生态文明是人民群众共同参与、共同建设、共同享受的事业，因此，建设美丽中国就应该是全体人民的自觉行动。"① 基层领导干部、农民、乡镇企业领导者是农村生态文明建设的主要参与者和直接受益者，只有提升他们生态文明建设的主体意识，才能实现农村生态文明建设的持续发展。

（一）提升基层领导干部的生态意识

农村基层领导干部生态素养之高低、生态决策能力之强弱直接影响农村生态文明建设的质量和效果。这是因为：其一，有关生态素养培育政策法令的制定、有关生态素养培育的制度性公共物品的管理须由政府的基层干部来执行和推动。比如，有关生态文明教育战略规划，生态文明教育的重大基础设施建设，欠发达地区生态文明教育的对口支援战略等都离不开基层领导干部的指导。其二，基层领导干部在农村生态素养培育中起着决定性作用。他们生态意识程度的高低决定着政府能否做到在经济发展和生态保护二者间寻求利益的最大化。其三，基层领导干部既是农村生态素养培育的教育者也是受教育者。他们与群众打交道最多，其一言一行对群众观念有明显的导向作用，其生态意识的高低影响着各部门、各企业的生态环境保护工作的执行，因此，更应该具有高于普通人的生态意识，带头示范。因此，树立绿色发展理念，首先要从领导干部做起，从基层做起。第一，要定期组织农村基层领

① 习近平. 推动我国生态文明建设迈上新台阶 [J]. 奋斗,2019(3): 1-16.

导、党员干部学习中央生态文明相关政策，组织他们到先进地区考察，通过科学的理论，生动的实例引导和加强基层领导干部牢固树立生态文明理念，坚定他们进行集约化、科学化发展的信心和决心。第二，提拔干部优先从对生态环境保护好的干部中考察选用，对以牺牲环境为代价铺摊子、上项目的干部进行相应惩戒，扭转多年来"唯 GDP"政绩观的倾向。第三，政府部门要改变以往先发展后治理的思维，由主导者转为引路人，制定相关条例约束规范公民行为，以此来加深公众对生态的保护热情。

（二）加强培育农民的生态素养

农村生态文明建设最主要的力量来自人民群众，要多渠道、多方式加强培养农民的生态道德意识。生态道德观主要包括新的伦理观、资源观、消费观、利益观等内容。新伦理观是指把自然当成人类的生命共同体，对保护自然有着强烈的道德责任感。新的资源观是指充分考虑资源消耗、环境破坏的成本，重视保护自然资源。新消费观是指提倡适度、适宜、适道的绿色消费，减少制造生产生活垃圾，使用对人体和环境无害的绿色产品。农民是否养成了绿色生活习惯，是评判农民生态素养是否养成和提升的标准和关键。绿色生活是践行生态文明理念的重要标志，农民应自觉从日常的衣食住行各方面的小事做起，养成低碳出行、分类投放垃圾等良好的生活习惯。新利益观是指坚持生态利益、长远利益优先原则，重新科学规划产业格局，实现绿色循环发展。

一是要充分调动农民的积极性和主动性。农民的生态主体意识与其建设农村生态文明的主动性互为因果、互相促进。一方面，农民具有强烈的生态主体意识，才能以最大热情投身到新农村生态文明建设中去；反过来，农民积极主动参与农村生态文明建设，才能激发和唤醒主体意识，才能正确衡量自我利益和生态利益，从而做出有利于农村生态环境的正确行为。要调动农民的积极性，需要采取多种方式。其一，通过义务植树活动，引导农民自觉绿化村庄、保持水土。其二，通过美丽庭院活动，引导农民自觉清洁居住环境，建设美丽家园。其三，通过停电一小时、节水小能手等活动，引导农民自觉节电节水、节约资源。其四，通过环村骑行活动，引导农民绿色低碳出行。其五，通过基层组织发放画面新颖的宣传册，呼吁广大农民积极参与并推进农村生态环境的保护，知晓自己应履行的环境义务和生态责任。总之，政府要将农民的生态主体意识渗透到日常生活中，建立在点点滴滴的小事上，充分调动起他们生态环境保护的主动性。

二是要充分落实农民的环境知情权。要充分激发农民的主体意识，其前提条件就是充分保障农民的相关权利，特别是环境知情权的落实。从某种程度上讲，只有环境知情权得到了充分行使，农民的其他权利才有可能充分实现。其一，建立、完善环境信息依法申请程序。根据大多数农民文化水平不高以及农民生产生活具体要求，设置简易程序，同时给予必要的指导和帮助。规范申请条件、流程、救济方式及救济程序。其二，地方政府及相关部门应定期依法公开、公布当地环境信息，确保农民群众熟知自己生活生产面对的生态环境。其三，支持和鼓励农民专业合作社、农业企业、农业协会等产业协会参与农村生态建设，拓宽农民参与生态文明建设的渠道。总之，各级政府及相关部门要为农民保护农村生态环境创造必要条件。

三是保障农民生态文明建设的监督权。村委会等村民自治组织依法管理农村诸多事务，是农村经济发展、社会稳定的重要保障。这个组织在农民群众眼中，具有很高的权威性和凝聚力。村民自治组织可通过制定村规民约，聘请村民监督员、设村广播等措施，在发挥自身监督职责的同时，对农民破坏生态环境的行为进行监督和约束，进而提高农民生态环保意识。在新农村环境基础设施设计、设施管护、运营等方面，建立农民积极参与的监督机制，激发农民自觉对建设过程中购买材料、资金使用等进行监督，防止资金的挪用缩水，保证材料正规合格，防止出现"豆腐渣"工程。

（三）加强培育乡镇企业领导者的生态素养

农村生态文明建设中，企业是重要的参与者。企业领导的决策影响着企业的生产经营方向，企业领导生态意识的高低直接影响企业的生产经营以及企业员工的具体行为和价值取向。因此，国家和政府要通过国家补贴、宣传教育等政策，提高企业领导的生态责任意识，引导和规范企业走清洁生产、可持续发展道路。近几十年来，因企业行为导致的大气污染、水污染、土壤污染问题比比皆是，这些问题都严重影响了农村生态文明建设的进程。引进乡镇企业时，可以通过招标方式，选择高效能、低耗能的企业，这样不仅减轻了政府支出成本，增加了企业产品的销量，实现了政府、企业和农民的"三赢"，还是实施乡村振兴战略的有效措施。

二、加强生态文明思想教育

思想教育具有先导性和基础性作用，知识的获得和逐渐积累，是改变农民落后生态意识的基础。生态素养的培养应开展生态法律教育、生态伦理教育和生态心理教育。

（一）通过生态法律教育培养生态法权素养

生态法律教育主要包含两方面：一是要向当代公民进行各类法律制度的教育，促使人们了解和熟知各种保护生态环境的法律制度；二是要向当代公民进行环境权利和义务方面的教育，使其清醒认识自己享有的生态权利和理应承担的生态责任。生态法律教育内容和其他法律制度一样，也是通过外在强制力量来具体实施的。但是，法律制度所要约束的对象是具有各种欲求、情感和观念的能动的人，如果被约束对象不熟悉、不了解相关的法律制度，自然难以形成遵守这些法律制度的自我约束意识，就会减弱这些法律制度的实施效果。

加大生态文明思想教育在教育体制中的权重。客观条件合适时，国家应制定出台《生态文明教育法》，地方政府要制定相应的生态文明教育条例等配套规章制度，明确规定教育内容以及政府在教育中的职责权限。国家要构建全面系统的生态教育体系，进一步增加基础教育中有关生态文明建设的相关知识，完善从幼儿园、小学、中学到大学的生态文明教育体系，让"生态文明教育进校园、进课堂、进头脑"成为一种常态，环保知识和法规常识的教育，从小抓起，从娃娃开始，使他们从小就树立环保意识和法律意识，养成良好的行为习惯，成为保护生态环境的知情者和践行者。

强化生态法律教育，必须做好两方面工作：一方面，进行环境法教育时要树立大环境法制观念，要认识到环境法律制度是一个包含宪法、民法、刑法、环境基本法和各类具体的环境保护法以及条例、规章制度等在内的有机整体。在实施环境法制教育时，我们一定要确立以《中华人民共和国宪法》为总纲，以《中华人民共和国环境保护法》为主体的思想，使受教育者意识到保护环境已被列入《中华人民共和国宪法》。其他各类环境保护法和各类规章制度，要根据受教育者的具体职业、身份、文化程度等，进行有针对性的重点教育。另一方面，除了对公民进行法定的生态权利和义务教育外，还应激发人们的法权主体意识，使人们在享受生态权利的同时，自觉承担保护生态环境的法定责任和义务。

强化生态法律教育，还需有差别对待。由于人们的身份、地位、年龄、性别各不相同，所承担的社会责任也不一样，我们在进行法定的生态权利和义务教育时，应该针对一些特殊人群进行教育，如富有决策权力的领导干部、有实力承担大型项目的企业家，因为他们的决策行为往往对生态环境起着举足轻重的作用。这并不是说，其他人就不享有生态权利，不需承担保护生态环境的责任了。恰好相反，生态环境事关每一个公民的切身利益，生态法律教育理应让每一个人都意识到自己所享有的权利和应承担的责任。

要使环境法律教育能够真正有效，第一，必须严格执法，坚决杜绝有法不依的现象。因为生态法权人格的养成往往离不开各种环境法的贯彻实施。一个人因违犯环境法而受到法律制裁，该人在接受制裁过程中因受到切身教训，大都会在以后的生活中引以为戒。相反，一个人因违犯环境法却并未受到法律制裁或者所受到的制裁过轻，其付出的代价远远小于他因为破坏环境法所付出的成本，他就更不会把环境法当成一回事。第二，推行生态补偿制。目前，世界上许多国家和地区已采用该制度。它要求通过占有和享受更多的生态资源而发展起来的国家和地区在经济上对生态资源遭受到发达国家和地区侵占乃至剥夺的落后国家、地区做出生态补偿，要求他们承担更多的保护生态环境的责任。例如，一条河流中上游地区的人群在享受生态资源时，必须给予下游地区的人群生态补偿。第三，增强普通民众保护生态环境的权利。不论任何人，只要意识到生态环境是自己理应享有的一种法权，都会积极主动捍卫自己的这种法权，换句话说，都会自觉维护原本属于他自己的生态资源财产。但是，当一个社会公共权力过分扩张时，普通民众维护自己合法生态权利的力量就会变得微弱，在这种情况下，就需要尽量扩大普通民众保护自己的生态权利的权力。

（二）通过生态伦理教育培养生态道德素养

生态伦理教育与其他伦理教育在形式上是一样的，都是通过外在的社会舆论和内心自觉等"软性"的形式而不是通过法律强制手段来约束人们的思想和行为的。生态伦理教育的根本目的是让人自觉地承担起保护生态环境的责任和义务，承担的是表面上不直接是自己的私人财富而是所有人的保护公共生态环境的责任。制度安排能够使人成为生态环境的权利主体，并自觉使人们捍卫自己的合法生态权利，并且在法律强制的形式下保护表面上不属于自己的公共的生态环境。

生态伦理教育包含低级和高级两个层次。第一个层次是功利主义伦理学说的功利层次。道德教育在这个层次的实际效力与法律的强制效力还不能从根本上截然分离。法律的强制会迫使人们不敢做出破坏生态环境的行为，人们之所以服从法律，是因为人们意识到自己一旦违反法律，就会遭到法律的惩罚，这种惩罚是一种对自己利益的损害。在功利层次上，人会不断地运用理性来权衡和计算自己的行为。例如，某家企业在生产过程中因破坏生态环境而必须缴纳巨额罚金，它就会考虑采用更清洁、更安全、对生态环境破坏最少的方式来进行生产。反过来如果该家企业在法律或经济上不受到应有的惩罚，该企业往往在利益驱动下会采取破坏生态环境的经济活动。第二层次是伦理学中的道义论所说的超功利性的生态伦理教育。其教育的根本目标是要教育人们自觉保护公共生态环境，乃至保护不属于自己私人财产的公共生态环境，是一种崇高的道德责任和义务。这个超功利的生态道德层次在许多人心目中还十分空洞，甚至有人认为这个层次不可能存在。但是，我们却普遍认为，这一层次的生态道德教育的确对一般的生态道德教育起到了定向和引导作用，即使个人在自觉承担保护生态环境的道德责任时自身的利益受到损害，也可以理直气壮地认为自己这样做是值得的。因为这样做，他才真正赢得了道德上的崇高，成全了自己的道德人格，才值得人们敬重。

三、广泛开展生态思想宣传

不断加强农村生态文明思想及相关生态知识的宣传力度，开展多领域、多层次的生态思想宣传，提高人民群众的生态意识。

一是积极培训宣传队伍。宣传队伍的成员构成很大程度上决定着人民群众生态意识的提升成效。广大人民群众，特别是种地农民已不在求学阶段，因此，宣传教育就不能采用像对待学生那样的教育形式。乡镇基层公务员、村支部世纪、大学生村官都属于我国的农村基层干部，他们熟识农村政策、生态农业知识，是提升农民生态意识的主要培育人员。村委会这个农村自治组织是通过村民民主选举产生的，具有良好的群众基础，可以充分发挥这个组织在农民群众中的影响力和号召力，协助基层政府的培育工作，对农民进行生态知识宣传。大学生村官受过系统的生态理论教育，生态知识丰富，生态理念坚定，他们可以深入农村进行生态理论社会实践，对培训成效进行催化提升，帮助农民形成系统的生态价值观念。

二是创新宣传形式。由于农民的文化水平相对较低，对他们的培训和讲课要采取通俗易懂、生动形象的方式，让农民群众认识到环境恶化的严重性保护环境的重要性。应通过讲解典型案例，让农民自己找到产生生态环境问题的根本原因，进而自觉做到与自然界和谐相处，促进环境保护与经济发展的协调发展。

充分利用广播、电视、报刊、网络等多种宣传载体，多角度、多层次地积极宣传生态文化知识。采取传统授课和多种宣传形式相结合的模式在农村地区开展生态文明教育宣传培训。将生态环境保护的有关知识融入农民的生活当，实现生态意识从理论层面到实践层面的落地生根。借助微信、微博、网络公众号等新兴媒体进行生态环境保护知识宣传，逐步提升农村居民的生态环境保护意识。

三是创新宣传内容。培育绿色生产文化，通过劳动技能竞赛、绿色产品评比、科技下乡竞赛等活动，激发农民绿色生产热情，减少农业生产中农药使用等破坏生态环境的行为；培育绿色生活文化，通过"美丽庭院"评比等活动，引导村民改善生活居住环境，养成健康文明的生活方式和行为习惯；培育健康的邻里文化，建立尊老爱幼、睦邻友善、礼让宽容、扶贫济困的和谐关系；培育优良家风文化，通过广泛开展弘扬"好家风好家训"活动，传播治家格言，讲好家风故事，以良好的家风带动乡风民风；培育乡村乡贤文化，以乡情为纽带，吸引和凝聚乡村各界成功人士回乡发展，支持家乡美丽乡村建设。

四是创新教育实践形式，增强知识性、趣味性和可参与性。例如，组织有意义的主题实践活动，在植树节、地球日、世界人口日、世界环境日，组织专题活动，加深巩固农民的生态环境保护意识；通过开展废旧物品再利用的手工艺品展示，开展节约用水小能手评比活动，强化物品循环利用，珍惜每一滴水、每一张纸、每一粒粮食，让农民在学习和日常生活中践行生态文明理论，使生态文明理念内化于心，外化于行。

四、培养公民生态素养需要注意的问题

人的心理结构是由知、情、意三个基本要素组成的，因此，我们也可以分别从知、情、意三个角度来探讨环境教育如何通过生态心理教育培养和塑造生态化的心理人格。

（一）传授、普及生态知识，塑造和培养生态心理人格的认知之维

从外延上说，环境教育是指传授的有关生物与其有机和无机环境的相互关系的生态知识。传授生态学知识时，更注重传授有关人类作为一种生物，与其自然环境（包括有生命的自然系统与作为有机生命之支撑系统的无机物）之间相互关系的知识。第一，传授生态自然知识和人文知识正是把握了人类与外部生态环境之间的相互关系，我们懂得了人类自身的实践活动尤其是生产劳动的关键性作用。人与自然之间相互作用是以人类实践活动即生产劳动为中介而展开的。人类实践活动首先要遵循客观规律，但这种客观规律已经将自然规律和社会规律融为一体，不再是纯粹的自然规律了。具体而言，支配着整个生态系统的自然规律与生产关系一定要适应生产力的发展状况等社会历史规律，共同决定着人与外部自然的相互联系。由此可见，广义的生态知识并不是一种仅仅属于自然科学的自然知识，而是一种关涉人自身的人学知识。第二，传授生态知识，除了把握人与生态环境及其相互关系的深层规律外，还涉及从人类自身生存和发展的需要来进行价值评价的认识问题。我们经常看到，人类对外部生态环境进行"好与不好""有利或不利"等价值评价。当外部生态环境危害到人类生存、发展时，我们常常称之为自然灾害。其实，对生态知识的价值评价内容，不应该指向外部自然环境，更应该指向人类自身的实践活动以及支配该活动的内在动机。今天，人类已普遍意识到自身不合理的实践活动会破坏生态环境，并开始批评这些不合理实践活动的心理动机。在这种情况下，环境教育所要普及传授的生态知识，才内在地包含了人类自身活动及其内在片面的占有欲和逐利心理动机的价值评价，从而试图通过倡导一种健全合理的价值观与生活方式和消费方式进行价值引导和价值定向。第三，传授生态知识，着重传授关于人类自身实践活动与外部生态环境在历史进程中现实作用的知识。实践证明，人类自身的活动会对外部生态系统尤其是其生态平衡产生巨大影响；外部生态系统又会依照

其自身固有的客观规律对人类的活动产生巨大的反作用。因此，人类虽然在实践活动中显示了自身的主体能动性和创造性，但是，人类终究不能改变客观的自然规律。正因如此，人类只要有不顾及未来的自然后果的行动，就会遭到大自然无情的反击。也就是说，人类这类经济活动会对自然生态系统造成巨大的破坏，并最终影响人类自身的生存与发展。基于这种认识基础，环境教育更应该着重向人们传授所有关于人类自身实践活动与外部生态环境之间相互作用的知识，同时，还必须努力培养人类对大自然的敬畏之心。总之，生态心理人格的认知之维需要由多层次的生态知识来构建和填充。从范围上看，需要传授和普及的生态知识不仅有除人类之外的各种生态环境知识，还包括了人类自身及其与外部生态环境间关系的认识。从层次上看，要传授和普及的生态知识，不仅有对生态现象的表面描述和深层规律的把握，还有对人类自身活动的合理性评价。

（二）强化生态意志，塑造和培养生态心理人格的行为之维

生态知识的传授和普及，仅仅影响人们行为的内在价值观，还未直接涉及行为之内的驱动力意志。只有当内在观念直接构成驱使某种行为的内在动力时，这种观念才与意志有了关联，意志直接支配人的行为。因此，环境教育不仅要向人们传授各类生态知识，在向人们传授生态合理价值基础上，还需要帮助人们形成生态意志并在实践中得到不断强化，从而培养和塑造生态人格的行为之维。

要把一种评价性的价值认识变成行为的驱动力，就是要将这种价值观再变成直接驱动某种行为的"命令"，也就是变成直接规范实践活动的"实践知识"。生态知识涉及"是什么"，评价性认识涉及"应该是什么"，当这种评价性认识转化为行动命令时，生态知识就变为实践知识，也就是我们常说的道德良知，这种实践知识（道德良知）便构成了我们心理结构中的意志环节。

生态意志是意志的一种独特的表现形式，特指自觉驱动人们去主动承担保护生态环境之责任的行动命令，并积极展开保护生态环境的合理行动。这种生态意志命令要求我们应该这样做，不该那样做，并最终落实到我们的具体行动中。生态环境教育必须利于帮助人们形成这样的生态意志，否则，作为生态环境的法权主体就不可能落实生态保护的责任和义务。发挥生态意志

作用的方法主要有两种：一是促进人们展开积极主动的保护环境的行为；二是按照法律制度和道德规范要求，自觉禁止人们破坏环境的逐利行为。很显然，生态意志并不等同于人们具有的自然欲望和本能，人们很可能会有破坏生态环境的行为。特别要注意，多数情况下，环境保护的要义在于人的自律，个人自觉按照环境保护法和生态伦理规范，自觉抑制某种不合理的追逐功利而破坏环境的行为。

生态意志的合理性在于生态意志主体始终服从自身颁布的各种生态环境的法律制度和道德规范。然而，人类始终是一种自然存在者，不可能从根本上消除各种自然本能和欲望，因此，生态意志不可能在人的身上自然形成，轻易形成，在面对种种病态的欲望和冲动时，生态意志更不可能始终显示出它强大的力量。但是，通过生态环境功利教育，受教育者会意识到自己的行为动机是合理的，虽有一时的自我牺牲和对自我欲望的压制，但可能成全自己更大的利益；通过超功利的道德教育，受教育者会意识到自己的行为动机不仅可以获得更大的利益，而且还可以获得崇高的道德价值，赢得人格的尊严。

（三）激发生态情感，塑造和培养生态心理人格的审美之维

人的心理结构中，人的复杂情感始终与客观冷静的认知、直接驱动行为的意志交融在一起。基于认知而形成的对自然的谦卑之心、敬畏之心、感激之心和珍爱之心，既是一种认识，也是一种情感，我们很难把认知和情感截然分开。同样，生态意志中包含了生态知识等认知的一面，也渗透了许多生态情感。

生态情感是人们对高山河流、青草红花、各种动植物乃至整个地球发自内心的热爱、赞美等情感体验。其产生主要源于两个方面：一是由于自然物能够满足人的审美需要，人们在审美过程中会油然而生对自然的爱惜之情；二是因为自然界能满足人的生存需要和提高人的生活质量，因而，人们会对自然产生一种类似于儿女对母亲的认同、依恋、感恩之情。相比之下，后一种情感更加深刻稳定，这种情感不需要借助任何理论，就能促使人们去追寻自己同大自然的和谐，强化人们的生态意志，增强人们承担保护生态环境的法律和道德责任，构成了人的心理结构中不同于认知和意志的审美维度。

以激发生态情感为目的的生态环境审美教育要求我们：第一，走进自

然，感受其美。大自然具有美学价值。大自然是一座取之不尽、用之不竭的美的宝库。自然美是多种多样的：有色彩搭配的协调之美，有结构比例的匀称之美，有要素组合的和谐之美，有性能耦合的统一之美①。大自然以其独特的静态或无声的美丽时刻陶冶、感化着人类。著名的浪漫派诗人雪莱毫不掩饰自己对大自然的深情。第二，走进自然，领略其韵。追寻人与大自然的神秘契合交感，反对技术文明带来的人与自然的分离与对抗。当我们站在高山之巅或翱翔于天空之中俯瞰广阔浩渺的大自然时，我们会深深地感受到大自然的壮丽、宏伟、浩大与个人的渺小；当我们远离喧嚣闹市，深处深山老林或无际的草原时，我们又会深深感受到置身在大自然的怀抱之中，是多么清静、纯洁、美好；在乡村原野、海边沙滩中，我们可以领略大自然的宁静祥和与博大壮丽。第三，走进自然，撼动于心。亲近大自然是人的一种合理的心理需求，也是实现心理健康的基础。在近代工业文明中，人类追求的现代化生活虽然给人们带来了极大方便，但严重的空气污染、噪声污染、水污染等，严重影响了当代人的生活质量。因此，当前掀起"寻找家园、回归自然"的热潮，人们纷纷外出游览，到森林公园、田野乡村去，寻找原本属于自己与自然的和谐共生之美。可见，直接走进自然，是环境教育的一项不可或缺的内容。对现代社会的人们展开"田园教育、荒野教育"等，可以使受教育者直接与生态环境亲近，培养人们自觉地追寻自己与大自然的和谐。

---

① ［英］雪莱.雪莱抒情诗选[M].江枫，译.北京：北京十月文艺出版社,2010: 49.

第五章　生态经济：农村生态文明建设必经之路向

　　长期以来，农村地区的经济都是以种植业和养殖业为主。作为基础产业，农业主要靠增加物质投入和扩大投资规模这种传统模式来促进经济发展。如今，这种粗放型发展模式已严重制约经济社会可持续发展。现阶段，我国正在大力实施"美丽中国、美丽乡村、乡村振兴"战略，因此，新农村生态文明建设必须将生态理念融入经济全过程，转变经济发展方式，优化产业结构，大力发展生态产业和新兴产业。当前，转变经济发展方式是在探索中国特色社会主义伟大事业中提出的重要方针，也是推动新农村生态文明建设的重要"引擎"。

第一节　经济发展方式向生态转变的必然性

一、经济增长方式向经济发展方式转变

（一）基本概念

经济增长与经济发展是两个既有联系又有区别的概念。美国经济学家费景汉和拉尼斯在 1961 年合作发表的《经济发展的一种理论》一文和 1964 年合著出版的《劳动力剩余经济的发展》一书都详细论述过经济增长这个概念。[①] 一般情况下，经济增长是指在一个较长时间跨度内一个国家人均产出或人均收入水平的持续增加。它的衡量指标包括国内生产总值（GDP）、国民生产总值（GNP）和国民收入（NI）等绝对量指标、相对量指标（人均指标）和增长率指标等。经济增长率的高低体现了一个国家或地区在一定时期内经济总量的增长速度，也是衡量一个国家或地区总体经济增长速度的标志。决定经济增长的直接因素有投资量、劳动量、生产率水平。用现价计算的 GDP 可以反映一个国家或地区的经济发展规模，用不变价计算的 GDP 可以用来计算经济增长的速度。

经济增长方式是指一个国家或地区经济增长的实现模式，按照马克思的观点，经济增长方式可分为内涵扩大再生产和外延扩大再生产两种类型。现代经济学家一般把经济增长方式划分为粗放型经济增长和集约型经济增长两种方式。如果生产要素投入量增加而引起的经济增长比重大，则为粗放型增长方式，如果生产要素生产率提高而引起的经济增长比重大，则为集约型增长方式。两种方式的区分也不是绝对的，二者有时还互相交叉。转变经济增长方式，就是从粗放型增长方式转变为集约型增长方式[②]。这种转变是渐进的过程，是全局性的，但也不排斥某些地区、城市、企业在受其所处环境、市

① 袁富华.中国经济增长潜力分析 [M].北京：社会科学文献出版社,2007: 6.
② 周叔莲,刘戒骄.从转变经济增长方式到转变经济发展方式 [N].光明日报，2007-12-11(10).

场条件、技术发展水平以及就业状况等因素的制约实行粗放型增长方式。选择何种经济增长方式应坚持以下三个原则：第一，是否有利于持续、协调的经济增长；第二，是否有利于投入产出效益的提高；第三，是否有利于满足社会需要，即有利于经济结构优化、社会福利改善和使环境得到保护等。

经济发展是指一个国家或地区在经济增长的基础上，经济结构和社会结构由简单到复杂、由低级到高级的持续创新、变化过程。[1] 经济发展不仅指一般的经济增长（经济总量和人均占有量的增长），而且指一国或地区随着产出的增长而出现的投入结构、分配结构、产品结构、产业结构、区域结构、消费结构等经济结构的升级、资源配置的优化、生态平衡的保持、环境污染的治理、文化教育卫生事业的发展、人们生活水平的提高和福利水平的提升。[2] 由此可见，经济发展与经济增长相比较，经济发展的内涵要丰富得多，它要考虑到经济增长是否在环境承载力之内，经济增长是否兼顾了效率与公平、数量与质量、速度与结构、效益与共享等要素，经济快速增长是否是采用先进技术带来的增长，是否带来投入结构的变化，是否提高了人们的生活水平，是否改善了人们的教育状况……所有这些，都是经济发展与经济增长的区别所在。

经济增长与经济发展除了以上区别，还有联系。一方面，经济增长是推动经济发展的首要因素和必要物质条件，没有经济增长就没有经济发展。如果一个国家或地区的产品和劳务生产增加了，不管这种增长是如何实现的，我们都可以说这是经济的增长，但不一定能说是经济的发展。另一方面，经济发展是经济增长的目的和结果。为何经济增长了还不能说成经济发展了？因为，单纯的经济增长可能是"只增长不发展"的情况。例如，20世纪60年代，利比亚曾经历了人均收入的大幅度上升，但是，这种上升是由外国公司推动促成的，这些公司生产单一的石油产品销往美国或西欧，利比亚政府因出售石油获得了大量收入，但利比亚人民却与这种收入的产生没有关系，因此，石油带来的经济增长不被认为是经济发展。[3] 经济发展不仅重视经济规模扩大和效率提高，更强调经济发展的协调性、可持续性以及发展成果的共享性。

---

① 周天勇.新发展经济学（第二版）[M].北京：中国人民大学出版社,2006:17.

② 程恩富.科学发展与构建和谐的政治经济学观察[J].北京党史,2007 (5): 39-41.

③ 马春文,张东辉.发展经济学[M].北京：高等教育出版社,2005: 38.

（二）经济增长方式转变之进程

转变经济发展方式，这种提法源于 20 世纪 60 年代的苏联。为了赶超英美等西方发达国家，1928 年苏联在开始执行第一个五年计划以后，一直保持着比西方国家快得多的增长速度。但后来逐渐发现，尽管本国经济增长速度比西方国家快得多，但本国的技术水平、人民生活水平与西方国家相比，不但没有提高，却有逐渐拉大的趋势。苏联经济学家经过认真分析研究，认识到本国的经济增长主要靠投资来拉动，而西方国家主要靠技术进步和效率提高来实现经济增长。20 世纪 60 年代后期，苏联经济学家便提出了经济增长方式的概念。随后，便有了从粗放型经济增长方式向集约型经济增长方式转变的命题。[①]

我国提出"转变经济发展方式"的时间是 20 世纪 80 年代。"转变经济发展方式"本质在于实现经济、社会和人的全面发展。经济发展是基础，社会和谐是载体，人的发展是目标。我国正处于改革发展的关键期，能不能在转变经济发展方式上取得重大突破，关系到我们能不能牢牢把握发展的主动权。1987 年，党的十三大报告提出，我国经济要从粗放经营为主逐步转向集约经营为主。1995 年，中国共产党第十四届五中全会提出了实现"九五"计划和 2010 年远景目标的关键在于实现两个根本性转变，即经济体制从传统的计划经济体制向社会主义市场经济体制转变和经济增长方式从粗放型向集约型转变。1997 年，党的十五大报告明确指出，要转变经济增长方式、改变高投入、低产出、高消耗、低效能的状况。2004 年年底，胡锦涛同志在视察广东时提出，要加快转变经济增长方式。2007 年 6 月 25 日，胡锦涛在中共中央党校省部级干部进修班的重要讲话中指出："实现国民经济又好又快发展，关键要在转变经济发展方式、完善社会主义市场经济体制方面取得重大新进展。"党的十七大报告提出，"加快转变经济发展方式，推动产业结构优化升级"。党的十八大报告提出，"推进经济结构战略性调整是加快转变经济发展方式的主攻方向。必须以改善需求结构、优化产业结构、促进区域协调发展、推进城镇化为重点，着力解决制约经济持续健康发展的重大结构性问题"。党的十九大报告提出，我国经济正处在转变发展方式、优化经济结构、转换增长动力的攻关期，建设现代化经济体系是跨越关口的迫切

---

① 　陈佳贵 . 2008 年中国经济形势分析与预测 [M]. 北京：社会科学文献出版社，2007.

要求和我国发展的战略目标。必须坚持质量第一、效益优先，以供给侧结构性改革为主线，推动经济发展质量变革、效率变革、动力变革，提高全要素生产率，着力加快建设实体经济、科技创新、现代金融、人力资源协同发展的产业体系，着力构建市场机制有效、微观主体有活力、宏观调控有度的经济体制，不断增强我国经济创新力和竞争力。

（三）经济发展方式转变之内涵

经济发展方式是围绕经济发展的目标和要求，通过采取产业结构优化升级、经济运行质量全面提高等手段，最终实现经济社会和谐发展的经济发展模式。[①] 也就是说，经济发展方式不仅强调经济增长，还要求实现生产技术的创新、经济结构的调整、资源配置的优化以及和谐社会的建设等，是一个包含发展经济的目标、动力、路径等要素的系统工程。

第一，这种转变是向发展目标的多元化转变。经济发展方式内涵比经济增长方式更为丰富，用它来考察经济运行情况更加合理，因为它除了包括经济指标外，还包括一个社会的教育水平、人民参与国家管理的程度、预期寿命、婴儿死亡率、个人发展等社会方面指标。即使是考察经济指标，也不再是唯GDP论，而是综合考量包括城乡结构、产业结构、经济结构的优化程度、公平分配、减少失业的程度、消灭贫困的程度、环境对经济发展的承载程度等。

第二，这种转变是向好向快、好字当头、好快并举的转变。改革开放40多年来，我国经济社会发展取得了巨大成就，产品和服务质量有了明显改善，我国已经成为世界第二大经济体和制造业第一大国，但还算不上是经济强国。尽管我国生产的500多种主要工业品中有220多种产量位居全球第一，但是，在我国出口产品中，大多数是贴牌产品和代工产品，自主品牌参与国际市场竞争的产品所占比重仅仅略高于10%。这主要是因为我国大部分产品缺乏核心技术和品牌优势，而国外一些知名品牌通常是通过品牌溢价获得高额利润的。因此，我国只有通过自主创新、打造中国品牌，才能在全球经济竞争中占据主动。[②] 此外，我国乡村企业还普遍存在经济效益与生态效

---

① 孟祥仲，袁春振. 从"转变经济增长方式"到"转变经济发展方式"——对"转变经济发展方式"新表述的研究 [J]. 经济与管理评论，2008, 24(3): 31-34.

② 刘平均. 加快推动中国品牌走向世界 [J]. 中国品牌，2017(8): 14-15.

益不协调的问题。要想实现又快又好、好快并举的转变，就应当以提高科技水平、提高劳动者素质、改善管理机制为重要抓手，以全面、协调、可持续为基本要求，坚持资源保障战略和保护环境战略，建设资源节约型、环境友好型社会。

第三，这种转变是向以人为本的转变。以人为本的理念首先突出的是人力资源在经济发展中的地位，承认知识和创造性劳动对创造价值的决定性作用；其次要明确发展的最终目的是增进全体人民的福祉，是实现好、维护好、发展好最广大人民群众的根本利益。

第四，这种转变是向统筹兼顾的转变。中国人口众多、国土广袤，面对的国际局面也十分复杂，因此，思考和解决问题决不可简单地头疼医头，脚痛医脚，而必须统筹兼顾，统筹个人利益和集体利益，统筹局部利益和整体利益，统筹当前利益和长远利益，统筹城乡发展、区域发展、人与自然和谐发展、国内发展和对外开放，做到总揽全局，规划前瞻，重点突出，循序渐进。

二、经济发展方式转变的三重取向

现代经济发展是一个复杂的巨大系统，它的运行与成长是有规律的。现代经济离不开科学的支撑，需要我们用科学去揭示这些经济运行规律。

（一）科学取向

半个多世纪以来，世界上众多国家都在各自不同的起点上把科技创新作为基本战略，快速提高科技创新能力，以寻求实现工业化和现代化的道路。坚持以科学取向求得经济发展方式转变，至少要做到四点：第一，确立科学技术是第一生产力的观念，增加国家科学技术对经济社会发展的贡献率。一般认为，要成为创新型国家，至少要有以下特征：创新投入高（研发投入经费占 GDP 总量的 2% 以上）；科学技术贡献率在 70% 以上；自主创新能力强（国家对外技术依存度在 30% 以下）；创新产出高，发明专利多。是否拥有高效的国家创新体系是区分创新型国家与非创新型国家的主要标志。目前世界上公认的 20 个左右的创新型国家所拥有的发明专利数量占全世界发明专利总数的 99%。[①] 按科学规律办事，以对经济规律、社会规律和自然规律

① 人民网. 改革科研投入监管机制 提升我国科技创新能力 [EB/OL]. (2012-03-12)[2020-04-05]. https://news.ifeng.com/c/7fbeP9qX0eu.

的科学认识为指导谋求发展，减少发展的盲目性。宁可走慢点，也不要走错了。随着经济全球化的加速，国际竞争更加激烈，为了在竞争中赢得主动，依靠科技创新提升国家的综合国力和核心竞争力，走创新型国家发展之路，成为世界许多国家的共同选择。第二，要学会科学地分析研判经济形势。要做出正确判断，我们不但要关注经济规模与增长速度，还要关注经济发展与社会进步的协调性；不但要关注经济结构与经济效益，还要关注经济发展与人口、资源和环境的协调性。第三，构建科学的政绩考核标准。政绩考核不能单一地看经济发展状况，还要看反映民生的包括就业、医疗、教育、住房、养老在内的人文指数等要素，即使是经济发展了，GDP 的总量增大而且增速了，还要看单位 GDP 的能耗、材耗、水耗、污染物的排放量、劳动生产率以及单位国土面积的经济容量等。

（二）人本取向

以人为本是一种价值理念，它强调关心人、理解人和尊重人。坚持人本取向的经济发展方式就是要明确经济发展为了什么——一切都是为了人。现实中，有两种截然相反的观点：一种是把经济发展本身视为目的，并将经济发展归结为 GDP 增长，认为凡是能带来 GDP 增长的办法、手段都是合理的，并相信随着 GDP 的增长，一切问题都会迎刃而解。另一种观点则认为经济发展并非目的，经济发展的最终目的应是关怀、关心人的生存状况，物质财富是人的生活质量的基础保障，但不是全部，还要有社会公正、政治民主、人际融洽和生态良好。

制定经济发展的目标，应认清三个问题：第一，发展是以人为本还是以物为本。这里讲的"物"指物质财富，物质欲望。在人与物的关系上，我们主张以人役物，万不能因追求物质财富的积累和物质欲望的满足而丢失了人的本真、人的尊严。第二，发展是以什么人为本的问题。在"官"与"民"的关系上，应当以民为本，做到执政为民；应当权为民所用，情为民所系，利为民所谋；应当了解民情、反映民意、集中民智、珍惜民力。第三，是以人的什么为本。人的需要是多方面的，在人的需要不能全部满足的情况下，应该以广大人民群众生存需要的满足为本。我们反对以牺牲广大人民群众的生存权利为代价，换取少数人享乐与发展需要的满足；我们反对以牺牲子孙后代生存权利为代价，换取当代人享乐与发展需要的满足。

要明确实现经济发展要依靠人。发展经济关键在于充分调动人的积极性、主动性和创造性，使人愿意干、乐意干、心甘情愿地干。人是生产力中最活跃的因素。但作为生产力中最活跃因素的人，不是指人口，而是指人力和人才，人力和人才资源是第一位的资源。人口太多并不是好事，人力和人才资源丰富才是好事。通过教育，人口是可能向人力和人才转化的。但完成这种转化需要条件，这个条件便是教育。调动人的积极性、主动性和创造性，必要的金钱刺激、福利举措不可或缺，但仅仅如此远远不够，因为人不是经济的奴隶。

（三）生态取向

生态取向的经济发展方式是指走一条资源节约，环境友好，人与自然和谐相处，符合中国国情的绿色经济发展道路。

绿色经济发展道路是一条"低投入、低消耗、低排放、可循环、高效益、可持续"的道路，是一条通向生态文明的道路。资源节约、环境友好是经济发展方式转变为生态取向的基本要求。倡导资源节约，就必须反对包括体制性浪费、决策性浪费、管理性浪费、标准型浪费、观念性浪费在内的一切形式的资源浪费。倡导环境友好，就必须反对环境敌视，必须抑制乃至消除包括废气、废水、废弃固体物在内的一切形式的环境污染与破坏。[①] 只有严格执行反对资源浪费、破坏环境的人类活动，才能达成人与自然生态的和谐。

怎样推进经济发展方式的生态化转变，从而做到资源节约且环境友好，实现人与自然和谐发展？我们认为，在战略方向上，向循环经济、低碳经济转变，并以此为契机着手促进产业结构的优化升级；在能源供应上，循环经济力求减少高碳化石能源，建立洁净的、可持续的新的可替代能源体系。

第二节　推进经济发展方式的产业机制

主要以增加物质投入和扩大投资规模为主的传统发展模式已成为制约我国经济社会尤其是广大农村特别是西部地区的可持续发展的瓶颈。基于此，

[①] 刘湘溶，罗常军. 经济发展方式转变的生态化及其路径选择 [J]. 中国地质大学学报（社会科学版），2011, 11(3): 13-18.

我们要大力调整经济结构、优化产业结构，大力发展生态经济，构建符合生态文明要求的绿色发展方式。

一、发展生态经济

美国经济学家肯尼斯·鲍尔丁在《一门科学——生态经济学》一文中正式提出"生态经济学"的概念及"太空船经济理论"等，他认为，生态经济是运用市场机制调配人口和社会的发展，既能满足当代人的需求，又符合后代的利益需求，生态经济代表经济的发展趋势。此后，众多学者都从不同角度、不同层面对生态经济下了定义。美国生态学家奥德姆从全球生态系统的高度，分析了经济发展对能量、能源的依存状况。莱斯特·布朗在 2001 年出版的《生态经济：有利于地球的经济构想》一书中认为，自然资本正在迅速成为制约经济发展的因素，而人力资本却越来越雄厚，从破坏生态的经济转入持续发展经济，有助于我们的经济思想进行"哥白尼式改变"。

（一）发展循环经济

党的十八大报告指出："着力推进绿色发展、循环发展、低碳发展，形成节约资源和保护环境的空间格局、产业结构、生产方式、生活方式，从源头上扭转生态环境恶化的趋势，为人们创造良好的生产生活环境，为全球生态安全作出贡献。"这为我国探索新的经济发展模式提供了理论依据。[①]

"循环经济"是美国经济学家波尔丁在 20 世纪 60 年代提出的，其含义是指在人、自然资源和科技的大系统中，把传统的依赖资源消耗的线形增长经济转变为依靠生态型资源循环来发展的经济。我国从 20 世纪 90 年代引入循环经济的思想，在 30 多年的发展历程中，国内对循环经济的认识已经形成比较一致的观点，认为循环经济是一种建立在自然生态系统论和物质能量循环论基础之上，把清洁生产、资源循环利用和废弃物的综合利用融为一体的新型社会经济发展模式。2019 年 1 月 1 日起施行的《中华人民共和国循环经济促进法》第二条明确指出：循环经济是"指在生产、流通和消费等过程中进行的减量化、再利用、资源化活动的总称"。循环经济是在倡导物质不断循环利用的基础上，关注经济活动与生态环境的共生共荣，强调人的劳

动效率和自然的生态效率协同发展，注重人与自然和谐相处。其本质是生态经济，其核心内容是提高资源利用效率和经济社会系统运行的生态化，其目标是协调处理好经济发展与资源环境之间的关系，实现物质资源的利用价值最大化，实现经济发展和环境保护的"双赢"。

循环经济运行要遵循三大原则。循环经济作为一种先进的新型经济形态，强调人们在生产、消费等经济活动过程中应遵循"3R"行为准则，即减量化（reducing）、再利用（reusing）和再循环（recycling）三种原则。其中，减量化原则是指通过适当的方法和手段尽可能从经济活动的源头减少废弃物的产生和污染排放，在产业链的输入端最大限度地减少进入生产、流通和消费过程的物质量和能源量，它是防止和减少污染最基础的途径。具体做法：在生产过程中尽可能通过技术改进减少资源耗费，通过产品清洁生产减少污染物和废弃物的产生与排放，减少不可再生资源的消耗，增加替代性的可再生资源的利用比重，注重产品质量体积的轻型化和小型化以及产品包装朴实化，以最少的物质消耗达到最大的生产和消费目的；在消费环节，提倡消费者有意识地选购包装简易、可循环使用的产品，减少对物品的需求依赖程度，提高环境的同化能力。

再利用原则主要针对产业链的中间环节和过程性控制，在生产过程中，要求制造产品和包装容器能够以初始的形式被反复利用，要求尽可能延长资源和物品的使用和服务周期，增加产品使用的场合、方式和次数，避免物品过早地成为垃圾，以节约生产这些产品及其包装材料所需要的各种资源，缩小和减缓生态系统与经济系统之间资源能量交换的规模与速度。再利用原则抵制了当今世界一次性用品的泛滥，生产者应该将产品及其包装当作一种日常生活器具来设计，使其像餐具和背包一样可以被多次使用；通过经济系统物质能量流的多次重复使用和高效运转来实现资源产品的使用效率最大化和减少一次性用品的污染。另外，在生活中，再利用原则倡导人们持久使用产品，捐献自己不再需要的物品，减少使用一次性物品和将修复、翻新的物品返回市场体系供别人使用。

再循环原则，主要以产业链的输出端为加工对象，以废弃物利用最大化和排放最小化为目标，要求通过提高技术水平、工艺水平和管理水平，尽可能通过对"废物"进行集中有效的再加工处理，将其直接作为原料加入新的生产循环或者进行再生、再造，再次应用于新产品制造，在多次反复利用的过程中最大限度地实现废弃物的多级资源化和资源的闭合式良性循环，在化害为利，变废为宝的过程中尽可能地减少资源使用量和污染物排放量，实现排放的无害化和资源化，有效保护自然资源生态环境。简言之，就是把废弃物品返回工厂，作为原材料融入新产品的生产。按照循环经济的思想，再循环有两种情况：一种是原级再循环，即废品被循环用来生产同种类型的新产品，如报纸再生报纸、易拉罐再生易拉罐等；另一种是次级再循环，即将废物资源转化成其他产品的原料。原级再循环在减少原材料消耗上面达到的效率要比次级再循环高得多，是循环经济追求的理想境界。

总之，循环经济的现实运行可以从微观、中观和宏观三个层次展开，三个层次相互促进、相互衔接，形成一个企业内部、工业园区、社会三个不同而又相互关联的，由低到高依次递进的有机整体。循环经济的"3R"原则可以保证最少的资源投入，最大限度地循环利用，最高效率地使用和最小化的污染物排放量，从而实现经济活动与自然生态系统之间物质循环的统一。

（二）发展低碳经济

1. 发展低碳经济的缘起

第一，气候变暖。全球气候变化问题正深刻影响着社会生活、生产等许多方面，其中，负面影响占绝大多数。自工业革命以来，全球温度线性上升0.74℃，从1906年以来，全球平均温度几乎处于直线上升趋势中。[①] 以往的研究结果显示：全球气候变化与碳排放量有很大关系。大自然中动植物的呼吸、动植物尸体的腐烂分解等现象都是自然界在排放温室气体，但同时，自然界也会对温室气体起分解作用。如果排除人类的人为影响，仅仅依靠自然自身调节，大气中的温室气体将是一种循环且缓慢的增长过程。然而，人类活动对气候变化的影响是巨大的。机器的发明、化石燃料的大量使用，导致碳排放量迅速增加，最后造成全球气候变暖。全球正在变暖带来的诸多灾难性的气候事件已成为人们不能逃避的事实。中国南方暴风雨和台风变得频繁，洪涝灾害变得更加严重，农林病虫害、水土流失、土壤侵蚀、滑坡与泥

---

① 程慧楠，石小亮，康万晴. 低碳经济的缘起与特征研究 [J]. 绿色科技，2019(20)：224-227.

石流呈现家具趋势。[①] 第二，能源消耗多。经济发展一直以来都备受各个国家关心，能源作为经济发展的重要推动力量，对于经济发展规模和速度在一定程度上有决定性作用。人们对能源的需求受社会经济变化的影响，人类对能源需求经历了从薪柴到煤炭再到石油的过程，这个过程中，能源消耗带来大量温室气体的排放以及能源储存总量的快速减少。中国能源使用效率低，大约在 33% 左右，与发达国家相比低了约 10%[②]，而中国的单位 GDP 能源消耗与世界平均水平相比整整高了 2.2 倍，与日本相比高了 8 倍，与欧盟相比高了 4.6 倍，与美国相比高了 2.4 倍，与印度相比高了 0.3 倍。[③] 低碳经济逐渐成为应对全球气候变化问题的利刃，其是在应对环境、能源和全球气候变暖对人类生存和发展造成严重威胁的大背景下产生和发展的。

2. 低碳经济的内涵

美国著名学者莱斯特·布朗在 1999 年出版的《生态经济革命》一书中最早提出"低碳经济"一词。2003 年，英国政府颁布了能源白皮书《我们能源的未来——创建低碳经济》，首次在政府文件中出现低碳经济（low carbon economy）的概念，率先从政策角度阐释了低碳经济的概念。2008 年，联合国环境规划署将当年世界环境日的主题定为"转变传统观念，推行低碳经济"。2009 年的哥本哈根大会和 2010 年第 41 个世界地球日的主题都定为"珍惜地球资源，转变发展方式，倡导低碳生活"。由此，"低碳经济"逐步成为学术界、企业界和政界广泛关注的命题。在我国，2007 年 9 月，时任国家主席的胡锦涛在亚太经合组织第 15 次领导人会议上，明确主张发展低碳经济，强调研发和推广低碳能源技术，增加碳汇，促进碳吸收技术的发展。所谓低碳经济，是指在可持续发展理念的指导下，通过技术创新、新能源开发、产业转型、制度创新等多种手段，尽可能减少高碳能源的消耗和温室气体的排放，实现低能耗、低排放、低污染、高效能发展的一种经济发展模式。低碳经济本质上是一种生态经济，是低碳产品、低碳技术、低碳产业、低碳能源、低碳生活等经济形态的总称，其核心是资源环境问题。低碳经济强调对碳的排放进行计量，引入碳排放的指标来衡量经济发展质量，带

---

① 董杰，贾学锋. 全球气候变化对中国自然灾害的可能影响 [J]. 聊城大学学报（自然科学版），2004(2): 58-62.

② 单宝. 解读低碳经济 [J]. 内蒙古社会科学（汉文版），2009, 30(6): 75-78.

③ 郑永红，梁星. 我国发展低碳经济的对策和建议 [J]. 环境经济，2009(11): 23-26.

动新能源、新技术的研发、创新与应用。低碳经济不仅是对高污染、高能耗、低产出的旧经济发展模式的纠偏，更是一场涉及国家权益、生产模式、生活方式和价值观念的人类经济发展模式的全球性革命。

3.低碳经济的特征

低碳经济作为一种新经济模式，与传统经济发展理念和模式有着完全不同的特征：一是时代性。一定的社会文明总是建立在特定的社会经济基础之上，如农业文明是建立在碳水化合物利用之上的农业经济，工业文明是建立在碳氢化合物使用基础上的高碳经济。工业经济的规模越大，二氧化碳的排放量就越大。20世纪70年代以来，人类文明形式逐渐由工业文明向生态文明转变。低碳经济作为一种以低能耗、低污染、低排放为特征的发展模式必然成为21世纪全球经济发展的趋势。二是全球性。地球是全人类共有的家园，气候无国界，气候变化的影响具有全球性，应对气候变化是全人类共同面临的严峻挑战。减少高碳能源和二氧化碳的排放与累积，控制温室效应和全球气候变暖，需要全球范围内每个国家共同携手努力、共同采取行动，推动工业文明向生态文明转型，这是世界各国人民共同的责任与任务。三是全面性。低碳经济涵盖广泛，不仅包括生产领域的资源能源的开发、生产过程的节能减排，还包括消费过程的低碳服务、低碳金融。低碳经济不仅涉及技术领域和经济领域的问题，还涉及经济发展、社会公正等层面的问题。四是实践性。低碳经济不仅涉及对现代经济运行的深刻反思以及生活理念、环境价值观的转变，还注重通过开发与利用新型清洁的可再生能源，促进有关减少碳排放和能源利用的技术与管理创新，促进经济社会发展，实现资源的高效利用，实现能源低碳或无碳开发，这些都具有很强的实践性。

（三）发展绿色经济

1.发展绿色经济的缘起

英国环境经济学家大卫·皮尔斯在1989年出版的《绿色经济蓝皮书》一书中最早提出"绿色经济"一词，他主张从社会和生态条件的角度出发，建立一种"可承受的经济"。进入21世纪，绿色经济理论研究与实践逐渐成为社会科学研究和经济社会发展的重要问题。2008年10月，联合国环境规划署发起了旨在推动世界各国经济转向新的绿色经济发展道路的"绿色经济倡议"，并得到了国际社会的积极响应。2011年，联合国环境规划署发布了《迈向绿色经济——实现可持续发展和消除贫困的各种途径》的报告。报告指出，绿色经济就是"提高人类福祉和社会公平，同时需要显著降低环境风险和生态稀缺性的经济"。2012 年，在巴西里约热内卢召开的联合国持续发展大会（里约峰会），会议集中讨论了两个主题：一是可持续发展的体制框架；二是绿色经济在可持续发展和消除贫困方面的作用。可见，绿色经济发展受到了世界各国人民的高度重视和普遍认同。中国政府也顺应时代潮流，提出了要大力发展绿色经济的主张。2010 年 5 月 8 日，时任国务院副总理李克强在绿色经济与应对气候变化国际合作会议的开幕式上指出，当今世界，发展绿色经济已成为一个重要趋势，许多国家都把发展绿色产业作为推动经济结构调整的重要举措。2015 年 11 月 30 日，习近平出席气候变化巴黎大会开幕式并发表讲话，提出"中国将落实创新、协调、绿色、开放、共享的发展理念，形成人与自然和谐发展现代化建设新格局"。党的十八大以来，习近平还在多个场合提到"绿色发展"的理念，强调要突出绿色惠民、绿色富国、绿色承诺的发展思路，推动形成绿色发展方式和生活方式。

2. 绿色经济的内涵

绿色经济的概念比较宽泛，不同领域的专家、学者对其认识不同。目前，学者们主要围绕资源能源消耗、技术创新、可持续发展、生态环境保护等问题从不同角度探讨"绿色经济"的内涵和外延，还没有形成统一认可的定义，但学界和业界对绿色经济核心内容的理解还是比较统一的。"绿色经济"是在统筹生态承载力的基础上，以经济与环境的和谐为目标，在合理利用资源能源和保护人类生存环境的同时，兼顾当代人和后代人利益的可持续经济发展模式。绿色生存、绿色技术、绿色投资、绿色消费、绿色国民经济核算体系和绿色贸易保护等是绿色经济的基本内容。绿色经济的目标是以市场为导向，以高新技术为支撑，以有利于人们身心健康、生活质量的持续提高为落脚点，以人与自然和谐相处为依归，实现经济效益、生态效益和社会效益的统一，代内公平和代际公平相兼得的一种良性发展模式。

3. 绿色经济的特征

绿色经济作为一种前沿的经济发展模式，具有以下主要特征。（1）先进性。随着人们对人与自然界相互依赖关系认识的深化，绿色发展是以资源节约和环境改善为前提，以服务于人的需要发展为主旨，以绿色投资为核心，以绿色产业为新的增长点，以科学技术的创新促进经济，突显"以人为本"的思想，提升人们的生活质量和幸福指数。

（2）公平性。绿色经济以实现人类福利最大化为目标，最大限度地节约和利用自然资源，把经济规模控制在资源再生和环境可承受的界限之内，既考虑当代人生存发展的需要，又不对后代人生存发展造成危害；既考虑当前人们的开发利用，又考虑长期的可持续利用，从而保证经济社会一代又一代永续发展。另外，绿色经济将自然资本纳入社会体系，突出了自然资本对经济增长的贡献及其约束作用，也降低了环境风险，促进了社会公平，改善了人类福祉。

（3）变革性。绿色经济在观念上强调人类在经济活动中要尊重自然亲近自然、克服过去短期利益、过度消费的思想。绿色经济体现在实践中，不仅要大力发展节能环保的绿色产业，还要在绿色化技术的支撑和带动下加大对传统产业的绿色化、生态化改造。另外，绿色经济扬弃了传统经济发展一味追求经济增长的理论与实践，强调要用"绿色 GDP"作为衡量经济进步与社会发展的指标。可见，绿色经济不仅是发展观念和发展方式的转变、经济评价方式的变革，也是对传统经济活动的变革、改进与提升。

二、产业结构的调整、优化与升级

面对目前日益严重的生态环境问题，政府部门需要制定相应的财税支持政策，引导和鼓励企业使用清洁能源、无污染的原材料进行生产，最大限度地降低对资源、环境的损害，推动农村产业的生态化。

（一）发展生态农业

20 世纪 90 年代，生态产业在我国萌芽。学者刘则渊在《产业生态化与我国经济的可持续发展道路》一文中指出，产业生态化是产业发展的一种高级形态。产业的生态化要构建一个不断循环的闭合的产业生态系统，在这个有组织的生产系统中，产生的废气物能够最大限度地得到利用，生产的产品尽量实现绿色化，对外界环境的污染尽可能少，从而达到经济效益、社会效益和生态环境效益的有机统一，最终实现可持续发展。

1. 发展生态农业的缘起

"生态农业"一词最早由美国土壤学者提出，后经英国学者进一步阐述，将其定义为"具备经济生命力，生态上能自我维持，在环境、伦理道德和审美方面容易被人们接受的小型农业"。20世纪80年代初，生态农业在一些发达国家崭露头角，其基本内涵是遵循自然生态规律和经济规律，在保护、改善农业生态环境的前提下，通过现代化的技术和管理手段，实现农业生产集约化经营和农村经济可持续发展，是一种结合农业体系的新型发展模式。随着生态农业的发展，20世纪90年代，国内学者从生态学、系统论和可持续发展的角度论述其内涵。我国生态学的创始者马世俊从生态学的角度出发，认为生态农业是结合社会、经济和生态三种效益，遵循生态规律的发展，是一种高效益的农业。部分学者从系统论的角度阐述，生态农业是在生态学和生态经济原理的基础上，采用科技技术管理以期达到社会、经济和生态三种效益的平衡。2015年4月25日，中共中央、国务院发布《关于加快推进生态文明建设的意见》，标志着我国已进入以生态文明引领经济社会发展全局的时代。5月20日，中华人民共和国农业农村部（原农业部）等八部委印发了《全国农业可持续发展规划（2015—2030）》，明确了农业发展"一控两减三基本"的目标，从过去拼资源消耗、拼农资投入、拼生态环境转向数量、质量、效益并重的轨道上来。可见，加快转变农业发展方式，推进农业可持续发展，打造生态农业已成为现代农业发展的必然趋势。

2. 发展生态农业的内涵

生态农业是一个农业生态经济复合系统，它把农产品的生态安全、资源安全、农业综合经济效益和农民的丰产增收有机统一起来，其实质就是将农业现代化纳入生态合理的轨道，形成生态与经济两个系统的良性循环，最终实现经济效益、社会效益和生态效益的协调平衡。一方面，生态农业以大农业为出发点，农业与林、牧、副、渔各业综合发展，农业与第二、三产业协调发展、有机整合，提高了农业的整体综合生产能力。另一方面，生态农业倡导农产品标准化生产，注重绿色质量要求，强调生产过程中资源和环境的利用、净化、保护和恢复，控制化肥、农药、色素、添加剂和其他有害物质的使用量，着力生产和加工安全、生态、高产、优质、高效的绿色农产品，既能满足人们对绿色消费的需求和消费结构升级的需要，又能促进农业增效，确保农民增收。生态农业既重视发展的过程，考虑环境、资源的约束力，又考虑到发展的结果是绿色，其中，产品的安全性是重要结果之一。由此可见，发展生态农业，就是坚持科学发展观，通过先进的科学技术和科学的管理方法，合理开发利用乡村生态环境资源，为人们提供更多更好的绿色、安全、健康、优质的绿色生态产品，以及生态服务要素，促进生态和经济的良性循环。发展生态农业要坚持质量兴农，实施农业产业标准化发展战略，重点突出农产品的优质、安全、绿色的发展方向，健全严格的农产品质量和食品安全标准体系；坚持产业布局的优化，科学划定粮食生产功能区和重要农产品生产保护区，统筹调整粮经饲作物的种植结构。

3.发展生态农业的重要举措

一是推动农业供给侧结构性改革，发展农业循环经济，降低农业生产活动中各种能源、资源的占有量，减少产品生产、销售、使用过程中的废弃物排放量；倡导综合利用有机肥，实行农作物病虫害综合防治，控制化学肥料施用量，严格控制一般农业的施用量，禁止使用高残留、高毒性农药，生产和应用环保的绿色农药、化肥等。加强农田水利设施建设，推进全面节约和循环利用水资源，推广秸秆还田技术，降低农业生产的能耗、物耗；提高农业生产的技术水平，减少农业生产中的塑料污染，降低农业生产和产品服务中可能存在的风险；坚决改良土壤，培肥地力，保水保肥，开展耕地轮作休耕制度试点，实现土地的永续利用。

二是坚持资源优势向发展优势的转化。习近平提出，要"把农村丰富的生态资源转化为农民致富的绿色产业，把生态环境优势转化为生态农业、生态工业、生态旅游等生态经济的优势"，做长产业链条，推进传统农业向第二产业、第三产业延伸，有效增加农民收入；做强第二产业，发展以农作物、畜产品为原料的食品加工，提高农产品的附加值，在优势农产品、特色农产品的产地打造食品加工产业集群，促进产业经济发展的转型升级；做大第三产业，改善农村的基础设施，开展村庄绿化，保护传统村落，弘扬农村特色传统文化，发掘当地农村的独特美食，从吃、住、行、游、购、娱六方面增强农村魅力，大力发展乡村休闲游、生态游、文化游、养生游，吸引城市居民来观光体验，实现乡村产业的生态化、乡村生态的产业化。

（二）发展生态工业

1.发展生态工业的缘起

1985年，学者马传栋在《经济研究》上发表的《论生态工业》一文，成为国内早期较为系统研究生态工业的文章。此后，在可持续发展思想的指导下，针对工业系统与环境协调发展的生态工业研究逐步形成体系与规模。

2. 发展生态工业的内涵

生态工业是以资源环境承载力为基础，把生态学原理应用于资源管理、工业建设和工业生产系统的规划与运行，以实现经济效益、社会效益和生态效益相统一的一种新型的现代工业发展模式。在生态工业发展中，生态经济学原理是其基本理论；现代科学技术和管理方法是其基本依托；节约资源、清洁生产和废弃物多层次综合再生利用是其基本内容经济社会与生态环境的可持续是其基本目标。生态工业是从工业源头和全过程控制工业污染，在结构、功能和规划上与传统工业相比，有着明显不同，具体表现为：一是工业生产部门的网络式结构。在生态工业体系中，为达到多层循环利用物料的目的，各个工业生产部门会构建起连锁状的生产资源网络连通管道，通过物料的相互供应形成长期、稳定的工业生产链条，即便生产部门在地域上不相连，也会本着充分利用的原则通过贸易往来和生产环节的工业共生等方式来实现能量、资源的最优利用。二是工业生产资料的开放式闭合循环。在生产链条中，各个生产单位在工艺流程上是环环相扣，首尾相连的，每个节点都发挥着能量及物质转化、利用的功能，这就需要系统内各生产过程从原料、中间产物、废物到产品实现开放式闭合循环，才能达到多层循环利用资源、减少污染物排放和资源的浪费与消耗。三是以区位整治保持生态系统平衡。生态工业要求统筹规划，科学预测区位容量，开展综合治理，及时调整工业布局，以保持区域生态系统平衡。

（三）发展生态旅游业

1. 发展生态旅游业的缘起

20 世纪 80 年代，自世界自然保护联盟组织首次提出"生态旅游"这一概念开始，国外学者就开始广泛研究生态旅游。到了 20 世纪 90 年代，我国学者也开始关注和研究生态旅游问题并取得了丰硕的成果。2014 年 8 月，国务院印发《关于促进旅游业改革发展的若干意见》，强调"坚持融合发展"，推动旅游业发展与相关领域发展相结合，"实现经济效益、社会效益和生态效益相统一"。在绿色发展思想的指引下，不难想象，凭借带动产业多、资源消耗低、综合效益好、提升地方美誉度快等诸多优点，生态旅游和生态旅游产业必将取代大众旅游和传统旅游产业，成为我国未来旅游业新的发展模式和旅游经济新的增长点。

2.发展生态旅游业的内涵

旅游业是目前发展非常快的产业之一，由于它涉及游览、餐饮、住宿、交通、邮电、文娱、购物等多个环节，具有产业链长、关联度高、带动作用大、资源消耗小、就业机会多、综合效益好等特征，因此，它能够间接带动一大批相关产业的发展，促进区域整体经济的发展。生态旅游是指在生态学原理、原则和环境伦理价值观的指导下，通过保持生态系统的结构和功能，保护自然和人文生态资源，有效地促进旅游地经济的发展和周边生态环境系统可持续发展的一种旅游发展模式。生态旅游产业则是指以生态旅游资源为依托，以生态旅游消费者为服务对象，为满足和帮助实现生态旅游活动的完整过程创造便利条件并提供所需要的商品和服务的综合性产业。随着绿色发展理念不断深入人心，传统的大众旅游正逐步被生态旅游所取代，生态旅游产业被视为"无烟"产业和"朝阳"产业，越来越成为乡村振兴的主要方向。和传统大众旅游产业相比，生态旅游产业具有地域上的自然性、层次上的高品位性、内容上的专业性、利用上的保护性和发展上的可持续等突出特点。它不仅可以实现区域经济和旅游产业的良性互动，还能够维系整个生态系统的平衡；不仅有利于当地经济发展和居民就业机会的增加，更能通过保持旅游区生态资源、景观资源和文化资源的完整性，实现代际的利益共享和公平性，促进生态旅游地社会、经济、文化和生态的全面协调发展。

第三节　制定和完善环境经济制度

一、制定环境税收政策

税收是国家财政收入的重要方式，政府通过征税，不仅使国库有充裕的资金为社会提供公共物品、公共服务，增强政府治理能力，还可以引导企业的生产经营活动，营造良好的，规范的市场氛围。

目前，我国各个税种中少见有促进产业生态化的环境税收，2018年1月1日，《中华人民共和国环境保护税法》正式施行。环境税收政策是指对单位和个人按其开发利用、污染、破坏和保护环境的程度进行征税或减免税的政策。广义上讲，环境税包含独立型环境税和融入型环境税以及对现有税收政策进行"绿色"改进。

（一）构建独立型环境税

独立型环境税是指在税收体系中增设新的环境税收，污染排放税和污染产品税属于此范畴。首先，实现基本环境税收法律与各个环境税种的独立法的有机融合、互相配合，建立和谐的环境税收法律体系。其次，优化各环境税收法律的实际操作功能。从各国的环境税法律制定与完善过程可以看出：环境税收法律牵涉面广，利益纠纷错杂，必须关注其与环境领域、经济领域等其他通行法律的联系。在制定环境税收税目和税率时要调研税目的经济负担率，调查治理污染的技术、设施改进的经济成本，做到依法治理污染的合理性、合规性与合情性。税制设计做好长期规划，现实的急迫性不能成为环境税收仓促出台的理由。从丹麦等国的环境税收推进过程可以看出，环境税收的接受需要时间的积累，新税种的开征不仅要合理考虑税制设计，还要考虑现实接受难易度，后续的平稳征收才是开征的重点，因此需要树立长远观，做好阶段性长期目标规划。在开征过程中，应该在前期注重解决现实最急切的环境问题，再逐步增加适应现实发展变化的税目，提高或降低部分不合理税率。

（二）推进环境税收各税种"绿化"

融入型环境税是指将环境因素融入现有税种。例如，在消费税种中增加污染产品税目，提高资源税率等。对现有税收政策进行"绿色"改进是指通过税制的一些优惠规定鼓励环境友好行为，使其更加有利于环境保护和可持续发展。例如，在增值税、消费税和所得税中实行的税收减免、加速折旧等规定。为推进"美丽中国""美丽乡村"建设，充分发挥环境治理效能，我国应乘生态环境保护之东风，对我国现行环境税收制度做如下调整：

第一，继续扩大税源。资源的价值必须通过合理的价格在市场上反映出来，过低的价格会传递不正确的信息，导致消费者不能对其价值产生重视，会过度使用。从当前的研究结果来看，消费税减少能耗和控"三废"的效果并不理想，我国消费税的税源必须添加塑料袋、泡沫饭盒等，缓解土壤污染；这从快递、外卖等行业对一次性制品的滥用可以看出，有必要拉快草原、滩涂、地热等再生和非再生资源入资源税税目的进度条，继续有规划地统筹推进水资源税改革进程，建立起全方位保护各类资源的屏障。森林资源税应该以被砍伐的树木数量为计税依据，首先对于树木种类进行分级定率，名贵树种的税率要与普通树种的税率拉开差距，凸显税率的层次性与导向性。湿地、滩涂等资源税可以以面积缩小量为计税基础，定额计征，对造成其面积缩减的企业、社会组织和个人征收。增加含磷洗涤制品、摩托艇等，遏制水污染；增加煤炭、私人飞机、高能耗空调、高能耗抽油烟机等，遏制废气产生，减少大气污染；还可以学习 OECD（经济合作与发展组织）部分地区对酒吧、俱乐部、高档会所、高档歌厅等征收环境税，促进遏制噪声污染。在奥地利、荷兰、芬兰、丹麦等国，家庭垃圾属于纳税范畴。国外的垃圾税一般按照垃圾的重量课征，有的国家（如丹麦）的税率设置比处理垃圾的费用还高出一倍，倒逼居民采取垃圾处理回收的方式，大大降低了垃圾的产生量。对我国来说，可以在环境保护税的固体废物里加入家庭垃圾项目，如厨余垃圾、废纸、废弃布制品、玻璃制品等，把环境保护税的纳税人从企业慢慢扩展到家庭，把税收落实到个人，促使人们减少垃圾产出，优化环境质量。以上这些税目均可以根据地域情况因地制宜采取试点的方法，循序渐进。例如，先在交通发达地区试行航空税，在垃圾焚烧量大的省份试行垃圾税等。

第二，不断更新税率。在当前的定额税率的基础上，要注重增加税率的灵活性，随着污染源的加重或降低适时改变税率，杜绝一成不变。把税率与现实更好地连接，增加税率的机动性，一方面要提高生产、使用时会直接引发环境污染的税目税率，如爆竹、卷烟等。烟草的税率可以借鉴国外的税率（如土耳其 2019 年上调烟草的税率到 67%），继续上调。另一方面，要在同一税目中体现差别对待，如油品类目中，不同污染因子含量的油应该有区别地设置税率，对于无铅汽油和有铅汽油的税率要扩大级距，引导消费者选择环境污染较小的品种。

第三，改良征收方式。对积存的资源征收资源税，而不仅仅是对开采、销售资源征税。避免因为囤积造成的大量浪费行为，迫使开采者因为资源占据成本提高而积极延长开采周期。在此过程中，要注重开采资源的企业给环境带来的污染程度界定，应该制定标准，合理判别开采损耗与环境破坏等级，使其结果与资源税的税额挂钩，体现污染者付费、破坏者付更多费的原则，强化资源合理使用。

第四，适当提高税负水平，拉大税率级距。特别要注意对开采使用珍贵的非可再生资源从重征收税费，使其税额明显高于可再生资源，以凸显其稀缺性、价值性，吸引企业关注，助推环保。

第五，加快立法进程，提高资源税法律的地位。资源税的发展不能仅仅依靠暂行条例和实施细则这一层次的规章，必须用国家法律的独特地位来保证其功能的实现，增强其征收管理的保障度、有序度、指导度。立法将把消费税的征管纳入法治正轨，对消费税的应收尽收有很大的促进作用，更进一步地使消费税与新开征的环境保护税相辅相成，达到规范征收的效果。例如，注意防范化解地方"政府风险"，要合理增加地方其他税收的收入水平，均衡其税收，降低资源丰富的省份对资源税的需求度，避免其靠资源税弥补地方财政空缺。最好实现资源税收入专项支出管理，把资源税收入的用途限制在资源合理开采领域。

二、制定环境收费政策

目前，我国环保收费主要有排污收费、使用者收费和服务收费，其中最主要的是排污收费。

我国的排污收费经历了一个不断完善的过程。1982 年，国务院发布了《征收排污费暂行办法》，由于排污收费标准低，未对污染治理起到根本的抑制作用。1997 年 6 月 4 日，财政部、国家计委、建设部和国家环保局联合印发《关于淮河流域城市污水处理收费试点有关问题的通知》后，开始征收生活污水处理费。各地根据实际情况采取不同的收费标准，因那个时代的农村几乎还没安装自来水，不在征收范围内。无论是排污收费还是城市生活污水与生活垃圾处理收费，面临的主要问题都是收费标准太低。2003 年 1 月 2 日，国务院又发布了《排污费征收管理使用条例》（自 2003 年 7 月 1 日起施行），这一条例对之前排污收费制度进行了改革，把分级征收管理改为属地征收、分级管理；排污费实行收支两条线管理，取消返还企业和用于环保部门的经费，纳入财政，全额用于污染治理；把超标收费改为总量收费；把单因子收费改为多因子收费。我国排污收费政策的出台，对提高地方环境监管能力、筹集污染治理资金起发挥较好作用，提高了企业和公众的环境保护意识。

三、构建生态补偿机制

（一）基本概念

"机制"一词的概念是对物质运行的动态、过程的抽象。一般来说，补偿是指补足差额用以抵消损失和消耗，它意味着在某一方面有亏损，在另一方面有所收获。一般来说，习惯地把生态补偿理解为一种资源环境保护的经济手段，将生态补偿机制看成调动生态建设和环境保护积极性的利益驱动、利益激励和利益协调的管理模式和制度安排，它贯穿整个生态补偿的全过程。生态补偿是一个具有自然和社会双重属性的概念。生态补偿最初指的是自然生态补偿，是自然生态系统因外界活动干扰、破坏所具备的特有的自我调节和自我恢复能力，也可以看作生态负荷的还原能力。随着人们对自然生态环境重要性认识的逐渐深入，生态补偿的内涵延伸到人们针对人类活动引起的水体污染、大气污染、森林减少、水土流失、石漠化沙漠化加剧等生态环境问题而主动采取措施来保护和保障自然生态环境的功能和质量的手段和行为。因此，生态补偿机制是指人们遵循自然规律，通过制度创新，运用政策、法律、经济、政治、社会管理等各种手段，调整与生态环境建设相关的各方利益分配关系，以提高生态系统功能和服务价值所做出的公共制度设计和制度安排。其实质是生态服务的消费者和提供者之间的利益协调手段或者权利让渡。它是社会生产不断发展与资源环境容量有限之间矛盾运动的必然产物，是实现生态功能和服务有偿使用的重要模式。

下面介绍中国语境中的生态补偿机制。由于合法行为和非法行为都可以导致补偿问题的产生，生态补偿就是指通过对生态环境建设和保护的受益者进行收费，对损害者进行惩罚，对建设者、保护者和利益受损者进行奖励或提供补偿，使外部成本内部化，实现生态环境、自然资本和生态服务功能增值的一种社会经济活动。其本质就是通过重新配置资源、调整主体间的利益关系，从而调整和改善生态环境保护和自然资源开发利用中的生产关系。在中国生态环境保护与管理中，生态补偿至少具有四个层面上的含义：第一，对生态环境本身的补偿，如国家环境保护总局 2001 年颁发的《关于在西部大开发中加强建设项目环境保护管理的若干意见》规定，对重要生态用地要求"占一补一"；第二，生态环境补偿费——利用经济手段对破坏生态环境的行为予以控制，将经济活动的外部成本内部化；第三，对个人或区域保护生态环境或放弃发展机会的行为予以补偿，相当于绩效奖励或赔偿；第四，对重大生态价值的区域或对象进行保护性投入等，包括重要类型（如森林）和重要区域（如西部）的生态补偿。[①]

（二）构建生态补偿机制的理论基础和现实条件

1.构建生态补偿机制的理论基础

从经济学角度来说，外部性理论、公共产品理论和生态资本理论是生态补偿理论的三大基石。第一，外部性理论是生态经济学和环境经济学的基础理论之一，作为正式概念的"外部性"是由马歇尔最早提出的，指的是某个经济主体的经济活动对其他与该项活动无关的第三方面所带来的影响。英国经济学家庇古则区分了外部经济和外部不经济，正外部性和负外部性。生态经济的外部性理论认为，某些人为保护生态、提供生态产品或效益付出了代价和牺牲却得不到补偿，其他人却可以无偿享受甚至损害、破坏生态而无须承担成本，这最终必将导致生态环境恶化，生态产品的供给不足。解决外部性问题有两种方法，最著名的是庇古税和科斯定理。庇古提出了应当通过政府干预的手段来矫正外部性问题，根据污染所造成的危害对污染者征税，用税收来弥补私人成本和社会成本之间的差距，同时对于正外部性影响应予以补贴，从而使得外部效应内部化。科斯在批判庇古理论的基础上将外部性问题转变为产权问题，试图通过市场方式解决外部性问题。外部效应理论在生态环境保护领域得到了广泛应用，如退耕还林制度、排污收费制度等，其思想渊源就是"庇古税"，均采用生态补偿手段来解决外部效应问题。第二，公共产品理论。公共产品理论认为，社会产品分为私人物品和公共物品，自然生态系统及其所提供的生态服务具有公共物品属性。公共产品具有不可分性、非竞争性和非排他性等特征，容易造成公共产品使用过程中出现"搭便车"现象，产生"工地悲剧"，导致公共产品的有效供给不足。政府作为最主要的公共服务和公共产品提供者，需要强调主体责任和公共支出的供给保障。要通过制度设计让生态受益者付费，损害者赔偿，保护者得到补偿，生态投资者能够得到合理回报，尽量减少和避免无序、过渡性使用或只想享

---

① 万军，张惠远，王金南，等．中国生态补偿政策评估与框架初探 [J]．环境科学研究，2005, 18(2): 1-8.

受、不愿提供，使公共产品的提供者和保护者能够像生产和维护私人产品一样得到有效激励，保证公共产品的足额供给。第三，生态资本价值理论。生态资本理论认为，自然生态系统提供的生态产品和生态服务应被视为人类生存和发展所必需的一种基本的生产要素，一种资源。生态环境资源是有价值的，必须承认生态环境资源的有限性和效用的整体性。它的价值体现为其固有生态环境资源的有限性和效用的整体性。它的价值还体现为其固有生态环境价值和自然资源价值以及利用和改造过程中劳动投入产生的价值，是可以通过极差地租或影子价格来反映其经济价值的。正因为生态环境资源有价值，而生态效益价值就是生态资本，所以应该有偿使用，即利用生态环境资源应支付相应的补偿，实现自然资本和人造资本间的平衡，这样才能有效解决资源使用中的不合理现象，实现资源配置的最优化。

从法学角度来说，权利义务对等性理论是生态补偿机制的法学基础理论。首先，权利义务对等性理论强调权利和义务的统一性。权利和义务是法的核心内容，人既是权利主体又是义务主体，权利人在一定条件下要承担义务，义务人在一定条件下可以享受权利。其次，强调权利义务平等性，即所有自然环境资源的开发、利用和保护的主体在法律面前一律平等——平等承担义务，平等享有权利，违反环境义务平等给予纠正和处罚。最后，强调权利义务的对等性，部分区域、单位和个人在享受高质量生存环境的同时却没有承担其所应该承担的义务；而另一部分区域、单位和个人履行了保护生态环境、维持生态平衡的义务，却承担了成本，影响了权利，做出了牺牲，甚至付出了代价。义务与权利的不对等不利于区域间利益的协调和环境的改善。总之，权利义务对等性理论揭示了相关利益主体在法律上的权利与义务的配置关系，是生态补偿机制构建的重要法理基础之一。

从伦理学角度来说，生态伦理学理论是生态补偿机制的伦理学基础理论。生态伦理学理论认为，权利和义务的不对等是有违生态伦理公平正义原则的。生态伦理公平正义体现在可持续发展的范畴中就是一种公平观，这种公平既包括人与自然之间、区域间、民族间的公平，也包括地域差异的代内公平和可持续发展的代际公平。只有保持公平才能维护和保证可持续发展主体自身的利益，调动和维持其积极性和创造性。生态补偿机制是"公正性法则"的具体化，保持公正必须通过制度安排，合理有效地配置资源，在对自然生态进行补偿的同时也实现人与人之间的利益补偿。

2.构建生态补偿机制的现实基础

第一，相关法律和政策依据。目前，我国进行生态补偿的主要依据是《中华人民共和国环境保护法》《中华人民共和国物权法》《中华人民共和国草原法》《中华人民共和国森林法》等法律中部分涉及生态补偿的条款。但这些法律中涉及生态补偿的有关条款存在专业性、针对性不够，约束力、威慑力不强等问题，如对各利益相关者的权利义务责任界定，对补偿标准、内容和方法规定不够明确，并且缺乏细化的操作办法，在司法实践中实施效果并不十分理想。因此，迫切需要国家制定生态补偿法，并以此为基础完善相关的法律法规体系，为生态补偿机制的建立和完善奠定法律基础。进入21世纪，党和政府对生态保护的重视程度越来越高。2005年12月国务院颁布的《关于落实科学发展观，加强环境保护的决定》，2006年发布的《中华人民共和国国民经济和社会发展第十一个五年规划纲要》等纲领性文件都明确提出，要尽快建立生态补偿机制。2007年5月23日，国务院发布的《关于印发节能减排综合性工作方案的通知》中，明确要求改进和完善资源开发生态补偿机制，开展跨流域生态补偿试点工作。2008年3月，第十一届全国人大第一次会议通过的《政府工作报告》指出，改革资源税费制度，完善资源有偿使用制度和生态环境补偿机制。党和国家高瞻远瞩，高度重视，积极推动和实施了以流域、草原、森林为代表的生态补偿地方试点工作，为生态补偿的大范围推广积累了经验。

第二，解决历史负债的需要。中华人民共和国成立以来直至20世纪70年代末，我国生产力布局主要集中在东北、东、南部沿海城市和京、津、沪地区，西部少数民族地区的工业少之又少，即使有也多是资源和能源项目。这种制度安排对于西部少数民族地区来说，不仅是经济欠账，还是环境欠账。改革开放初期，国家的发展战略安排加上市场经济与计划经济体制双轨运行，更加强化了生产能力和经济要素分布偏东，资源分布中心偏西的"双重错位"格局。西部少数民族地区作为我国资源能源的战略要地和功能定位使西部廉价的原材料资源和能源一直以来都源源不断地流向东部、流向全国。而经加工后的商品又源源不断地以市场价格返回西部。西部地区的"低出高进"为国家的非均衡发展模式做出了巨大贡献。例如西气东输、西电东送、南水北调、三峡工程等一系列国家重点工程的实施，开发的是西部资源，主要服务对象是全国和东部地区，主要经济受益者则是中央财政和这些工程的业主。认可西部地区所做的贡献和牺牲，通过制度设计使生态获益地区对为生态保护做出贡献地区进行某种形式的"补偿"，寻求东部经济资本和西部生态资本的平衡，构建全方位的区际生态补偿机制就成为我国区域协调发展和生态文明建设的重要因素。

第三，维护国家生态安全的需要。西部少数民族地区是我国大江大河的源头和重要的水源涵养区，具有防风固沙、水源保护和维护生态多样性等多种生态功能，是我国生态环境安全的生态屏障区和生态效益区。其生态环境质量对我国及邻国和周边地区的生态安全都具有重大意义。然而，西部少数民族地区又是我国自然生态环境比较脆弱的地区，环境承载能力低，自然恢复能力差，过度开发和利用使西部少数民族地区的生态环境不断恶化，超过了生态安全的警戒线，形势相当严峻。西部严峻的生态危机昭示了维护国家生态安全的紧迫性。建立生态补偿机制，可以为国家的综合治理和生态修复积累资金和技术，激发西部少数民族地区群众治理生态环境的积极性，引导他们逐渐改变破坏生态环境的生产和生活方式，遏制生态环境的进一步恶化，有效维护国家生态安全。

第四，维护群众根本利益的体现。由于历史和现实原因，最初人们只能靠对自然资源进行粗放式的经营来实现经济发展和获得收入：为了发展当地经济，客观上要以放弃长远的、全局的生态利益为代价。要使生态环境得到恢复、保护和改善，就必须牺牲当前的局部利益。长期以来，广大人民群众为了保护好所在地区的生态资源和环境，付出了大量的心血，做出了巨大的贡献和牺牲。为此，迫切希望资源优势能够变为经济优势，生态价值能够转化为经济价值，从而摆脱贫困落后的面貌，强烈呼吁对保护生态环境所做出的努力和贡献应给予必要的回报，对所付出的牺牲代价应给予适当补偿。因此，构建生态补偿机制，是促进共同富裕、维护少数民族地区人民群众的根本利益的具体体现。

（三）构建生态补偿机制的基本框架

综上所述，生态补偿机制是以生态系统服务价值和效益为目标，运用法律、行政、市场等手段，调整利益相关者之间的利益关系，并实现区域经济协调发展的一种制度安排。归结起来，生态补偿机制的基本框架至少包括补偿主体和补偿客体两个方面。

1. 补偿主体

谁来付费这个问题其实质是利益相关者之间的责任问题。生态补偿主体即指生态补偿责任和义务的承担主体，一般也是生态补偿费的支付者，具体来说包括两个方面：一是生态效益的受益者，二是生态环境的破坏者。《中华人民共和国民族区域自治法》第六十五条规定："国家在民族自治地方开发资源、进行建设的时候，应当照顾民族自治地方的利益，作出有利于民族自治地方经济建设的安排，照顾当地少数民族的生产生活。国家采取措施，对输出自然资源的民族自治地方给予一定的利益补偿。"首先，国家或代表国家的政府（特别是中央政府）可作为补偿主体。当然，明确政府是生态保护的责任主体，并一意味着政府就一定是付费主体。其次，区域可作为补偿主体。自然生态环境的保护和建设具有地域性、系统性、关联性和跨越性等特点，这完全有可能会导致某个地域、区域或流域努力进行自然生态环境保护和建设，但带来的却是其他地区的生态环境效益的增加，自己为别人作嫁衣。因此，利益相关方应当做出适当的补偿。再次，企事业单位（组织）可作为补偿主体。产业补偿主要是指生态系统行业之间、受惠者与利益损失者之间的补偿问题，如矿产资源、水利资源开发与农业、渔业、林业之间的利益补偿问题。最后，开发者和破坏者必须成为补偿主体。

2. 补偿客体

生态补偿的客体是指生态补偿的接受者，指的是给"谁"提供补偿，包括自然与人。对自然的补偿就是对被污染的环境和遭到破坏的生态系统进行治理和恢复；对人的补偿就是对那些因进行生态保护和建设而付出成本代价或利益受到损失的社会主体进行补偿。具体来说，生态补偿的客体包括丧失环境功能的自然生态系统；因生态建设和保护致使经济活动受限或丧失发展机会的企业（组织）和个人；为避免保护地区环境恶化而发展受到限制，致使财政收入减少的地方政府以及积极开展流域或环境保护工作的各种社会团体、组织和个人。

（四）构建生态补偿机制应遵循的原则

1. 责、权、利相统一原则

1996年国务院颁布的《关于环境保护若干问题的决定》，规定了"污染者付费、利用者补偿、开发者保护、破坏者恢复"的责任原则。1999年国

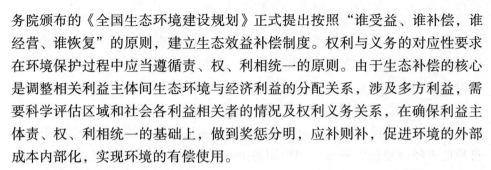

务院颁布的《全国生态环境建设规划》正式提出按照"谁受益、谁补偿，谁经营、谁恢复"的原则，建立生态效益补偿制度。权利与义务的对应性要求在环境保护过程中应当遵循责、权、利相统一的原则。由于生态补偿的核心是调整相关利益主体间生态环境与经济利益的分配关系，涉及多方利益，需要科学评估区域和社会各利益相关者的情况及权利义务关系，在确保利益主体责、权、利相统一的基础上，做到奖惩分明，应补则补，促进环境的外部成本内部化，实现环境的有偿使用。

2.公平性原则

环境资源是大自然赋予人类的共有财富，人类的环境权应该是平等的，发展权也应该是平等的，每个人均享有平等地利用自然环境资源的机会以实现共同发展，公平性原则确保了资源分配上的机会均等和对全体有利。

3.政府主导与市场推进相结合的原则

我国生态补偿机制起步晚，在生态补偿制度、主客体、框架和手段等方面均不成熟、不完善的背景下，政府的强势介入是加快构建生态补偿国家战略体系的内在需要。在构建生态补偿机制的过程中，政府应结合国家相关政策和当地实际情况，充分发挥引导和主导作用，制定相关政策，采取相应措施，如生态补偿政策、提供补偿资金、完善补偿体系和加强对生态补偿的监督管理等。政府部门要通过财政补贴、转移支付、优惠贷款、项目立项和生态扶贫等途径对生态环境进行补偿，为新农村生态文明建设提供政策、资金、项目和技术的支持。

4.统筹协调原则

一方面，发展是硬道理，发展是第一要务。生态环境的优化最终要靠发展来实现，以发展来促保护、促建设，因此，要在补偿制度的实施过程中关注受偿地区的发展问题，将发展扶贫与生态补偿统筹考虑，特别是落后地区发展能力的提升，使外部补偿转化为其自我积累能力、自我创新能力和自我发展能力，实现区域、流域之间，不同群体之间，人类社会与自然之间的协调发展。另一方面，构建生态补偿机制是一项复杂的系统工程，牵涉面宽、范围广、利益纠葛多，在推进生态补偿工作的过程中要在科学合理的基础上，突出重点、先易后难、选准方向、重点突破。在空间布局上要按生态环境现状进行规划、分区，依据生态区位重要程度与影响范围逐步推进，力求达到生态环境资源配置的最优化；要理顺中央与地方、区域和流域之间的利益关系，增强彼此间的分工、合作、联动和协调，形成共同致力于改善区域、流域的生态质量，实现各利益方的双赢与多赢的局面。

（五）构建生态补偿机制的路径选择

传统的"唯经济发展至上"的发展观是错误的，但经济不发展人类社会将寸步难行，只有经济发展了才有可能打破生态与经济的恶性循环。在我国西部农村地区推广生态经济发展模式，将农村经济发展与生态保护有机结合起来，是该区域农村生态文明建设的必然选择，也是促进经济与生态协调的发展有效途径。2015年，中共中央、国务院印发的《关于加快推进生态文明建设的意见》指出，绿色发展、循环发展、低碳发展是促进我国全面发展的基本途径，绿色、循环、低碳成为发展的关键词。因此，我国西部农村地区转变经济发展模式也应该以此为借鉴，才能实现农业的多样性、综合性、高效性与持续性。

1. 发展绿色农业

绿色农业是坚持可持续发展与环境保护的需要。绿色农业将"绿色环境""绿色技术""绿色产品"作为发展主体，促进过分依赖化肥、农药增产增量的化学农业转变为充分依靠生物内在机制的生态农业。同时，绿色农业注重以自然和生物系统中的能量转移，来维持一个良好的生态系统和养分系统。我国西部农村地区发展绿色农业模式，市场前景十分广阔。例如，贵州凤冈县在当地政府的领导下，结合当地自然优势，以种植茶叶为楔子，提出"建设生态家园，开发绿色产业"的发展战略，使农民脱贫致富，是西部新农村建设的成果之一。

2. 发展循环农业

循环农业是以生态效益为中心，参与生态有机体的良性循环，把经济效益作为基本立足点，达到高产、高质、高效，谋求可观的生态效益、经济效益与社会效益。在我国西部，不同农村地区享有独特的自然条件与地理条件，与农业相结合具有发展生态循环农业的特殊优势。以甘肃省秦安县为例，该县是我国西北地区主要果椒生产基地的代表。秦安县发展了"五位一体"循环农业模式，结合当地干旱、半干旱的自然条件和当地经济发展的特点，集山地日光温室、集雨节灌水窖、沼气池、暖棚养殖圈舍、果蔬贮藏库于一体，将循环利用资源和科学配套设施相结合，是典型生态循环农业的代表。

3. 发展低碳农业

低碳农业聚焦生物多样性的发展。我国农业发展主要经历了三个阶段：刀耕火种农业阶段、传统农业阶段和工业化农业阶段。其中，工业化农业发展方式在很大程度上威胁着生物多样性：农田开垦与连片种植必然导致自然植被与自然物种减少；任意使用农药破坏了生物物种多样性；过量施用化肥造成了农村环境污染，同样也导致生物多样性锐减。如果用含碳经济的概念来衡量，这类农业可谓是高碳农业的一种表现模式。发展生物多样性农业是改变高碳农业的一种有效途径。生物多样性农业规避了农药、化肥等农业要素的过量施用，从一定意义上来讲，这种农业恰好属于低碳农业的范畴。低碳农业与生态农业有着共通之处，都提倡避免使用化肥、农药来达到高效的农业生产。同时，在农业能源资源消耗量越来越大，电力、石油、煤炭和天然气等能源的使用量都增加的情况下，对于农产品产出的全过程，还要更加注重降低农业整体能耗量和排放量。我国西部地区实行绿色、循环和低碳的农业发展模式，有利于加快农业现代化，实现农业资源持续、合理、有效、循环利用，实现生产发展、生活宽裕、生态文明，摒弃了那种盲目引进地方企业，单纯追求 GDP 增长的发展方式，是我国西部农村地区实现经济增长与生态保护良性互动的必由之路。

4. 推进一、二、三产业融合发展

一直以来，我国西部地区一、二、三产业发展比例失调，第一产业占比最大，主要体现在农村地区，致使西部农村地区经济发展缓慢。为促进全国农村经济健康有序发展，2015 年 12 月国务院办公厅发布了《关于推进农村一二三产业融合发展的指导意见》，指出推进农村一二三产业融合发展，充分拓宽了农民增收渠道，构建了现代农业产业体系，是加快转变农业发展方式、探索中国特色农业现代化道路的必然要求，是党的"三农"工作理念和思路的又一重大创新，意义十分重大。其集中表现为：有利于促进二、三产业融入第一产业，展现一、二、三产业关于技术、管理、资金、人才等现代化要素的融入的有利条件，提高农业与资源利用水平；有利于实现农村产业规模化和增加就业容量，增加农民农业生产幸福指数；有利于汇聚农村人口和组成合理的农村人员结构，增强农民生态意识，加强农村生态环境保护，促进农村社会的长久繁荣与稳定。促进农村一、二、三产业融合发展顺应了国内外产业化发展的主流趋势，也为加强我国西部农村地区农业产业化发展

指明了具体方向。推进我国西部农村地区一、二、三产业融合发展，必须结合我国西部农村地区的具体情况，坚持统筹兼顾、因地制宜、突出重点、政府引导、循序渐进、市场主体、机制创新、试点先行等基本原则。其重点主要有以下两个方面：其一，产业融合的基点仍是农业。在我国特别是西部地区，农业是弱势产业，农村是弱势地带，农民是弱势群体，只有始终把农业、农村、农民摆在突出位置，产业融合的方向才不容易出现大的偏差。我国自古就是一个以农业为主的国家，是当前世界上较大的农业国之一，而西部农村地区又主要以农业人口为主，占据着农业的主导地位。因此，我国西部农村地区以农业作为基点推进一、二、三产业融合发展，将促进西部地区农业持续稳定发展和农民务农就业增收。其二，农产品加工业与休闲农业是融合的关键。我国西部农村地区在发展农产品加工业方面具有先天优势条件：农产品种类丰富，很多还独具西部特色，乡土气息浓郁，其发展的内在动力强大；西部农村地区在发展休闲农业方面条件得天独厚，主要体现为农村田园风光秀丽，民族风情多种多样、独树一帜，农耕文化底蕴深厚，适合着力发展休闲农、牧、渔业，开发生态、文化、红色等旅游产品，打造一批富有西部农村特色的休闲观光农业和乡村旅游的重点品牌。因此，促进我国西部农村地区一、二、三产业融合发展，不仅具备一定的资金、人才、技术、管理等有利条件，还有着其他行业所没有的天然优势。现代企业产权制度就是人类社会经济长期发展的结果。

总之，经济发展方式的生态转化在生态文明建设过程中具有支撑性的效能，这不仅因为经济要素是人类文明的基础或支柱，而且因为它是实现思维方式生态化的最广阔的实践场域和推动生态文明发展的重要"引擎"。生态农业有别于传统农业，主要利用现代化管理方法与技术，将传统的农、林、牧、副、渔产业与第二、三产业有机地结合到一起，使彼此之间能够协调发展。而生态农业经济发展与农村生态环境有着千丝万缕的联系，一旦农村生态环境恶化，如工业废水、废气、废渣给农村土地、水源、大气造成污染，将直接影响农业产品的产量与质量，生态农业建设进程也将停滞不前。因此，为了确保生态农业经济实现健康可持续发展的美好愿景，切实增加农民收入，应当把改善农村生态环境作为第一要务，进而为生态农业经济发展创造一个和谐、绿色、环保的发展大环境。发展生态农业经济是实现农业可持续发展的重要条件。环境问题的本质是发展问题，也就是说环境问题解决不好就意味着无法解决和突破发展问题。中国的发展正面临优化调整结构、兼顾质量与效率的重大挑战，应对这个挑战，生态文明建设工作的全方位展开已经迫在眉睫。生态文明建设工作如何开展，从哪开展，是落实生态文明建设首先要回答和确定的问题。中国有县域经济单位 2000 多个，是中国社会治理与发展的基本单元，是国民经济发展的基石。生态农业经济是以不破坏生态平衡为前提，利用现代化技术实现农业创收；生态农业经济的重点在于合理利用生态资源，在确保生态系统和谐的基础上，实现农业经济效益最大化。随着经济全球化的发展，绿色生态的地位越来越重要，绿色食品成了当下最受欢迎的产品。中国要顺应市场发展，大力发展生态农业经济，让生态农业经济开辟出农业创收的新路径，为农业经济可持续发展提供有效助力。

第六章　生态消费：农村生态文明建设必往之去向

倡导绿色的生态消费方式是保证人们身心健康的基本条件，也是推进新农村生态文明建设的重要内容。因此，我们要坚决抵制和摒弃各种不合理的奢侈消费形式和浪费消费形式，积极引导人们的消费朝着勤俭节约、文明健康、绿色生态的方向转变。

第一节　消费与消费方式

马克思主义认为，人类活动是由生产、分配、交换、消费四个环节构成的。消费不仅是个人行为的体现，而且是社会进步的调节器。消费方式不仅是消费主体素养的体现，还是一个社会文明的表征和晴雨表。

一、基本概念

我们每个人都是天然的消费者，"从出现在地球舞台上的那一天起，每天都要消费"[①]，直到我们死亡。由此可见，消费是维持人类生存和发展最基础的人类活动，也是人类与自然相关联的重要环节。"消费"一词已是家喻户晓，随着人类社会生产生活范围的扩大和延伸，其内涵也在逐渐深化和拓展。

（一）消费的简要考察

在西方，"消费（consumption）"一词在 14 世纪开始出现，理解为"消耗、浪费"之意。在西方语境中，相当长一段时间内该词都带有鲜明的贬义色彩。《牛津英语词典》对消费是这样定义的，"通过燃烧、蒸发、分解或疾病等花掉或毁掉；消耗、死亡；用完，特别是吃完；喝完；占去；花费、浪费（时间）；变得憔悴、烧尽"[②]。18 世纪中期以后，该词的贬义色彩开始消退，逐渐成为一个与"生产（production）"相对应的中性词语，指人们使用掉通过劳动生产出来的产品以满足生活需要的行为。

在中国，"消"字最早出现在《诗经》当中，表地名。在《诗经·郑风·清人》中，"消"字在春秋时期为郑国邑名。后来逐渐用作动词，有消融、融解之意。到元朝，"消"字开始有"享受、受用"之意。"费"字在先秦两汉时期有"大量花费""浪费"之意。据考证，"消费"一词在汉朝

---

① 马克思恩格斯选集：第 23 卷 [M].北京：人民出版社，1972：191.

② 何小青.消费伦理研究 [M].上海：上海三联书店，2007：1.

就已经开始合起来使用了，东汉王符在《潜夫论·浮移》中提到奢侈品生产者"既不助长农工女，无有益于世，而坐食嘉谷，消费白日，毁败成功，以完为破，以牢为行，以大为小，以易为难，皆宜禁者也"①。在此处，"消费"被解释为"消磨、浪费、耗尽、损毁"之意，具有明显的贬义色彩。唐宋以后，"消费"一词逐渐由带有贬义色彩的"消磨、浪费"演变为具有中性含义的"耗费、消耗"。中国社会科学院语言研究所词典编辑室编写、商务印书馆2002年出版的《现代汉语词典》将"消费"一词解释为"为了生存或生活需要而消耗的物质财富"。现"消费"一词逐渐被大众所接受、认可，它与生产、交换、分配并列，用来表述人类通过购买物质产品或精神服务来满足自身需求的一个过程。进入20世纪，随着人类生产生活范围的不断扩展和延伸，人们对消费内涵的理解也不断发生变化。消费逐渐从一个传统的经济学概念演变为一个综合性的多学科概念。

1. 哲学语境中的消费

哲学作为研究包括自然界、人类社会和人的思维在内的整个世界学说，理所应当要关注消费。从哲学角度来看，人类活动主要包括认识活动和实践活动两部分。消费活动属于实践活动，是人类在实践活动中完成主体性原则与客体性原则的对立统一的过程。实践结果是实践主体根据自身的需要改变客体的形状、功能、大小等属性，实现主体能力的客体化，然后，主体把根据自身需要产生的客体或作为直接的生活资料、实践工具加以消费，实现客体属性的主体化。消费不仅提高了实践主体的实践能力，还提高了其实践水平。

2. 经济学语境中的消费

在众多学科门类中，经济学是对消费关注最早、关注最多的一个学科。消费在经济学视野中是一种纯粹的经济现象，是和生产紧密联系的实践活动。在《经济大词典》中对"消费"的定义是"社会再生产过程中生产要素和生活资料的消耗"②。据此，我们可把消费分为生产消费和生活消费两大类。生产消费是指物质资料生产过程中包括物化的土地、资金、技术、信息和活化的劳动等在内的生产要素的使用和消耗；生活消费是指人们使用和消耗包括有形的物质产品和无形的精神产品的生活资料，以满足个人生活需要的行为。其中，精神产品使用后不会消失，可以重复使用。

---

① 欧阳卫民．中国消费经济思想史[M].北京：中共中央党校出版社，1994：2.

② 于光远．经济大词典[M].上海：上海辞书出版社，1990.

3. 文化学语境中的消费

消费是连接经济与文化的社会活动，它除了具有重要的经济意义外，还具有重要的文化意义。人总是生活在特定的文化场域中，特定的习俗、语言、道德规范、社会秩序、思维方式、审美情趣等决定了他消费什么，如何消费。一个国家、民族、地区的消费差异，在一定程度上是由文化环境的差异造成的，因此，消费被打上了文化的烙印。消费不仅受这个国家、民族、地区的文化影响，它还反作用于该国家、民族、地区的文化，形成一种新的消费文化。加拿大特伦特大学学者迈克·费瑟斯通说："通过广告、大众传媒和商品展示陈列技巧，消费文化动摇了原来商品的使用或产品意义的观念，并赋予其新的影像与记号，全面激发了人们广泛的感觉联想和欲望。"①从文化学意义上分析，消费行为是受文化支配的。

4. 社会学语境中的消费

在现代社会，消费越来越从单纯满足必需的生产生活需要逐渐演变为一种社会地位的象征。这个时期人们逐渐习惯根据消费者所消费的商品档次和劳务数量来判断消费者的社会地位。19世纪末20世纪初伟大的德国著名社会学家马克斯·韦伯认为，"任何社会，对物品消费的占有和掌控能力都是标志社会地位的重要手段"②。韦伯的言论在今天得到了进一步证实。在现代社会，人们的社会地位不再被出身、阶级和社会等级所桎梏，越来越以消费来证明自己。可以预见，在未来社会，消费的这种象征性和意义性将越来越明显，消费将对一个社会的组织、阶层结构、管理等提出更猛烈的挑战。

通过以上考证可见，"消费"一词在中西方渊源的探究以及在哲学、经济学、文化学、社会学等不同语境中的阐释。一般而言，对"消费"一词的理解有广义和狭义之分。广义上讲，消费是一个哲学、经济学、文化学、社会学等多学科综合的概念，泛指人们为了满足生产、生活需要而购买、使用、欣赏物质产品和享受服务的过程；狭义上讲，消费专指生活消费，指人们为了满足自身的生存与发展需要，而购买、使用、欣赏物质产品和享受服务的过程。

---

① ［英］迈克·费瑟斯通. 消费文化与后现代主义 [M]. 刘精明，译. 南京：译林出版社，2000：165-166.

② ［英］弗兰克·帕金. 马克斯·韦伯 [M]. 刘东，谢维和，译. 成都：四川人民出版社，1987.

（二）消费的本质

消费与生产具有统一性。一方面，消费本身就有生产消费之意，"生产行为本身就它的一切要素来说，也是消费行为"①。另一方面，只有有了被生产出来的产品才能消费。马克思认为，人类消费可以分为物质资源的消费、享受资源的消费和发展资源的消费，这三种消费状况是衡量社会发展状况的标准之一。产品只有被消费了，才能实现其使用价值。例如，一件衣服因为有穿的消费行为发生，这件衣服才现实地成为衣服；一间房屋有人居住，这间房屋才现实地成为房屋。产品无法实现它的使用价值，就会造成该产品的滞销、堆积，进而造成资源能源的浪费，阻碍社会的经济发展。

消费是伴随着人类的出现而出现的，要揭示其本质就必须从消费与人的关系的角度去考察。作为消费主体的人，只有消费一定的物质生活资料，才能完成自身在自然界的生存和种族的繁衍。马克思指出："人们为了能够创造历史，必须能够生活。但是为了生活，首先就需要吃喝住穿以及其他一些东西。因此，第一个历史活动就是生产满足这些需要的资料，即生产物质生活本身。"② 消费是人类赖以生存和发展的必要条件。人类所从事的一切活动从某种意义上讲都可认为是一种消费活动。吃、穿、住、行是消费，工作也是消费，是人们对时间的消费，对社会生活的消费，因为人们要从工作中直接或间接获取社会生活所必需的生活资料或者某种服务。

消费不但要满足人的生存需要，还要满足人的发展需要。人和动物的区别在于，人不仅有简单的生存需要，而且还有发展需要；人不仅有物质生活资料的需要，而且还有精神文化生活的需要。人在实现自己需要的过程中力图摆脱动物式的消费行为，确立起属于人的存在和发展的方式。马克思主义认为："消费是人的本质的表现和确认，也是人的本质不断升华和发展的重要条件。"

消费是人类社会再生产的关键环节，与生产、分配、交换一起构成了人类社会再生产的完整过程。其中，生产是起点，分配和交换是中间环节，消费是终点。马克思认为，生产直接是消费，因为"生产行为本身就它的一切要素来说也是消费行为"③，生产过程也是生产要素的消费过程。一方面，消

---

① 马克思恩格斯选集：第 2 卷 [M]．北京：人民出版社，1995：8．
② 马克思恩格斯选集：第 1 卷 [M]．北京：人民出版社，1995：78-79．
③ 马克思恩格斯选集：第 1 卷 [M]．北京：人民出版社，1995：8．

费使生产的产品价值得以实现。另一方面，消费是生产的目的，没有消费的需要，也就没有生产的需要。

消费是人类自身再生产的实现过程。人的某种需要浸润着人的目的、预想、选择和价值观的内在规定性，是人的全部活动的内在动力。人类在不断消费的过程中，通过摄取食物、能量和必要的医疗等途径，保证人类自身肉体和精神上的不断发展，实现人类自身不断再生产的过程。有人粗略计算过，现代人一生需要消费 1.4 万千克的粮食、20 吨蔬菜、10 吨水果、40 吨水、2500 千克饮料、1000 米布匹、价值 10 万元的日用品、价值 5 万元的时尚用品和价值 10 万的礼品。① 地球本是一个大生物链，人类无法脱离整个地球生态环境而存在，也不能随心所欲消费大自然。

（三）消费方式的内涵

消费方式是人类社会生活方式的重要内容，是指在一定社会经济条件下，为满足消费者所需要的物质产品和享受服务的形式，将消费自然资料与消费者相结合实现消费的自然形式和社会形式的统一。根据不同的划分标准，消费方式可分为基本生存型消费与享受发展型消费、生态保护型消费与生态破坏型消费、个体分散型消费与集体组织型消费等不同类型。一般而言，任何一种消费方式都必须回答三个相关联的问题："消费是什么？为什么消费？如何消费？"第一，消费什么，是指消费的对象和指向，这个对象可以是产品的物品，消费它的使用价值；也可以是商品的物品，消费它的使用价值或是消费它作为商品的符号价值、象征价值。消费指向可以是以物质性消费为重，也可以是以精神文化消费为重；可以是绿色产品的低碳消费，也可是传统产品的高碳消费。第二，为什么消费，是指消费的理由。例如，为满足需要而消费，为满足欲望而消费，为满足生存等基本需要而消费，为满足享受需要而消费，为满足自己的需要而消费，为满足市场的需要而消费等。第三，如何消费，是指消费的方法和措施。例如，是消耗商品的使用价值还是商品的价值，是消费服务的内在价值还是展示其外在价值，是消费商品的审美价值还是生态价值。

---

① 刘汉太.消费的福祉：通向均富的第三条道路 [M].北京：中国发展出版社，2006：38-39.

二、消费方式与生活方式、生活质量和社会发展的关系

（一）消费方式与生活方式的关系

什么是生活？这是个常识问题。有人说，生活就是生存、活着；有人说，生活就是过日子；也有人说，生活就是每个人每天的生活、学习和工作状态……这些理解真实却很片面，并没有深刻揭示生活的本质。生活的本质是特指人类为了生存和发展而进行的各种实践活动，是个人、集体或群体的生命活动过程。根据实践活动的领域和范围不同，生活可以分为公共生活、职业生活、家庭生活等。公共生活是人们在社会公共领域所从事的如都市生活、乡村生活、政治生活、文化生活等各类活动；职业生活是人们在职业领域所从事的如工人生活、农民生活、教师生活、护士生活、警察生活等各类活动；家庭生活是人们在家庭领域所从事的如夫妻生活、同居生活、单亲生活、独身生活等各类活动。

何谓生活方式？自20世纪80年代以来，我国理论界、学术界的专家学者围绕生活方式发表了许多不同的看法，仁者见仁、智者见智。我们认为，生活方式是人们在衣、食、住、行以及在劳动工作、休闲娱乐、社会交往等方面的活动方式和养成的生活态度、生活习惯的总和。第一，从结构看，生活方式至少包括生活条件、生活主体和生活形式三个相互联系的构成要素。生活条件是指生活方式是在一定的自然条件和社会条件下形成的，不同时代、不同地域的人们的生活方式是有差异的；生活主体是指在生活方式结构中具有核心地位的特定的个人、集体或群体在一定的世界观、价值观支配和影响下的活动形式与行为特征。生活形式是指在一定的自然条件和社会条件下生活方式的主体所表现出的生活状态、生活模式或生活样式，它是生活方式的核心要素，是生活方式的呈现方式，也是衡量某种生活方式优劣的重要依据。第二，从特征看，生活方式主要表现在三方面：其一，它是综合性和具体性的统一。生活方式既是一个涉及衣、食、住、行以及休闲娱乐、社会交往等层次的综合性概念，又是一个通过个人、群体或社会全体成员所表现出来的生动的、具体的活动形式和活动行为。其二，它是稳定性与变异性的统一。特定主体在一定历史条件下形成的生活方式具有极大的稳定性，同时，主体的生活方式又总会随着各种条件的变化而发生变化。其三，它是阶

级性和人类性的统一。生活方式在阶级社会中表现为阶级性，不同的阶级往往具有不同的生活方式。同时，生活方式又具有超越社会形态性质的全人类性，人们在不同时代、不同国家可能会有相同的生活方式。

消费方式与生活方式的区别如下。从活动范围看，生活方式的外延更为广泛。广义的生活方式还包括人们在劳动生活、政治生活、交往生活等方面的活动形式，消费并不是生活的全部内容，只是生活的一部分，消费方式也只是生活方式的一个组成部分。马克思将人类的全部活动分为生产、分配、交换、消费四大领域，消费方式只是人们在消费领域的活动形式，人们在生产、分配、交换等领域的活动形式分别称为生产方式、分配方式、交换方式。消费方式与生产方式、分配方式、交换方式一起构成人类生活方式的全部内容。

消费方式与生活方式相互联系、相互影响。一方面，生活方式内在包含着消费方式。生活方式并不是孤立存在的，它受到自然地理环境、经济发展、社会制度、意识形态以及传统文化等诸多因素的影响和制约。无论是广义的生活方式，还是狭义的生活方式都内在包含着人们的消费方式，狭义的生活方式很大程度上就是指人们的消费方式。另一方面，消费方式是生活方式的重要内容和体现。人们消费什么，消费多少，如何消费等消费方式的内容和形式在一定程度上要取决于人们的消费观念、消费习惯、消费行为和生活水平，而人们的消费观念、消费习惯、消费行为等都是人们的生活观念、生活习惯、生活行为等的具体体现。

（二）消费方式与生活质量的关系

消费方式不仅与生活方式密不可分，而且还是衡量人类生活评价标准的重要依据。

1. 生活质量的含义

一般认为，生活质量这一概念最早是由美国经济学家加尔布雷思 1958年在其著作《富裕社会》中提出的，用来表示人们对生活水平的全面评价。此后，该概念逐渐被广泛认可、使用。从 20 世纪 60 年代开始，美国学者大量研究了生活质量的测定方法及指标体系。70 年代以后，加拿大、西欧和东欧以及亚洲和非洲的一些国家相继展开了对生活质量的研究。80 年代初，中国开始结合本国国情，展开对生活质量指标体系及有关问题的研究。

生活质量，又称生活品质，是衡量人们生活好坏程度的概念，回答生活"好与不好"的问题。它区别于生活水平，生活水平强调满足主体的物质、精神文化生活需要而消费产品的"多与少"的问题。生活质量以生活水平为基础，却高于生活水平，生活质量更侧重对人的精神文化等高级需求的满足程度，以及人们对生态环境状况的高级标准，生活质量不一定随着生活水平的提高而提高。生活质量一方面反映客观生活条件，如反映人们的就业状况、收入水平、消费水平等物质生活条件，反映人们在政治、思想、文化、心理等方面的现状。另一方面，生活质量也反映主体对自身生活的满意度，对自身和他人在各个层面的认识，以及反映整个社会的发展环境、发展状态、发展趋势等宏观层面的现状。

2. 生活质量的评价指标

目前，我国学者对生活质量展开了定量研究，提出了一些生活质量结构与指标模型。由于生活质量内涵的复杂性，评价生活质量的指标体系也具有广泛性、多层次性，专家学者各自提出的看法也不全一致。目前，我国学者对生活质量指标体系的研究侧重于客观方面。2001年，学者朱庆芳设计了一套包括经济发展、社会发展、生活质量、基础设施和环境等在内的反映现代化的指标体系，其中生活质量指标包括城镇人均收入、人均生活用电、电脑普及率、平均预期寿命、人均住房面积等六项具体指标。[①] 2003年，学者周长城在他的著作《中国生活质量：现状与评价》中构建了包括物质保障、教育、健康、社会保障、居住与生活条件、环境等生活质量的六大指标体系。[②] 2008年，他在著作《主观生活质量：指标构建及其评价》中分析了构建主观生活质量的必要性和可行性，提出了主观生活质量的测量及其面临的困难等问题，通过测量不同生活领域主体的满意度，从而构建了包括个人能力评价、人际关系评价、医疗环境评价、工作环境评价、公共政策评价等生活质量满意度的指标体系。

随着人们生活品位的提高以及学界研究的逐步深入，大家普遍认为，无论是客观指标体系还是主观指标体系，都不能单独承担测量生活质量的标准，各自都难以全面评价生活质量的好坏程度。生活质量的指标体系应该由客观指标体系与主观指标体系共同来评价。2006年，由北京国际城市发展研究院

① 朱庆芳. 衡量城市经济社会发展的新指标体系 [J]. 中国经济导刊，2001(13): 10。

② 周长城. 中国生活质量：现状与评价 [M]. 北京：社会科学文献出版社，2003: 17.

研究组织联合数十家研究机构和上百位专家历时两年完成《中国城市生活质量报告NO.1》，建构出一个多维度的生活质量评价体系，这个体系从人的衣、食、住、行、生、老、病、死、安、居、乐、业12个方面出发，构建了包括居民收入、居住质量、教育投入、人居环境、医疗卫生、消费结构、交通状况、社会保障、生命健康、公共安全、文化休闲、就业率12项评估子系统，较为全面地反映了生活质量的客观和主观相结合的评价指标体系。[①]

3.影响生活质量好坏程度的因素

作为评价生活好坏程度的生活质量，其影响因素是多方面的。首先，经济因素是生活质量的物质前提。经济因素包括一个地区或是整个社会的经济发展水平、宏观的经济运行、居民的收支结构等要素。一般来说，经济发达地区人们的生活质量要明显高于欠发达地区人们的生活质量。稳定的、可持续增长的收入水平是居民生活质量提高的必要条件。居民的支出结构对生活质量有直接影响。保持平稳、有序的宏观经济运行状态，有可能会提高居民的生活质量。其次，社会因素是生活质量的重要保障。良好的公共服务、社会治安、医疗卫生等内容是改善生活质量的重要保障。再次，人口因素和环境因素对生活质量具有重要影响。健康的身体素质是过好高质量生活的前提条件；健全的文化素质可以让生活变得更加多彩，良好的生态环境可以为人们提供一个舒适的生产生活空间。最后，认知能力是影响生活质量好坏的重要因素。不同的主体，年龄、受教育程度、社会地位、社会经历不同，导致认知能力不同，即使面对大体相同的生活水平和生活状态，对生活质量的感受和评价也会有较大差异。

4.消费方式与生活质量密不可分

生活质量是消费方式的前提。人们消费什么，消费多少，如何消费，要以作为生活质量重要标尺的生活水平为基础，通常情况下，生活水平较低的地区，生产力低下的时代，人们的消费方式比较单一。

生活质量是消费方式的内在动力。人类对生活质量的追求通过具体的消费方式来体现。人们想要过什么样的生活，决定了人们会选择如何去消费。崇尚节俭生活的人们一般会采用以审慎、理性、健康、文明、环保、重复等为特征的消费方式，崇尚奢侈生活的人们一般会采取感性、放纵、一次性、挥霍、浪费等消费方式。

---

① 连明玉.中国城市生活质量报告NO.1[M].北京：中国时代经济出版社，2006：36.

消费方式是生活质量的晴雨表。从人类文明发展进程来看，生活质量发展状况与人类消费方式的演进密切相关，生活质量的提高是通过消费方式的变化来体现的。中华人民共和国成立70多年来，我国农村居民生活质量发生了明显改善，实现了由贫困到温饱，由温饱到基本小康，再到全面小康的历史性跨越。农民的消费方式也随之改善：第一，食品消费方面，食品总量从短缺到富足，食品种类从单一到丰富，人们越来越追求营养、绿色、健康的食品。第二，衣着消费方面，实现了从"穿暖"到"穿美"、从"请裁缝做衣"到"去商场购衣"、从"一衣多季"到"一季多衣"的三大历史性转变，衣着的名牌化、个性化、成衣化倾向日益明显。第三，住房消费方面，从茅草房、土房向砖瓦楼房、小型别墅房转变，居住条件和居住环境极大改善。第四，家电消费方面，实现了从"老三件"（20世纪70年代：自行车、手表、缝纫机）向"新三件"（20世纪80年代：彩电、冰箱、洗衣机；20世纪90年代：空调、BP机、录像机；21世纪：手机、笔记本电脑、小汽车）的转变。家庭耐用消费品越来越现代化、时髦化、高档化。第五，出行交通方面，从前一般都是步行，现在农民的交通工具快速更新，交通消费在总消费中的比重增大。第六，精神文化消费方面，过去是"在家看电视""出门看电影"的单调生活，现在精神活动越来越丰富。例如，人们常去茶楼、酒吧、歌厅、度假村、养生馆等多种休闲娱乐场所消费。

（三）消费方式与社会发展的关系

人类的消费方式经过一次变革，就会推动社会的发展，而社会的每一次进步，势必也会体现在消费方式的变化上。

1. 我国消费方式的特点

西方现代社会逐渐发展为消费社会[①]，消费社会的主流价值观就是消费主义，这种消费不再是根据人的生存发展的基本需要进行消费，而是以生活必需品之外的消费为主的消费，其最大特点是消费规模的不断扩大和消费水平的不断提高。[②]经过40多年的改革开放，我国经济总量规模持续扩大，经济发展综合竞争不断显现，居民收入不断提高，个人消费支出稳定增加，社会消费发生了巨大变化：其一，供给制、半供给制消费逐渐转向自主消

① 刘湘溶.我国生态文明发展战略研究[M].北京：人民出版社,2012:562.

② 周道华.生态伦理视角中的我国消费问题[J].消费导刊,2007(11):7.

费。传统的高度集中的以满足生存需要为主的"包""统"消费方式已转向以满足享受和发展需要为主的消费方式。其二，由传统消费向超前型消费转变。随着人们收入水平的提高，一个具有富足、优越、有足够消费能力的新群体正在形成，这个群体更愿过高质量的生活，成了消费潮流的创造者和引导者。其三，由国内消费转向国际消费，由乡村消费向城市消费转变。随着经济、信息的全球化，消费的国际化、城市化趋势越来越明显，越来越多的居民乐于接受国际、城市流行的消费潮流。

2. 消费是关系社会发展成败的重大问题

从消费经济学的视角看，消费是人类生存和发展的永恒主题，是社会经济运行的一个重要环节。它既是经济运行的前提和动力，也是经济运行的目的和结果。因此，消费不是单纯的经济问题，还涉及社会的政治、文化、伦理等问题。在市场经济条件下，社会经济运行越复杂，消费对再生产过程甚至对整个经济运行的影响就越明显。过去，我国的经济增长主要依靠增加资源、能源、资金的投入来推动，目前，仍然未在总体上改变高投入、高消耗、高排放、低效益的局面。例如，2011 年我国总能源、原煤、石油、粗钢、精炼铜、电解铝等矿产资源消费量分别达到 34.8 亿吨（标煤）、24.9 亿吨（标煤）、4.5 亿吨、6.5 亿吨、786 万吨和 1724 万吨，除石油消费量位居世界第二外，其他均为世界第一。其中，煤炭的消费量占全球总消费量的比重从 2001 年的 30.27% 增长到 2011 年的 49.7%，精炼铜的消费量占全球总消费量的比重从 2001 年的 15.71% 增长到 2011 年的 39.32%，粗钢的消费量占全球总消费量的比重从 2001 年的 19.8% 增长到 2010 年的 44.9%。[①] 今天，中国正全面建设具有中国特色的社会主义现代化国家，这种现代化不仅表现为人们物质生活水平的提高，还表现为精神文化水平的提高；不仅表现为人们对物质产品消费能力的提高，还表现为对先进精神文化产品消费能力的提高。所以，消费方式的变革不仅有利于市场经济的发展，而且对于人的全面发展，对于促进人类社会进步具有十分重要的意义。

三、消费方式的演变与文明的更替

消费的历史就是时代的历史，不同的时代人们将刻画出不同消费方式的烙印：开心的或郁闷的、幸福的或痛苦的、拮据的或宽裕的、奢侈的或平淡

---

① 刘湘溶. 我国生态文明发展战略研究 [M]. 北京：人民出版社，2012：563.

的①……人类先后经历了原始文明、农业文明、工业文明，现正向生态文明迈进。与这些文明形态相对应，人类都有不同的消费方式。

（一）消费方式与原始文明

原始社会特有的生产方式和生产状况决定了原始人特有的消费方式和消费状况。这种特有的消费方式和消费状况表现在消费的内容、消费的主体与客体的关系、消费的组织形式等方面。

1. 弱生存型消费

众所周知，原始社会的生产力水平低下，物质产品紧缺，原始人开发自然的能力极其有限，精神文化生活匮乏，这些状况决定了原始人只能提出衣、食等基本的生存需要。尽管如此，他们食不果腹、居无定所也是常有的事，怎么可能产生过多、过高的消费需求。因此，原始人的消费是一种弱生存型消费。

第一，吃的方面。没有发明火之前，原始人吃生、吃素，吃一些野外的浆果、树皮和小动物等，导致营养不良，智力低下，身体体质很弱。发明了火之后，原始人开始懂得烤肉，吃一些熟食。然而，由于生产工具落后，原始人从自然界捕获的食物十分有限，很难满足原始人自身的生存需要，常常挨饿。第二，穿的方面。原始社会中后期，原始人才逐渐有了羞耻感，开始从自然界采集一些树叶、野草等作为衣服遮挡身体某些部分。再后来，原始人学会狩猎生活，开始剥下动物的皮穿在身上，有了现代衣服的雏形，但还没有摆脱寒冷、酷热的煎熬。第三，住的方面。原始社会后期，原始人才逐渐学会了利用自然界的树木、棍棒、树叶等原始材料建造简易的茅草屋，进而搬离了天然的洞穴。但建造的茅草屋极其简单，经不起常年的风吹日晒、雨雪冰霜，因此，原始人常常"重建家园"。

2. 原生态型消费

原生态是指生物特有的原始的、原初的状态。在整个宇宙中，大约47亿年前，地球起源。大约32亿年前，地球上出现有生命的动物。大约300万年前，地球上出现了人类。47亿年与300万年，47亿年与32亿年之间的距离相比，的确显得很短暂。在从人类诞生至今的300万年的时间长河中，人对自然过度索取的历史更短。人类对自然构成真正威胁是工业革命以后，

---

① 刘汉太. 消费的福祉：通向均富的第三条道路 [M]. 北京：中国发展出版社，2006: 8.

然而工业革命距今不过 300 年。由此可见，在很长一段时间，人类不仅依赖自然、适应自然，还没有对自然构成真正威胁和破坏，这种人与自然的和谐关系在原始社会表现得尤为明显。

在原始社会，人类智力还比较低下，生产力不发达，人类还没有进化到有足够的能力去改造自然、破坏自然，原始人只能在过分依赖自然、顺应自然的过程中谋求自身生存和个体发展。原始人的吃、穿、住、行等生活用品，几乎都直接取自自然界。我国古代传说，有巢氏发明了"构木为巢"，这种"巢"从树上下牵到地面；燧人氏发明了"钻燧取火"，这种技术使人类从吃生食过渡到吃熟食。这些传说以及达尔文的生物进化论在一定程度上说明了原始人的消费是很原生态的，人在自然食物链中与动物竞争，并与自然界其他成员平等地参与自然生态系统的能量交换，几乎未对自然生态环境造成破坏。

3. 集体组织型消费

原始社会，由于生活环境极其恶劣，个人力量单薄，无法驱赶野兽以及抵御自然灾害的袭击；由于生产和生活工具简单粗糙，生存能力低下，仅靠个人的力量无法维持自身的生存。因此，原始人为了驱赶野兽，抵御自然灾害，维持自身的生存，不得不过着几十个人、几百人集聚的动物式的群居生活。

按照社会组织形式的发展，原始社会可以分为原始群时期和氏族公社时期。原始群时期人类处于群居阶段，没有固定居住地，组成不大的游荡集团把一个地方的自然物采集得差不多时就转移到另一个地方。氏族是按照血缘关系把原始人联合起来的组织，是原始社会自然形成的基本生产单位和生活组织。这个组织是为全体氏族成员谋利益的，体现全体成员意志的原始民主组织。氏族组织的发展经历了母系氏族和父系氏族两个阶段。其中，母系氏族是原始公社制度的典型形式，占据原始社会历史的绝大部分时期，它由一位共同的女性祖先繁衍的后代子孙组成。而父系氏族的历史较短，后被阶级社会所取代，它由一位共同的男性祖先所繁衍的后代子孙组成。无论是原始群时期还是氏族公社时期，原始人都过着群居生活，他们共同从自然界获取生活资料，共同消费劳动成果，共同抵御自然灾害，共同与野兽做斗争。

（二）消费方式与农业文明

大约距今1万年前，人类文明由原始文明过渡到了农业文明。在农业文明时代，生产工具得到了不断改进，进而逐渐提高了人类改造自然的能力，因此，自然界开始逐渐打上了人类的烙印，自然界逐渐被人化，同时，人类的生活状况和消费方式也在悄然发生变化。

1. 基本生存型消费

进入农业社会后，大规模的农耕和畜牧活动逐渐普及开来，人类获取自然界资料的能力不断提高，获得的物质产品越来越多，吃、穿、住等方面的生活必需品已经能基本满足，甚至在部分地区出现了产品剩余现象，人的基本生存条件得到了较大改善。

第一，吃的方面。农业社会与原始社会相比，人类获取生产生活资料无论是在数量上还是在质量上，都有了显著变化。古代农业文明一般都发源于大河流域，因为这些地区有肥沃的土地、便利灌溉和适宜的气候，能提供良好的农业生产条件。铜器、铁器等农业生产工具的发明和使用，大大提高了人类的物质生产能力，人们对自然可以重复投资和利用以源源不断地获取可供消费的食物；人们除了耕种土地以外，还饲养鸡、鸭、牛、羊等牲畜，开始了"粮食、肉食、熟食"生活，人们告别了原始社会的"吃生、吃素"生活状态，生活质量有了明显改善。第二，穿的方面，这个时期，人们除了耕种土地和驯养动物外，还开始种桑养蚕、纺纱织布，人们告别了衣不蔽体的状态，开始了"穿衣时代"。第三，住的方面。在这个时期，人们生产的产品直接用来满足自己的消费，不需要相互交换；生活的主题是无拘无束，自由豁达，吃喝玩乐；生存的理想是年年月月期盼上天赐予风调雨顺的天时，一家人在自己的土地上耕耘、收获，过着自足、安稳、宁静、和睦的生活。农业文明使人类逐渐告别了迁徙不定、居无定所的游牧生活，开始建造真正意义上的房屋，过着相对稳定的定居生活，人类不再担心风吹日晒，野兽的袭击。

2. 生态维护型消费

农业社会的主要产业是农业，人类的主要消费产品也直接与农业相关。人类通过人力和畜力进行耕作，最后能否收获农产品，其条件在很大程度上受气候、土壤等自然因素的影响。因此，农民在农业生产中很容易形成尊重自然规律、人与自然和谐相处等思想。透过农业生产对古代农业文明进行哲学思考，人们会很自然地把人与自然看作一个相互依赖、相互联系的有机整体，形成利于自然、维护自然的朴素生态学观点。

农业文明时代，在局部地区也出现过对自然资源进行掠夺性开发利用的现象。当时人口日益增长，为了满足自身生存的需要，人类越来越多地对自然进行索取，在利用、改造自然的过程中，造成了不同程度的人与自然的紧张关系，甚至是文明的衰亡。纵观世界历史，古埃及、古巴比伦和古印度文明都相继断层、衰落、夭折，分析其衰亡原因主要有三个方面：一是外族多次侵占，导致外族文化取代本族文化；二是创造的古老文明多以物化形式存在，经不起时间的"摧残"；三是文明古国缺乏具有民族特色的精神内核，文明缺乏传承和发展的活力。人类四大文明古国，唯有中华文明历经沧桑而连绵不断，至今仍在发挥着历久弥新的滋养作用，但作为中华文明重要发源地的黄土高原，现也成了不毛之地，中国古代经济重心逐渐从黄河流域向长江流域和江南一带、从内地向东南沿海逐渐转移。从生态学视角分析这一现象得出经验：自然环境对经济的发展影响巨大。当前，我国西部大开发过程中，特别要在如何推进人、社会、自然的协调发展，如何保持经济开发与生态保护的协调发展等方面下功夫，坚定地走可持续发展之道路，开启中国特色社会主义生态文明新时代。总的来说，农业文明时代人类已经凭借自身力量积极主动地利用、改造自然，生产方式主要以农业和牧业为主，尽管对自然环境有局部的破坏现象，但人与自然的关系在整体上仍保持一种相对稳定的和谐状态。

3. 个体分散型消费

随着人类开发和利用自然能力的逐渐提高，以及人类主体意识的逐渐觉醒，原始社会晚期出现了私有制，人类进入了农业社会的家庭生活。马克思和恩格斯在《德意志意识形态》中指出，因私有制的进一步发展，单个分开的家庭经济成为必需的组织形式。因此，与这个时期相对应的消费方式也由集体组织型消费演变为以个体分散型消费为主。这种消费的特点是以家庭为单位，家庭成员在家庭组织下进行物质生产和消费，由于当时的社会分工不够精细，社会分化程度比较低，社会流动性较弱，社会竞争机制不健全，社会的变革和进步非常迟缓，在这些背景下生活的人们，每个成员对家庭都有着一种割舍不断的深厚情怀，这也是农业文明能够持续 1 万年之久的重要原因。

（三）消费方式与工业文明

在工业文明时代，科学技术突飞猛进，生产工具日新月异，人类改造自然的能力空前提高，人类的主体意识空前觉醒，由此，人类生产活动状况发生了翻天覆地的变化，进而也导致人类的消费状况和消费方式发生了改变。

1. 消费主义日益盛行

目前，消费主义是在发达资本主义国家的消费领域普遍存在，在发展中国家的消费领域逐渐蔓延的一种消费观念。这种消费观念把消费作为人生的根本目的，消费更多的物质资料和占有更多的社会财富作为人生价值的根本尺度，在生活实践中毫无节制、无所顾忌地进行消费，以追求新、奇、特的消费行为来显示自己的社会地位和尊贵身份。①

要发展就要有消费需求，就要多消费，这已成为一种人们普遍认可的共识。因此，不断刺激消费需求，奋力开拓消费市场，自然成为资本主义发展的必然选择。20世纪30年代爆发的经济危机，证明了消费问题不仅是一个经济问题，还是一个政治问题和社会问题。以"多消费、少积累"为基本特征的消费主义在发达资本主义国家很快盛行起来，并迅速波及发展中国家。现代社会，"顾客是上帝"的经营理念，实际上不过是"消费至上"的代名词。消费的目的和作用，无外乎满足人的某种需要。这种需要在原始文明和农业文明时代更多地体现为对产品使用价值的需要。随着农业文明向工业文明的过渡，人们的消费活动越来越受到生产经营者追求利润最大化的影响，在各种形式的广告煽动下，消费者的消费行为也逐渐背离了自己的真正需要，而按照生产经营者设计的消费方式进行"无意义"的消费。

2. 享受发展型消费占主导

工业文明时代，人们的消费越来越倾向于满足自身的享受需要、发展需要，这种享受发展型需要成为工业文明时代消费的主流。其主要表现如下：

第一，挥霍型消费。"一次性"消费是典型的挥霍型消费，这种"一次性"不仅局限于一次性的筷子、纸杯、勺子、塑料袋、牙刷、拖鞋、袜子等常见的日用品，甚至许多"耐用品"也很快被抛弃。例如，冰箱、彩电、照相机、手机等产品，往往由于产品更新换代过快，市场上出现了款式更新颖、功能更多的新产品，旧的产品很快就被抛弃了，产品使用的周期越来

---

① 何小青.消费伦理研究[M].上海：上海三联书店，2007：72.

短。现代社会中，消费品中"一次性"或"类一次性"的物品越来越多。挥霍型消费挥霍的不仅是物品的使用价值，更是有限的自然资源，造成了大量资源的消耗。

第二，奢侈型消费。美国专门研究动物权利理论的哲学家汤姆·雷根区分了生存需求（生物学、生态学所赋予的）、社会需求（人类学、文化学、社会学所规定的）和奢侈需求（消费经济学家所推崇的）三类消费需求。何谓奢侈？《辞海》对其解释为：不节俭；过分、过多。奢侈与节俭相对立。从历史上看，节俭是一种主流文化，是一种美德。奢侈消费就是超出了人的生活必需的消费，是对奢侈品的消费。在前资本主义社会，奢侈消费只是少数人的专利。进入现代社会，在大众传媒的宣传和政府政策的鼓励下，奢侈消费已经超出消费的本真含义，把追求奢侈品的消费看作自身地位、身份的象征。奢侈型消费在发达资本主义国家表现得较为普遍，发展中国家大多数还处在以基本生存型消费为主的发展阶段。然而，随着经济全球化的迅速蔓延，奢侈型消费逐渐在全球扩展，一直以勤劳、节俭著称的中国也有部分人沾染上了这种不良习气。

第三，超前型消费。马克思主义认为，消费是由生产决定的，消费水平是由生产力的发展水平决定的。具体到个人和家庭，消费水平是由收入水平决定的。在原始文明和农业文明时代，消费水平与当时的生产力水平是一致的，那时人们奉行的是勤俭节约的消费准则。进入工业文明时代，在各种形式广告的煽动和诱导下，消费对生产的反作用在无形中被夸大了。超前消费是指个人和家庭的消费水平和消费状况超过了现有的收入水平和收入状况，也就是透支未来收入进行消费。超前消费实质是一种及时行乐的享乐主义的消费观。

第四，炫耀型消费。在消费社会里，消费不再是人们对物品的物质性价值的诉求，而是对物的意义性的需求。消费品的物质性特征不再是人们关注的重点，消费的意义性特征得到了大力凸显。"需求瞄准的不是物，而是价值。需求的满足首先具有附着这些价值的意义。"① 炫耀型消费是人们把消费作为物品象征意义和符号表达的过程，通过消费向他人展示自身的实力和地位。

炫耀型消费最早由美国制度经济学派凡勃伦提出，之后法国社会理论家让·鲍德里亚继承了凡勃伦的思想并对消费主义进行了重新构建。他把消费

---

① 让·鲍德里亚．消费社会 [M]．刘成富，全志钢，译．南京：南京大学出版社，2000：59．

与有闲阶段和所有权制度联系起来，提出了消费的社会结构意义在于，消费时代，每个个体和群体都在通过消费来确立自己的位置。他要把消费的象征意义和符号价值嵌入人们的思想观念和行为习惯。"消费社会是与新型生产力的出现以及一种生产力高度发达的经济体系的垄断性调整相适应的一种新的特定社会化模式。"①

炫耀型消费主要表现在以下几个方面：第一，热衷追求名牌。追求名牌成为人们消费时的优先选择，因为他们认为，追求名牌产品，消费者的社会地位和尊贵身份在社会群体中就越能显现。因此，他们消费时除了看重名牌产品的品质保证外，更重要的是看重附在使用价值上的符号价值，更能满足其炫耀的欲望。第二，追求虚假消费。虚假消费不是为了消耗物品的使用价值，而是为了消费物品所带来的符号价值的消费。换句话说，是为了面子的不真实消费。法兰克福学派代表学者马尔库塞（Herbert Marcuse）把这种虚荣需要称为"虚假的需要"。有关研究指出，中国奢侈品消费者大体分为两类：一类是富有阶层的消费者，他们追求个性化服务，经常光顾奢侈品零售商品，购买最新、最流行的产品，一般不会考虑价格问题。第二类是时尚消费者，他们购买奢侈品是为了显示自己的财富和社会地位。但这些消费者多数是外企公司的白领上班族，是在"透支"奢侈品，"中国人在尚未完全满足基本生活需要（衣食住行）的时候，就存在着炫耀消费的需求"②。

第二节　生态消费方式的内涵、特征和基本要求

生态文明要完全取代工业文明，就必须从根本上变革工业文明时代的生产方式和消费方式。新农村生态文明建设对消费方式的要求就是推进生态的消费方式。

一、生态消费方式的内涵

生态消费是一种全新的消费理念，是针对人类社会发展过程中出现的资源浪费、环境污染等诸多生态问题而提出的消费理念。生态消费方式是指在维护

---

① 让·鲍德里亚. 消费社会 [M]. 刘成富，全志钢，译. 南京：南京大学出版社，2000: 73.
② 安永会计师事务所. 安永中国奢侈品市场报告 [J]. 中国商人，2005(12): 74-75.

自然生态系统平衡的前提下，采取一种对自然的生态结构和功能无害或者产生较少危害的以资源节约和环境友好为价值导向和实践取向的可持续消费方式。

生态消费方式不是简单回归原始文明时代的"原生态型"、农业文明时代的"生态维护型"的消费方式，而是建立在对地球环境容量、生态承载力有限性的科学认识之上，积极扬弃与超越工业文明时代的生态破坏型消费方式，从而使消费方式"合度、合宜、合理"。这种消费致力于建立一种以人与自然和谐共生的生态发展机制，以低消耗、低污染、低排放为标准的生产管理方式，以环境自我承载能力和修复能力为底线的生态消费模式。经此，既可对已破坏的生态环境实施援救，也是对未破坏的生态环境实施保护，从而实现人类社会的经济效益、社会效益与生态效益的统一。总之，生态消费不仅有益于人类自己的身心健康，还有利于新时代全社会特别是中国新农村生存环境的保护和优化，最终使自然与人类社会得到协同发展。

二、生态消费方式的特征

生态消费是人类文明演绎的必然结果，是消费方式发展到一定阶段的产物。它不仅要符合物质生产的发展水平，还要符合生态生产的发展水平。其基本特征主要表现为：

第一，可持续性。生态消费是一种具有满足不同代际人们消费需求的消费行为，也是一种符合人类可持续发展的消费模式。这种消费模式实现了人的现实需求和未来需求、当代人的需求和未来人的需求的有机统一。换句话说，人类的消费需求要获得延续性与持久性的满足，人的现实消费必须以人的未来需求作为前提，当代人的消费必须以未来人的发展需要作为前提。

第二，节约性。生态消费提倡节俭，反对过度消费、奢侈消费。它能有效利用地球的承载能力，尽可能减少资源的耗费，进而尽可能使资源得到最大限度的重复利用。

第三，无害性。生态消费要求人们从产品的生产到产品的消费以及消费后的每个环节都是对环境无害的或危害最小化的。

第四，科技性。生态消费要求人类充分利用生态学原理，发明和使用实现人和自然和谐共生的生态技术。

第五，协调性。生态消费要求人类在物质消费、精神消费上不过度和奢侈，要以适合人类身心健康发展和社会经济发展水平为原则，进而实现自我消费与他人消费，当代人消费与后代人消费的协调。

第六，生态性。生态消费是一种崇尚自然和保护生态的消费行为，它符合经济实惠和生态效益的要求，尽量避免或减少对环境的破坏。

第七，和谐性。生态消费的终极目标是实现人和自然的和谐共生。人类需要重新审视自己，人是自然的产物，是自然孕育、哺育了人类，因此，要利用好、开发好、爱护好自然，建立一种全新的生态消费观念，科学家、政治家、企业家及全体民众都要站在自然之子的角度，摆正自己在自然界中的位置，关注自然的存在价值，使人类和自然协调发展。

三、生态消费方式的基本要求

生态消费是一种较高层次的理性消费，它要求人类不能向自然无止境地索取，而是要把人类的消费需求维持在一个理性限度之内，以适度消费为基础，以责任消费为原则，以理性和科学为指导。

（一）以合度的适量消费为基础

在消费方式上所讲的"度"，一是指不能超越现阶段生产力发展水平以及人们自身的经济能力水平；二是指不能超越自然资源、生态环境的承载力。从消费量的视角看，适度消费就是适量的合度消费。消费量多少，对消费者、环境及社会都有重要影响。"过"与"不及"都会走向极端消费，适量消费的对立面是过度消费和短缺消费。法国经济学家萨伊曾说："如果把消费限定在过于狭窄的范围，就会使人得不到他资产所能允许的满足，相反，如果采取豪爽的过多的消费，就会伤害到不应该滥用的财富。"① 因此，人们要把握好消费的"度"。

1.过度消费及其依据

一般而言，过度消费是指脱离现实经济条件与合理需要的消费，这个"过度"表现：消费者不顾自身的经济能力与实际真实需求，为了满足虚荣心而超出了消费者基本的生活需要的消费。其后果是，这种消费传递虚假的需求信息，从而误导生产，进而浪费资源，破坏环境，妨碍经济的可持续发

---

① 萨伊．政治经济学概论 [M]．陈福生，陈振骅，译．北京：商务印书馆，1997：567．

展；过度消费是满足人类不断膨胀的物质要求和消费欲望，其结果是造成日益严重的环境污染和资源短缺。这种消费破坏社会风气，影响社会稳定，培养了不健全人格，造成了欺瞒的人际关系。因此，过度消费并没有提高个人的自我价值，也没有推动社会的进步。

支持过度消费的依据：首先，从经济学视角看，为了促进经济的增长，解决生产的相对过剩，过度消费是一种有效路径，进而，过度消费被当成个人履行义务、促进经济发展的一种自觉的经济参与。相反，传统社会所提倡的勤俭、节约、克制等美德消费观却被看作过时的观念。其次，从心理学视角看，过度消费是纵欲心理的必然表达。德国著名哲学家叔本华认为：需求、欲望、追求即人的生命、人的欲望源于人的需求，需求就是缺乏，人的需求得不到满足就会感到痛苦。然而，一个欲望满足了立刻又会产生一个新的欲望，进而让人感受到新的缺乏，因此，欲求不断，需要不断，痛苦不断。然而，过度消费不赞成对人的欲望加以任何限制，"欲望—占有—欲望的更大发动——更大规模的占有"成为消费活动对现代社会的具体把握。消费不再是根据人们生活的实际需要来确定消费品种、数量，而是超前、超量地消费。最后，从伦理学视角看，过度消费被认为是幸福的象征。通常认为，消费与幸福是成正比例关系的，消费越多，幸福就越多，过度消费就意味着更多的幸福。消费作为人的基本生活方式之一，被赋予了过多的社会性意义，尤其与幸福画上等号，过度消费便成为一种被鼓励和提倡的道德性行为，进而，花钱和享受、炫耀和时尚的消费方式也就成为人的尊卑、贵贱、荣辱的衡量尺度[①]，这就为过度消费的盛行提供了伦理支持。

2.短缺消费及其影响

普遍的过度消费总是与普遍的消费不足紧密相连的，有一部分人过度消费，那么，另一部分人就必然存在消费不足或短缺消费的问题。短缺消费或消费不足是指消费不能满足人的基本生存需要的状况。这种消费无法满足人们正常的生活需要，不利于生产的发展和社会的进步。

消费短缺或消费不足首先会造成个人身心伤害。众所周知，衣、食、住方面的基本需要是人生存于世的底线需要，然而，短缺消费却无法满足人的这种底线要求。其次，消费短缺或消费不足还会造成社会的混乱。消费短缺

---

① 埃利希·弗洛姆. 健全的社会 [M]. 欧阳谦，译. 北京：中国文联出版公司，1988：330.

或消费不足，势必会导致人的发展不足。而发展权作为人权的拓展和延伸，首先要为人类社会提供维持生存和发展所需的生活资料，它是不可为其他人权所取代的基本人权。发展权的削弱或丧失，必然会引发人们对社会的不满、愤恨。最后，消费短缺或消费不足还会影响生态环境。贫困是导致消费短缺或消费不足的主要原因。1972 年，在斯德哥尔摩举行的第一次世界环境大会上，时任印度总理英迪拉·甘地就提出了"贫穷的污染"的概念，并写进会议文件——《人类环境宣言》。不管是发展中国家还是发达国家，环境问题大半原因是发展不足。贫困会使公众缺乏环境保护的动力与热情。公众的环境保护意识不是头脑中先天固有的，而是在后天实践中形成的。人们的生活水平可划分为脱贫、温饱、小康和富裕四个阶段。从温饱阶段开始，人们会追求更多的、全面的服务。公众对环境的质量要求也取决于公众的生活水平。当生态环境被看作消费品时，环境消费也有高低之分。公众实现温饱之后，就要求改变空气混浊、臭水横流、拥挤不堪的生活环境；而对清新空气、洁净河流和湖泊泊、城市绿地的企盼则是到了小康社会的生活状况。例如，对贫困社会来说，环境污染的危害，与饥饿与疾病相比，永远都退居其次。

3. 合度消费及其依据

不管是过度消费还是短缺消费或消费不足，都是消费的极端形式，那么，到底消费多少才是"合度"的呢？

一般来讲，合度消费就是适量消费，是指人们的消费数量与消费质量都符合客观的规定：一是不超越经济条件所允许的水平；二是不滞后于生产力的发展水平。[①] 合度消费主张表达一种合理的欲望，既反对"纵欲"，也反对"禁欲"，而是主张"节欲"。合度消费不仅抑制了人类不断膨胀的物质需求和消费欲望，克服了过量消费的不正当性，而且还满足了人类的基本生存和发展需求，消解了短缺消费的不人道性。合度消费是一种介于过度消费与短缺消费之间的合理性选择。中国古代有"过犹不及、执两用中"的观点，古希腊有亚里士多德的中道思想，说到底，符合中道而适度的行为是道德的行为，消费行为也是涉及伦理道德的问题。

合度消费的依据来源于三个层面：第一，来源于经济层面。合度消费是与社会生产力发展水平和经济社会发展水平相适应的消费，有利于推动社会

① 曲格平. 我们需要一场变革 [M]. 长春：吉林人民出版社，1997: 21.

经济的发展。第二，来源于环境层面。因为合度消费坚持人与自然和谐共生的理念，严格按照环境的承载能力和容量来进行消费，有利于生态环境可持续发展，保护了自然生态系统。第三，来源于道德层面。合度消费既充分吸收了中国传统文化的伦理智慧，又为保护生态环境提供了理论支持。

合度消费是伦理道德应对环境问题并在实践中得到证实的一种积极表现。其主要有三种类型：其一，健康型的合度消费。消费什么，如何消费，消费多少应以促进消费者的身心健康为目标。一个人终身为生计疲于奔命，且还不能养家糊口，即使达到了温饱水平，其身心也不可能健康。同样，一个人终身为追名逐利，一心只想着金山银山，尽管锦衣美食，其身心也是不健康的。其实，生活得简单点、朴实点、轻松点，或许会更加健康。其二，深度型的合度消费。消费对象具有特定功能和属性，具有能满足消费者需要的使用价值。这种消费还原了消费对象被人使用的实际价值和功能，最大限度地提高了产品（资源）的利用率，深度地实现了产品的使用价值。其三，均衡型的合度消费。从纵向看，合度消费是一个动态的相对的概念，因为在不同的生产力水平、自然资源状态下，这个度在量上是不等同的。这种不等同体现为既要根据消费者自身的物质需求，也要根据社会的供应状况。从横向看，合度消费是一个均衡的概念，既不是吝惜财富，却能较好地满足生活需要，也不是毫无节制地消耗财富，不至于奢侈浪费。为此，我们需要考虑六个方面的均衡：一是实物消费与服务消费的均衡；二是物质消费与精神文化消费的均衡；三是近期消费与长远消费的均衡；四是一次性消费与循环消费的均衡；五是事务性消费与闲暇消费的均衡；六是发达地区与落后地区的人群消费的均衡。总之，适度消费要求既持续改善人们的生活水平，又把消费水平控制在资源、人口、环境技术等客观条件所允许的范围之内。

（二）以合理的绿色消费为核心

工业文明时代，不合理消费随着消费数量的不断增长，其负面效应日益显现，不仅造成了地球资源的枯竭，还破坏了自然生态系统的平衡，人类自身的生存和发展受到了严重威胁。

20世纪70年代，随着西方国家环境保护运动的发展，一场新的消费方式——"绿色消费"应运而生。1987年，英国学者约翰·埃尔金顿和茱莉亚·海勒斯合著出版的《绿色消费者指南》一书中，第一次提出了绿色消费的观点。该书把绿色消费定义为避免使用商品某些的消费。例如，生产、使用或废弃期间消耗大量资源的产品；危及消费者健康的产品；使用濒临灭绝的物种或者环境资源制成的产品……绿色消费有广义与狭义之分，广义的绿色消费泛指一切有利于资源节约、环境友好的消费，即等同于生态消费方式。狭义的绿色消费则是生态消费方式的一种基本要求。

提倡绿色消费，就不能不谈绿色产品。绿色产品是从 20 世纪 70 年代开始出现，联邦德国是世界上最先推出绿色产品标志（亦称为环境标志产品）的国家。1977 年，联邦德国政府制定了环境标志计划；1978 年，率先实行环境标志制度，推出"蓝色天使"；1979 年，市场上开始出现带有环境标志的产品。随后，1989 年，北欧四国推出了环境标志计划"北欧天鹅"，1990 年，欧洲共同体推出了"欧洲之花"，等等。20 世纪 90 年代，我国也开始开发绿色产品，1992 年 7 月，成立了中国绿色食品发展中心。1993 年，中国绿色食品发展中心加入世界有机农业运动联盟。同年，国家环保局颁布了绿色产品标志图案，开始实施绿色产品标志制度。

根据环境标准的指标，我们可以把产品划分为三大类型：第一，对环境有害且无法减轻其害的产品；第二，对环境有害但能在一定程度上减轻其害的产品；第三，对环境无害的产品。"绿色产品"是指对环境无害或较少破坏的产品的统称。这些产品在生产工艺、生产过程以及使用中、使用后都不会破坏和污染环境或者说对环境的破坏、污染较轻。绿色产品标志至少有两种：一是商品包装物，凡有绿色产品标志的产品包装，表明均可回收利用，或易被自然分解，不会成为损害环境的废物。二是食品，凡有绿色产品标志的食品都被称之为绿色食品，绿色食品是指安全、营养、无公害的食品。

中国绿色食品发展中心对绿色食品的定义如下：绿色食品是指按照特定生产方式生产，遵循可持续发展原则，经专门结构认定，允许使用绿色食品标志、商标的无污染的安全、优质、营养类食品。时任中国环境标志产品认证委员会秘书长、中国环境科学研究院副院长夏青认为，"绿色"能给人们的健康提供更多更好的保护，对自然环境影响有更多的改善，但绝不是"天然"的代名词。"绿色"还指在产品的设计、生产、使用、废弃四个阶段的环境行为都符合友好的要求。总之，绿色食品是一个新的食品质量概念，它要求原材料产地必须具有良好的生态环境，要求加工和原材料生产过程必须遵守无公害的操作规程。在包装物和食品范围内实行绿色产品标志后，许多国家又开始在工业产品上实行绿色产品标志。它的问世标志着人类生态意识的觉醒和生态良知的形成，表明环境保护已经成为人们生活化的实践运动。

对绿色产品的消费是绿色消费至关重要的方面，但绝不是唯一方面。国际公认的绿色消费包含三层内容：一是倡导消费绿色产品；二是在消费过程中注重垃圾处理，对环境不造成污染；三是引导消费者转变消费观念，要求在追求健康、舒适生活的同时，注重环保、节约资源，实现可持续消费。北京地球村环境文化中心主任、世界环保苏菲奖获得者廖晓义认为，"绿色消费"绝不是"消费绿色"，而是保护绿色，也就是说，要考虑到人类的生产行为和消费行为对环境的负面影响并且尽量减少这种负面影响。如果绿色消费就等于消费绿色，这种行为的后果是非常可怕的，绿色消费必须是以保护绿色为出发点。

低碳消费是绿色消费的重要表现。在低碳消费中，消费者需要关注"5A"：一是认知性（awareness），即对低碳消费的了解和认知；二是可行性（availability），即低碳消费的实用性和对减少温室气体排放的有效性；三是可操作性（accessiliity），即低碳消费的可操作性；四是可承受性（affordability），即人们实际低碳消费的经济成本可以承受；五是可接受性（acceptance），即在道德价值和安全可靠等方面的社会接受程度。中国环境科学学会秘书长任官平认为，人们在衣食住行等方面可以做到低碳消费。低碳饮食：多吃素，生产1千克的牛肉与果蔬排放的二氧化碳分别为36.5千克和4.5千克。低碳居住：选择小户型，不过度装修。减少1千克装修钢材，可减排二氧化碳1.9千克；减少用0.1立方米的装修用木材，可减排二氧化碳64.3千克。低碳消耗：节电、节水。以11瓦节能灯代替60瓦白炽灯，以每天照明4小时计算，1只节能灯1年可减排二氧化碳68.6千克；随手关灯可减排二氧化碳4.7千克；少用一个塑料袋可以减少二氧化碳排放0.1克。低碳出行：少开车，选小排量车。每月少开一天车，每车每年可减排二氧化碳98千克。由此可见，低碳生活是简单易行的，只有绿色消费才是合宜的，因为它合乎自然的生态维度和人的目的性维度，有利于人的健康，有利于环境保护，有利于经济社会的可持续发展。

第三节　我国农村生态消费问题

我国是地域广阔、资源丰富的发展中国家，拥有世界上几乎所有种类的资源，为实现生态消费提供了丰富的物质保障。我国是世界上最大的社会主义国家，因制度的优越性，我们能够充分运用政府和市场的作用，集合有效力量及时解决国内的各种矛盾以及摆在人类命运面前的共同问题，为实现生态消费建立了科学的体制机制体系。然而，我国是世界上人口最多的国家，生产者、消费者、管理者等主体充满着生态消费发展的不确定性和不平衡性，因而导致我国生态消费的实践出现了各种各样的问题和矛盾。

一、我国政府在推动生态消费发展中所做的努力

面对日益严峻的生态环境问题，我国政府高度重视，出台并实施了一系列相关政策，积极实施绿色发展战略，培育了大批绿色战略性新兴产业。

（一）出台了一系列相关法律法规政策

1. 法律层面

2002 年 6 月 29 日通过的《中华人民共和国政府采购法》提出，政府采购应当优先采购高科技和环境保护产品。该法促进了环保企业的发展，是对绿色采购制度的原则性规定。2002 年 8 月 29 日修订通过了《中华人民共和国水法》，该法体现了我国政府提倡水资源适度消费。2002 年 10 月 28 日通过了《中华人民共和国环境影响评价法》，该法体现了国家重视生产环节的生态方式。2005 年 2 月 28 日通过了《中华人民共和国可再生能源法》，该法可促进可再生能源的开发利用，增加能源供应，改善能源结构，保障能源安全，保护环境，实现经济社会的可持续发展。2007 年 10 月 28 日修订通过了《中华人民共和国节约能源法》，该法鼓励、支持节能科学技术的研究、开发、示范和推广，促进了节能技术创新与进步，增强了全民的节能意识，提倡节约型的消费方式。2008 年 8 月通过了《中华人民共和国循环经济促进法》，该法增强了公民节约资源和保护环境的意识，强调公民应当合理消

费，节约资源。2012 年 2 月 29 日修订通过了《中华人民共和国清洁生产促进法》，该法体现了国家从生产模式上对生态消费进行了规范。历经 1988 年、1993 年、1999 年、2004 年、2018 年五次修订的现行《中华人民共和国宪法》第十四条规定："国家厉行节约，反对浪费。国家合理安排积累和消费，兼顾国家、集体和个人的利益，在发展生产的基础上，逐步改善人民的物质生活和文化生活。"该法提出了适度消费的消费理念，体现了对生态消费的调整和保障。2020 年 4 月 29 日修订通过了《中华人民共和国固体废物污染环境防治法》，该法对保护和改善生态环境、防治固体废物污染环境、保障公众健康、维护生态安全、推进生态文明建设、促进经济社会可持续发展起到了推动作用。

2. 法规层面

2008 年 11 月 5 日修订通过了《中华人民共和国消费税暂行条例》，该法体现了我国制定了新的消费税收法律制度。2008 年，国务院办公厅发布《关于限制生产销售使用塑料购物袋的通知》（被群众称为"限塑令"）并执行"限塑令"，我国政府决定自 2008 年 6 月 1 日起，在所有商品零售场所实行塑料购物袋有偿使用制度。该法取得了明显成效，与实施之前相比全国超市塑料消耗减少了将近 70%。2011 年，实行了《废弃电器电子产品回收处理管理条例》，该条例使废弃电子产品得到妥善回收处理和再生利用。2016 年以来，我国首次增设环境保护税，并完善绿色税制；降低了制造业等行业的增值税税率；截至 2017 年 5 月 10 日，针对创新创业就业主要环节和关键领域陆续推出了 83 项税收优惠措施。

3. 规章层面

目前已经制定出台了十余件规章，包括排污许可管理，农用地污染防治，污染场地、建设用地环境管理等方面的规章，1999 年，由商务部、科技部、卫生部、环保总局等 11 个部门联合实施以"提倡绿色消费、培育绿色市场、开辟绿色通道"为主要内容的"三绿工程"，该政策增强了消费者的环境保护意识。2010 年，我国出台并实施了一系列结构性减税政策。2012 年，国家发改委、中宣部、教育部等 17 个部门联合下发了《"十二五"节能减排全民行动实施方案》，该方案组织开展家庭社区、青少年、企业、学校、军营、农村、政府机构、科技、科普和媒体 10 个节能减排专项行动。另外，倡导"低碳生活，绿色出行"计划、实施节能家电国家补贴政策以及各地方政府关于春节限制燃放烟花爆竹的规定等。这些政策对于引导人们转变消费观念，推进社会消费方式生态化发挥了重要作用，也取得了明显成效。2017年11月2日，国家邮政局、科技部、环境保护部、商务部等10部门联合发文协同推进快递业绿色包装工作，推进源头治理，增加绿色快递服务产品供给，提高快递业包装领域资源利用效率，降低包装耗用量，减少环境污染。2018年，我国组建生态环境部，统一行使生态和城乡各类污染排放监管与行政执法职责；组建自然资源部，统一履行所有国土空间用途管制和生态保护修复职责。省以下环保机构监测监察执法垂直管理制度、自然资源资产产权制度、生态环境损害赔偿制度等改革文件或方案出台实施，排污许可、河（湖）长制等改革举措加快推进。截至2019年年底，单位GDP二氧化碳排放较2005年降低48.1%，提前完成到2020年下降40%～45%的目标。污染防治力度加大，生态保护稳步推进，生态环境明显改善。①

（二）积极实施了绿色发展战略

生态消费方式是生态文明建设的重要环节，是我国治国理政的重要方面。绿色消费是我国经济发展转型的必然选择。我国政府长期以来都非常重视资源环境问题，从战略上推动绿色消费、推动绿色发展。早在1994年，我国政府就已经颁布了《中国21世纪议程——中国21世纪人口、环境与发展》白皮书，积极探寻经济社会、资源环境的协调发展模式，为推动绿色发展奠定了坚实基础。近些年来，党中央做出了一些重大发展战略部署，持续推进绿色发展。一方面，提出了建设"两型社会"的战略。2005年，胡锦涛在全国人口资源环境工作座谈会上提出，要建设"资源节约型、环境友好型"两型社会。为了加快其建设发展，党中央要求我国生产领域、消费领域各个环节必须努力提高资源的利用效率，避免破坏环境的行为发生。另一方面，提出了转变经济发展方式的战略。党的十七大就明确提出要加快经济发展方式的转变，积极推动产业结构的优化升级。党的十八大更是提出要按照科学发展的要求，加快经济发展方式转变，并大力建设生态文明。党的十九大修改通过的党章增加了"增强绿水青山就是金山银山的意识"等内容，2018年3月通过的宪法修正案将生态文明写入宪法，实现了党的主张、国

---

① 中华人民共和国生态环境部. 2020年第二季度生活垃圾焚烧发电厂环境违法行为处理处罚情况表[EB/OL]. (2020-09-08) http://www.mee.gov.cn/ywgz/sthjzf/zfzdyxzcf/202009/t20200908_797306.shtml.

家意志、人民意愿的高度统一。习近平总书记把"必须坚持生态保护第一"作为新时代党的治藏方略"十个必须"之一，把"必须践行绿水青山就是金山银山的理念，实现经济社会和生态环境全面协调可持续发展"作为深圳等经济特区40年改革开放、创新发展积累的"十条宝贵经验"中的一条。这些都集中体现了生态文明建设在新时代党和国家事业发展中的重要地位。

（三）持续加大对生态环境污染的治理

一是坚决打赢蓝天保卫战，持续实施重点区域秋冬季大气污染治理攻坚行动。2019年，北方地区清洁取暖试点城市实现京津冀及周边地区和汾渭平原全覆盖，完成散煤治理700余万户。实现超低排放的煤电机组累计约8.9亿千瓦，占总装机容量的86%；5.5亿吨粗钢产能开展超低排放改造。推进工业炉窑、重点行业挥发性有机物治理。加强"散乱污"企业及集群综合整治。强化重污染天气应对，对重点行业按企业环保绩效水平实施差异化管控措施。对11个省（市）开展消耗臭氧层物质专项执法检查。

二是持续打好碧水保卫战，开展水污染防治法执法检查。2019年，持续开展饮用水水源地生态环境问题排查整治，899个县级水源地3626个问题整治完成3624个。全国地级及以上城市2899个黑臭水体消除2513个。启动地下水污染防治试点。组织规范畜禽养殖禁养区划定和管理，1.4万个无法律法规依据划定的禁养区全部取消。完成2.5万个建制村农村环境综合整治。

三是扎实推进净土保卫战，完成农用地土壤污染状况详查。稳步推进重点行业企业用地调查，开展涉镉等重金属重点行业企业排查整治。坚定不移禁止洋垃圾入境，全国固体废物实际进口量1348万吨，比2018年减少40.4%。筛选确定深圳市等"11+5"个城市和地区开展"无废城市"建设试点。聚焦长江经济带开展，"清废行动2019"，发现1254个问题，1163个完成整改。[①]深化垃圾焚烧发电行业专项整治行动，405家企业完成"装、树、联"，从2020年开始公开污染物自动监测数据。

二、我国农村生态消费中存在的问题

我们看到这些努力和成绩时，也应清醒地认识到我国政府在推动生态消

---

① 中华人民共和国生态环境部．2019年生态环境状况公报［EB/OL］．(2020-05-18)．
http://www.mee.gov.cn/hjzl/sthjzk/zghjzkgb/202006/P020200602509464172096.pdf.

费发展中仍存在许多问题。缺乏生态消费意识的人类活动对生态环境的破坏是不可想象的。

（一）农民生态消费意识仍很薄弱

党的十八大以来，政府通过各种方式进行绿色消费宣传，民众的绿色消费意识正在逐步增强。但是，全国范围内的国民尤其是农村人口的生态消费意识仍很薄弱。目前，我国的生态消费模式尚未形成，主要体现为：对农民的宣传引导不够。对生态知识的认知需要不断进行文化影响力的研究与宣传。目前，我国大多数人尤其是农村人对生态消费的理解仍较为模糊。中华环保联合会的一项调查显示，比较了解生态消费概念的农民只占被调查人数的 13.9%。目前，我国政府对于生态消费的宣传主要在大城市，宣传内容大都局限在宏观层面，还没有完全走进社区、学校、家庭。此外，当下网络、电视、报刊等大众媒体日益加剧传播奢侈浪费的错误观念，政府对此还缺乏正确的引导和切实有效的监管，大大削弱了生态消费的教育宣传效果。

（二）生态消费法律政策不健全

前面已讲过，我国已出台了一系列关于生态消费的法律法规政策，并取得了一定成效，但是，尚未形成对人的消费行为进行约束的一套完整的符合生态规律的消费法。

生态消费法是在以宪法为前提的法律框架体系下的有益补充，它的完善有助于有关政策法规的同步完善，明确相关法律职责。目前，法律条文对破坏性生产及消费行为缺乏监督，没有形成对应的制裁措施。第一，法律对破坏性消费制裁力度不大。现今法律虽然在谋求社会稳定、规范社会秩序方面起到了应有作用，但却没有限制对个体、组织和集团涉及的生态利益，缺乏对社会与个人之间的利益权衡，导致法律难以触及根源性问题。

第二，生态法规不健全，奖惩制度缺失。一方面，目前我国还没有对消费者生态环保责任的立法，缺乏相应的法律条款约束和惩罚人们在生产、生活消费中的破坏生态的行为。仅靠一些没有法律约束力的警示、禁止、罚款等公告牌，无法有效遏制这种行为。另一方面，缺乏相关的奖励扶持政策，公众参与生态消费的积极性和主动性就无法有效调动。

第三，推动生态消费的配套政策有待调整。目前，我国居民低收入者在收入分配结构中还占绝大多数，当前生态产品的市场目标定位却脱离了大多数消费者的实际收入水平，进而难以推动普及。另外，我国传统的国民经济核算体系只核算 GDP 的增长，很少把生态环境成本计入其中，很多企业缺乏对环境指标的有效考核，经济增长的同时却破坏了生态环境，难以实现企业的生态生产、生态消费。

第四，政府层级之间生态消费政策导向紊乱。一方面，政府有中央政府和地方政府、上级政府和下级政府之区分，每个政府层级都面临着不同的行政任务和消费形式，因而出台的相关政策也存在差异。因此，千差万别的生态消费政策实施起来的执行力普遍下降。另一方面，各级政府还存在着对生态消费理念研究和掌握不透彻的现象。政府的方针政策代表着最广大人民的根本利益，肩负着保护环境、倡导生态消费的根本性职能。然而，在现实社会中，个别贪污腐败的不法分子浪费公共资源，破坏人们生存的共同家园，玷污了政府在人民心目中的"人民公仆"形象。

（三）农民的生态消费主体性渐失

当前，我国仍然存在着较为严重的城乡经济发展二元结构，其主要表现为：城市科技化程度加深，农村污染程度加剧，农民的主体性消费渐失。第一，城乡的差别化存在导致农民消费意识薄弱。三大产业给地区经济发展带来的影响各不相同，形成地区消费层级化，逐渐造成农民消费心理的无主体性。第二，随着经济的全球化，各类产品如潮水般涌进人们的消费视野，居民容易受到商家广告的影响，在心理上对产品消费产生不确定性。一方面，现代科技普及到农村地区后，大部分农民的思想集中到网络消费领域，加剧了年轻一代对电子产品、游戏的热衷，他们消费时不再考虑产品的质量、实用以及自身的收入情况，只盲目追求新颖、时尚。另一方面，城市集聚着各种社会资源，居民消费围绕着交往展开。然而，因地域、经济条件和教育程度的不同，生活方式的智能化弱化了人自身的真实需要，人越陷入消费就越容易被物所控制，被社会关系所牵绊，逐渐失去主体性消费的可能性。这种状况导致了紧张和虚假的市民关系，逐步演变成产品的恶性生产和掠夺性生产，进而破坏生态环境资源。第三，居民容易受到西方消费自由主义的侵蚀，主张超前消费和奢侈性消费。超前消费对经济发展具有促进作用，但是这种消费模式会快速消耗自然资源，极大地破坏与浪费自然资源，阻断生态自然系统的自然修复和降低生态系统的净化能力。奢侈性消费是通过各种手段和途径，扩张人的消费欲望，只要时髦的不要必需的，只要好的不要次的，一些人盲目地跟随广告词、媒介进行消费。这种消费模式是对人的精神领域的占领，是对人的主体性消费的毁灭。

第四节　生态消费方式的路径选择

农村生态文明建设对消费方式提出了新的要求，我们必须坚持和弘扬马克思主义生态消费观，建立以自然生态环境为核心的国民消费教育体系，树立公民的生态消费意识；健全生态消费法律政策体制机制，加大对破坏性生产消费惩罚的力度；加快促进区域间的消费融合发展，实现人的主体性消费。

一、开展生态消费教育，形成生态消费的全民意识

政府是生态消费理念的引导者。从深层次上讲，"消费方式的变革涉及的是价值观的变革问题，没有价值观的变革也难有消费方式的变革"①。因此，变革消费模式首先应从消费理念、消费意识开始。

生态消费意识是指把个体对自然环境的认知转变成生态消费意向和生态消费行为，是实现生态消费方式必不可少的先决因素。衡量一个国家和民族文明程度的重要标志关键要看其是否把生态环境意识和环保质量纳入生态消费教育体系，能否培养公民的生态消费意识，公民能否践行生态消费行为。人民群众是社会主义生态文明建设的基础力量，是社会生产和消费的直接参与者，因此，要充分发挥人民群众的变革力量，灌输和强化他们的生态环保责任意识和生态消费理念，培养他们良好的生态消费习惯。② 目前，我国公民在日常消费中关注环保的意识还不强，其原因有两方面：一是我国教育教学体系长期缺乏系统性和连续性的生态与消费、人与自然的生态教育。二是我国生态教育主体比较单一，没有明确的教育目标。因此，在当代社会中，人类意识应当包含人类大家庭意识、共同美好家园意识、环保意识等整体意识，其中，生态消费意识是人类环境意识中非常重要的内容。

构建以自然环境为核心的生态型教育体系，是我国全社会公民的使命

---

① 徐长山．论消费方式的转变 [J]．宁夏大学学报（人文社会科学版），2001(5): 90-95, 128.

② 李艳芳．公众参与环境影响评价制度研究 [M]．北京：中国人民大学出版社，2004: 173.

和责任。这种教育体系需要我们每一个社会成员都积极参与，贡献力量。第一，把生态教育知识纳入国民教育体系。政府应当把生态消费教育的内容，根据不同地区、不同层次的学生接受的程度和能力，设计并编写出符合规范的统编教材，在幼儿园、中小学和高校实施正规的生态教育，对他们进行系统化的理论灌输，使生态消费理念在最有活力和创造力的学生群体中内化成自身的一种价值取向，以此来推动整个社会生态意识的普及。第二，建立公民生态消费教育中心，持续开展生态消费教育论坛活动。在社区、公共场所设立专门机构，邀请相关专家、学者和社会各界人士，采取现场讲座、电视访谈、公益活动等多种形式，围绕社会普遍关注的消费热点，开展有效的环保知识讲座和生态消费论坛活动，深化消费者树立生态消费的生活理念，从而实现学校、家庭和社会三方教育的融合，实现各层次、各领域教育的无缝对接，进而强化人们的生态消费意识。例如，对国家明令保护的珍禽益鸟应设法制止捕杀，对有害于生态环境的产品不生产，对有害于身体健康的食品不购买、不食用，等等。第三，通过运用互联网媒体、微信公众号、抖音、微博等工具，多途径宣传环境保护和生态消费的知识，引导乡村社会乃至整个社会形成学习和践行生态消费理念的风气，树立人和自然和谐共生的生态消费意识，从而在道德伦理层面形成具有自我约束力的生态消费认知，并将生态道德伦理标准通过持续的实践生活进行广泛传播，从而使人们坚决支持，最后将其生态原则转化为生态行动。第四，树立全员消费者的生态消费责任意识。消费者是实现全民生态消费的动力源泉，消费者的需求取向决定着企业、工厂的生产取向，因此，消费者是促进生态消费的关键。消费意识包括消费价值取向、消费的评价标准、消费的维权意识等多项内容。培养生态消费意识要求消费者不浪费资源、不破坏环境、不受虚假需求控制进行生态理性消费。消费者在消费前，要选择未被污染的有助于公众健康的绿色产品，不热衷于奢华，不相互攀比，在消费过中要注重对垃圾的处置，不造成环境污染。消费者要积极参与各类生态消费的宣传活动，通过建立各类有利于生态文明建设的生态消费组织，宣传并践行生态消费。

二、建立和完善相关的法律法规，形成生态消费的法治机制

生态消费方式的实现，需要有健全强有力的环境法、消费法等方面的法

律做保障。因此，建立生态消费模式，政府还需加快制定完备的法律、法规，加大对破坏性消费行为的法律惩戒力度，加强生态消费市场法律体系的建设。

（一）制定、完善相应的法律法规

政府不仅是生态消费理念的引导者，更是社会的管理者。仅靠教育、宣传来建立中国特色的生态消费模式是远远不够的，还需要有相关的法律、制度做保障。第一，整合法律条文。整合散见于各个法律规章中的法律条文，使环境法中相关法律法规更加系统化、详尽化。第二，设置资源税，对有害于生态环境的生产和消费，以重税限制非生态消费品的生产及消费行为。例如，在公司注册的时候协议污染物排放与垃圾回收等问题，政府可以采取强制义务劳动、收费和罚款等强制性措施，有力地推动生态消费的普及。第三，政府应充分运用法律手段和经济手段，制定与我国国情相符的产品生态生产标准，提高排污收费标准，规范生产者的生产行为。第四，以法律手段规范市场秩序，规范企业的生产行为，清理各种不合理消费和法律评定不允许的非法产品，要以法律条文的形式规定非生态消费需要承担的生态责任和法律责任，严格监管企业回收和处理破坏环境的产品，不能因在政策执行中的漏洞而导致二次污染。谁污染，谁治理；谁破坏，谁恢复。生态消费应做到有法可依，有法必依。

（二）制定生态消费的激励政策

制度建设需要具备强制与激励两种手段，建立生态消费模式，不仅需要法律保障，还需要扶持和激励政策。第一，建立价格补贴制度，政府对消费者的生态行为进行价格补贴。目前，我国政府出台了新能源汽车补贴政策，节能家电价格补贴政策等。第二，制定税收优惠政策，对生态企业适当减免相关税收，降低生态产品的成本，既保障了生态企业的效益，又以较低的价格优势激发了消费者生态消费的热情。第三，设立政府专项基金，扶持生态产业的发展，同时，表彰和奖励在推动生态消费发展过程中行动卓越的个人或组织。第四，鼓励、支持破坏环境的生产企业进行产业转型升级。政府要出台鼓励绿色企业发展的具体政策，如加大资金政策支持，提供法律支援力度，支持、鼓励研发、生产新型的生态产品，并明确告知企业自主研发应遵循的流程、监管、责任，使用生态环保的产品包装材料，减少生态产品的流通环节，促使生态产品真正进入消费者市场。第五，发挥群众监督作用。消费者可以通过向政府进行生态消费建言献策，购买有环保标志和安全质量认证的产品，支持并监督企业、工厂发展生态消费，对那些不利于发展生态消费的制度、法规、政策，消费者有权提出自己的意见，监督其修改，对那些已对生态造成危害的生产，以及有害产品，消费者有义务、有责任揭发、证明，进而维护自己的合法利益。总之，消费者是推动全社会成员实行生态消费的基础力量。

（三）建立健全生态消费政策体制机制

各级政府应综合考量各方面的因素，建立健全生态消费政策体制机制。第一，宏观调控社会分工，严格限制劳动时间和劳动强度，利用市场的决定性作用进行供给侧结构性改革，调整劳动分工所产生的收入、税收、金融等内容，优化人力资源和技术资源。第二，政府应当加强管制市场的生产主体和消费主体的行为，通过制定生态消费实施细则，赋予行政人员行使生态消费的监管权力，保证生态消费的策略实施与惩罚措施的有效性和精准性。第三，中央政府专门成立的生态环境部、自然资源部等中央一级行政执法部门应统一调配政策的执行人员，贯彻执行生态消费政策常态化、标准化。第四，基层政府应展开实地调研，上级政府应多方面听取生态消费政策内容的意见和建议，核实调研内容的真实性，并参与到经济运行的生态消费当中，各级政府应统一出台相关的生态消费政策。政府要根据稳定统一的生态消费政策，引导企业合理开发和利用资源，打造节能环保型产品，倡导生态的生产方式与消费方式。第五，实行绿色采购制度，采购类型、产品、数量公开透明，充分使用已采购产品，能够以保护生态和修复生态为目的，形成生态生产和生态消费一体化、系统化的发展模式。

（四）培养和发挥生态消费的理性思维

经济的均衡发展有助于消费合理化、生态化，协调区域消费发展需要国家、市场和个人从客观实际出发统筹各领域的经济发展因素。

首先，国家要优化顶层设计，为地域经济发展提供有力的政策支持，为欠发达地区提供财政支持。政府要利用行政手段优化配置社会资源，继续深化改革，彻底解决经济发展需求的短板问题。政府要将生态消费相关法律政策融入生产的各环节，为企业发展提供法律援助，帮助企业提高生产技术，使企业使用无污染的环保材料，走绿色发展道路。国家要出台政策协调各级地方政府的对口支援，充分调动资源与技术的市场活力；减轻环保型企业的财政税收，协助企业宣传，指导企业实施绿色环保产品发展战略。

其次，企业需谨守生态消费的责任。目前，我国企业由于技术与财力的限制，从粗放经营向集约经营转型困难重重。我国政府要求企业以低碳经济理念、绿色经济理念为前提，以提升环境和健康效益为目标，积极运用科学技术的最新成果，通过产品设计、产品生产、产品消费、管理优先等手段开发生态产品。① 其一，作为社会经济发展的生产主体的企业，是整个人类社会消费产生的基础，因此，企业要责无旁贷地承担社会生态责任，必须使用清洁能源，研发生态产品，更新生态生产技艺，改进生态废弃处理方式，优化资源的有效配置。其二，企业要增强生态产品的创新责任，加大对生态科技创新的投入，积极推进生态消费产品的研发，深化生态化企业制度的改革，把环保要求和标准贯彻到生产和研发过程中，实现企业的生态效益和经济效益的有机统一。其三，企业要学习科学化、精细化的管理和经营经验，将生态消费理念注入企业文化中，培养企业全体职工的生态意识和责任意识，多渠道推广生态产品，加强与消费者的联系，做好产品的售后咨询和服务工作，由此，建立人与自然、人与社会和谐共生的发展机制。其四发展低碳经济、循环经济、绿色经济。企业要以最少的资源消耗取得最大的经济效益：在资源开采环节，要统筹规划，推广先进的开采技术，提高资源开采利用率；在资源消耗环节，要加强资源消耗管理，提高资源利用率；在废物产生和再生资源产生环节，要强化污染预防和过程控制，合理延长产业链，大力回收和循环利用各类废物和各种废旧资源，不断完善再生资源回收利用体系。

最后，协调区域消费发展，科学引导理性消费。一是国家、社会和学校通过借助关于生态危机历史事件的图片、数据、视频等媒介帮助个体认识到非生态消费对自然生态环境、个人身心健康甚至社会稳定发展造成的严重危害，同时，积极宣传个别地区树立和推广生态消费的典型案例，用事实证明生态消费的先进性、可取性。二是强化环境道德意识和社会责任感。引导生

① 顾国维，何澄．绿色技术及其应用 [M]．上海：同济大学出版社，1999：53.

产者主动承担社会责任，在产品研发、生产和销售过程中秉持生态原则；引导消费者客观理性地看待奢侈品，克服炫耀性消费和盲目性消费，在购买产品和服务时，尽可能选择可再生资源、生态环保产品，充分考虑产品的实用性。三是树立中国传统节约型消费观念。要注重我国传统节约消费观念的传承和弘扬，深度挖掘中国优秀的传统消费文化，抵制盲目消费、攀比消费，从自身做起，引导社会形成理性消费观念。

第七章　生态环境：农村生态文明建设必卫之栖所

　　优美健康的人居生态环境是农村生态文明建设的首要目标和最直观的表现形式，也是保证人们身心健康和生活质量的基本条件。创造良好的农村生态环境配套设施是推进新农村生态文明建设的重要内容。我们要以创造具有地域特色的良好人居环境为中心，着力解决危害群众健康的突出问题，大力开展乡村环境综合治理，不断提升个人的健康福祉和生态文明建设的惠民度。

第一节　农村的演进

"美丽乡村"是"美丽中国"的重要基础和坚实载体，也是"美丽中国"在农村的具体表现。我国是农业大国，农村生态文明建设状况直接影响并决定着我国整个生态文明建设的成效。因此，改善农民的人居环境是农村生态文明建设的重要内容之一，是事关农民安居乐业，事关农业可持续发展，事关农村社会和谐稳定的重要因素。

一、农村的定义与特征分析

在《现代汉语字典》中，农村被解释为以主要从事农业生产为主的人聚居的地方。《现代汉语词典》中，对乡村的解释为："主要从事农业劳动生产为主的人口聚居的地方。"由此可见，乡村和农村在本质上并没有较大区别。一般来说，人们都把"镇"划在农村范围内，将"城市"作为与乡村相对应的概念，"城镇"是属于农村的。由于我国国情特殊，我国的"乡村"并不包括镇。1983 年 10 月，中共中央、国务院发出《关于实行政社分开建立乡政府的通知》(以下简称《通知》)，规定建立乡镇政府作为基层政权组织，突出了镇的城市特质。

农村可称为乡村。乡村形成时间比城市的形成早得多，"乡村"一词最早可追溯到两千多年前的《诗经》，在历代文人墨客的诗词中也曾大量出现"乡"或"村"的字眼。《辞源》中把"乡村"一词概括为以从事农业经济活动为主的一类聚落的总称。乡村不单单表示地理层面的概念，也兼具其他特点：一是在地理环境特征方面，乡村具有显著的地域性。乡村聚居点受到土地、地形等因素限定在一定的规模或空间范围内，居民的生活、生产对自然生态环境的依赖性较强。在不同的地域环境中，农作物的种植和建筑聚落风格也千差万别。二是在人口分布特征方面，乡村具有明显的封闭性。居住在乡村的人一般都是零散分布在较为广袤的地域且以小型聚落分布为主，人口密集度、人口流动性都小于城市，这就造成了一定程度上乡村的封闭性。三是在经济活动特征方面，乡村具有明显的单调性。乡村的经济活动主要与农业有关，以土地为基本生产资料，生产工具较为简单落后，以经营种植业为主，以饲养家禽、水产养殖等为辅，经济活动比较定型。四是在文化观念特征方面，乡村具有较强的守旧性。正因乡村较为封闭，经济条件不好，教育资源远远落后于城市，其社会成员思想比较保守，地方观念和乡土观念浓厚，甚至在言行中还带有明显的封建迷信色彩。

随着社会的进步与发展，城市从乡村中分化出来，而后，城市与乡村逐渐分离。城乡分离后，城乡关系就随之产生了。马克思主义认为，城市和乡村分离是人类社会的自然历史过程。城乡关系是指城市和乡村在经济、政治、文化等诸多因素之间相互影响、相互制约的互动关系，其中，经济关系是最根本的。[①] 在经济层面，城乡关系主要体现为资金、土地、人才、资源等在城乡之间的配置情况，体现为工业和农业之间的商品、劳务交换情况，体现为城市居民和乡村居民在收入、分配、消费方面的差别等。在政治层面，城乡关系主要体现为城市居民和乡村居民享有政治权利与资源的差别。在文化层面，城乡关系主要指城市文明与乡村文明的关系。城市和乡村是人类聚居的两大区域，在相当长一段时间内，二者相互封闭、彼此独立，人们有着不同的相对独立的生产、生活环境。[②] 近些年，在城镇化进程中，我国乡村面貌也发生了较大的变化，教育、医疗、卫生等服务水平不断提高，乡村的基础设施逐渐完善，农民的幸福指数大大提升。但整体上看，乡村仍处于落后、弱势状态，需要坚持走城乡融合发展之路，实现乡村和城市的共同发展、共同富裕。

二、农村的演进及农村演进中的城乡关系

城乡关系大概经历了前工业化、工业化与后工业化三个主要时期。

1. 前工业化时期的城乡关系

前工业化时期包括原始社会和农业社会两个阶段。

（1）原始社会时期的城乡关系。在漫长的原始社会，社会生产力十分低下，人类只能依赖石器、木棍等简陋工具，从事狩猎、捕鱼等生产活动，采集野果为食，住宿条件也简单，因此，通常是一个部落人口多了，就必然分裂出新部落到新地方另谋生存。到了原始社会晚期，"用石墙、城楼、雉堞

---

① 马军显. 城乡关系：从二元分割到一体化发展 [D]. 北京：中共中央党校，2008.
② 同上。

围绕着石造或砖造房屋的城市，已经成为部落或部落联盟的中心"①。进入农业社会后，劳动生产力显著提高，人们固定在一定区域里生产生活，在气候适宜、灌溉耕作种植业比较发达地区，人口迅速集聚：先是村落，再是大村庄，然后是小城市，最后发展为大城市。

（2）农业社会时期的城乡关系。这个时期的城乡关系主要体现为三个特征：在经济上，城市依赖于乡村。乡村是整个社会财富创造的源泉，为整个社会提供了最基本的生活需求，这里不仅有农业活动，还有相当大部分的手工业和商业的物质生产活动，而城市则很少有物质生产的活动。在政治上，城市统治着乡村，城乡之间在政治上存在隶属关系。城市是朝廷、各级官吏、贵族的聚居地，乡村则是广大农民的聚居地，城市和乡村是统治与被统治的关系。但这种关系不是城乡居民之间的对立，而是统治阶级和被统治阶级之间的对立。"城乡分离的实质是统治阶级和被统治阶级之间的对立，国家组织与领土内居民的对立，一切都渲染着浓厚的政治色彩。村社向城堡、都城的统治者纳贡，以及城堡、都城的统治者组织村社兴修水利等经济活动，也与政治统治者有着不可分割的联系。"② 在空间上，城乡之间的分化尚处于萌芽状态。城市在经济上是乡村的附庸，只是作为政治、军事的据点而存在。城乡间除了统治阶级和被统治阶级的对立之外，城乡居民的生活方式和社会地位还没有出现重大分化，城乡关系整体上表现为混沌的统一。③

2.工业化进程中的城乡关系

1735 年，纺纱机作为工具机在英国首创，宣告了工业革命的开始。工业革命开起了人类历史的新纪元，引起了整个生产方式的变革，资本主义生产关系取代封建社会的生产关系，工业社会取代农业社会，这是现代城市高速发展的根本动力。从工场手工业到机器大工业，工业生产在西方资本主义国家逐渐发展起来。工业的发展进一步推动了工业的聚焦效应，城市和城镇在这种聚焦的利益驱动下迅速发展起来。恩格斯在《英国工人阶级状况》一书中十分形象地描述："城市愈大，搬到里面就愈有利，因为这里有铁路、有运河、有公路；可以挑选的熟练工人就愈多……这里有顾客云集的市场和交易所，这里跟原料市场和产品销售市场有直接的关系，这就决定了大工厂

---

① 马克思恩格斯选集：第 4 卷 [M]. 北京：人民出版社，1995：163.
② 同上。
③ 马军显. 城乡关系：从二元分割到一体化发展 [D]. 北京：中共中央党校，2008.

城市惊人迅速地成长。"① 在工业化前期，城乡关系主要表现为农业部门对工业部门的贡献，乡村为城市的发展提供了最初的资本原始积累。农业除了为整个社会提供生活必需的粮食之外，还为城市工业的发展提供了原材料、廉价劳动力和资金支持。在工业化中后期，城乡关系开始发生重大变化。首先，城市工业的迅速发展为农业部门提供了先进的技术和新的观念，从而促进了传统农业的改造，推动了农业现代化；其次，城市工业经过长期高速发展和积累，逐渐成熟并成为国民经济的绝对主体，可以通过资金、技术的支持，通过政策、体制的倾斜反哺乡村的建设与发展。这在各国工业化过程中是一个共同的趋势。②

3.后工业化时期的城乡关系

第二次世界大战后，英、美、日等发达国家率先进入后工业社会，城市的发展也呈现出与工业时代越来越大的差异。经济的增长推动了人口向城市集中的步伐，城市成为人类主要聚居地。商业、贸易、金融、证券、房地产和咨询等行业的蓬勃兴起，使工业在城市中处于次要地位，城市从工业生产中心转变为第三产业中心。尤其是以信息技术的广泛应用和创新为基础的信息化革命带来了一次新城市化革命。城市化水平在全球范围内持续提高，表现为全世界以及部分国家城市人口所占比重不断上升，城市地区的覆盖面积更加扩大。在这一时期城乡关系典型地表现为城乡一体化，城市和乡村相互依赖、相互促进、共同发展、共同繁荣。城乡一体化的实质就在于城乡之间生产要素的自由流转，在互补的基础上，实现资源共享和合理配置。随着生产力的发展，农业技术现代化、农业服务社会化、农业劳动知识化程度不断提高，城乡差别、工农差别、脑力差别大为缩小，尤其是小城镇的迅速发展和日益现代化，形成一批新兴的城镇，有力地推动了乡村生活质量和社会环境日益趋向城市化。大量农民有条件由乡村向城市转移，从而使城市化水平不断提高。随着大城市承载能力的日趋饱和，产业和劳动力又不断从大城市向乡村转移扩散。这两种趋势的汇合，使城市和乡村向一体化方向迈进。③

① 马克思恩格斯文集：第 1 卷 [M]. 北京：人民出版社，2009：407.

② 马军显. 城乡关系：从二元分割到一体化发展 [D]. 北京：中共中央党校，2008.

③ 同上。

三、新中国城镇化进程中城乡关系的发展演变

中国的农村发展与中国城市化进程是分不开的，农村生态文明建设是新型城镇化的坚强后盾和保障，促进新型城镇化的发展是以农村生态文明建设为基础和支撑的。中国农村的发展既符合世界农村发展的普遍规律，同时也有自身的特殊性。新中国的农村发展是从 1949 年起步的，经历 70 余年的发展，经历了一个曲折过程，走出了一段值得回顾的农村发展的跋涉之路。从城乡二元结构逐步走向城乡融合，这是一个曲折的动态发展过程。

（一）城乡二元结构初步形成与逐渐固化

中华人民共和国成立到改革开放前是城乡二元结构形成与固化时期。我国早期的农村经济主要受封建地主的控制，而城市的工业经济主要受到帝国主义以及资本主义的影响。中华人民共和国成立之时，由于受诸多因素影响，国家选择优先发展重工业，同时，也出台了一系列限制农村农民进城的政策，中国城乡二元结构体制初步形成。后经长达十年的"文化大革命"，国民经济遭到了巨大损失，中国的城乡二元结构进入了固化阶段。

1. 1949—1957 年是中国城乡二元结构的形成时期

中华人民共和国成立初期，由于受西方国家的各种挑衅，我国国民经济形势趋近崩溃。面对国际、国内双重压力，保障新生的人民政权，加快提高国家的国防力量和现代化水平，成为这一时期的首要任务。一方面，由于缺乏实践经验，我国借鉴苏联模式，提出了以重工业为主的工业优先发展战略。于是，政府通过工农业产品价格"剪刀差"措施，选择牺牲农业为工业服务，强制把农村农业中的劳动力转移到城市，为工业的快速发展提供了有效资源。另一方面，我国开始实施计划经济体制，先后提出了统购统销制度、人民公社制度以及户籍制度等一系列阻碍城乡协调发展的制度。虽然这些制度有效地促进了工业的发展，改善了城市经济状况，但是这些制度却阻碍了城乡协调发展，使城乡差距越来越大，城市与乡村分割发展。例如，实行了农产品的统购统销制度，严重阻碍了农业产品与工业产品的市场交换。由于大批农民由农村转移到城市，从事农业的生产者逐渐减少，加之自然灾害，粮食产量逐年降低，再加上粮食市场的不规范管理，城市与农村之间商品流通渠道受到了限制，我国粮食的供需关系出现矛盾。中华人民共和国成立后，虽然

城乡二元经济结构特征逐步形成，我国的国民经济还处于非常落后的状态，为了改善这种经济落后的状态，毛泽东带领全国人民走统筹城乡思想的道路，通过一系列措施来稳定物价，没收官僚资本，促进了城市与乡村人口的流动，城乡呈现出双向流动的局面，有效促进了国民经济的发展。总体来看，在中华人民共和国成立初期我国的城乡关系处于基本协调的状态。

2. 1958—1977 年是中国城乡二元结构的固化时期

中华人民共和国成立初期，我国城乡关系虽处于相对稳定状态，但主要因三个方面原因恶化了城乡二元结构。第一，实施工业优先赶超战略。1958年后，我国开始组织大量劳动者从事大炼钢铁等重工业建设，这一计划实施，导致身体健壮的青年都转移到城市从事工业建设，留在农村生活的大多是年迈的老人，农村劳动力逐渐减少，农业与工业劳动者的比例由上年的13.8：1 下降到 3.5：1[①]。1959 年到 1978 年，通过工农产品的"剪刀差"从农业部门聚集的净积累为 4075 亿元，占同期财政收入的21.3%。[②] 我国通过利用重工业优先发展的模式虽在较短时间内完成了相对比较独立的国民经济体系建设，提高了国际地位，增强了国防力量，但是，我国的经济结构以及城乡关系长期处于失衡状态，造成城市与乡村分离，工业与农业分离，削弱了农村的发展能力，恶化了城乡二元经济社会结构。第二，实行人民公社制度和城市的相关管理制度，强化了城乡之间的分离。1958 年，我国农村开始大力实施政社合一，国家尽可能从各方面支援人民公社的所有制经济。人民公社组织分为两级，即公社和生产队，也可分为三级，即公社、生产大队和生产队，其实质是对农民及农村有限的资源进行严格管理，通过一系列的体制机制对城乡居民的自由流动进行了严格控制。同时，国家为了保障城市的稳步发展，为城市的居民提供劳动就业制度以及各种社会福利待遇，忽略了对农村农民的生活关怀。这种政策虽在一定程度上稳定了城市与农村的发展，但是严重阻碍了城市与农村之间人口的自由流动，加剧了城市与农村的分离。第三，实行城乡二元户籍制度，严重影响了城乡之间人口的流动。中华人民共和国成立之初，我国实施户籍制度管理，对城乡之间的人口流动通过户籍制度进行了严格的控制。1954 年我国颁布的第一部宪法中的户籍

① 柳随年，吴群敢．中国社会主义经济简史（1949-1983）[M]．哈尔滨：黑龙江人民出版社，1985：235．

② 何炼成，李忠民．中国发展经济学概论 [M]．北京：高等教育出版社，2001：44-45．

制度规定，公民可以享有迁徙和居住的自由，但是到 1958 年，我国颁布了户籍管理法律法规，即《中华人民共和国户口登记条例》，这部户籍制度第一次明确地把城市与农村的居民严格划分为"农业户口"和"非农业户口"两种不同的户籍，这实际上就是废除了 1954 年宪法关于居民享有自由居住和迁徙的权利。这一户籍制度的颁布，标志着我国政府以严格控制农村与城市人口自由流动为核心的户口迁移制度的形成。这种把城市与农村完全分割的户籍管理制度虽然在某种程度上保证了经济的有效运行，稳定了社会发展，但也进一步造成了城乡二元结构的严重恶化。

总之，这一时期我国始终以城市为中心发展，通过牺牲农村、农业的发展为城市的工业发展提供大量资源，虽然其间也提出了强调城乡兼顾，强调城市与农村共同发展的战略方针，但在实际操作实施上，还是侧重于农业支持工业、农村支持城市的发展战略，其结果是农业与农村的发展一直处于相对落后的局面。这一时期我国提出和制定的一系列方针政策都严重固化了城市与农村的分离发展。

（二）城乡二元体制破冰阶段

改革开放到 20 世纪末这一阶段是城乡二元体制的破冰阶段。为了尽快改变计划经济背景下中国经济进入崩溃边缘的局面，邓小平同志提出了改革开放的伟大构想，决定从农村开始改革，中国城乡二元经济结构波荡起伏。

1. 1978—1984 年是城乡关系的缓和时期

中国共产党第十一届三中全会提出，中国开始实施对内改革、对外开放的方针政策，党的工作重心从注重城市与工业的发展转移到经济建设的发展上来，城乡之间存在的巨大差距得到了缓解。第一，城乡之间的产业结构得到了一定的缓解。由于工作重心从城市逐渐转向农村农业发展，党中央虽提出重工业优先发展的战略思想，但与此同时，也注重了农村、农业、农民的发展，提高农村整体的经济水平，彻底改变了过去以牺牲农村及农业发展来促进城市繁荣及工业进步的错误观念。从 1978—1984 年 6 年间，农业总产值平均每年增长近 11.8%，农业占工农业总产值比重由 24.8% 增长到 29.7%，工业占工农业总产值比重由 75.2% 下降到 70.3%。[1] 与此同时，农村乡镇企

---

① 孙家驹，虞梅生. 走向 21 世纪的中国三农问题研究 [M]. 南昌：江西人民出版社，1997: 57.

业不断突起，1978年乡、村两级企业的就业人数由2821万人，增加到1983年的3235万人，并且企业产值由493亿元增加到1017亿元。[①] 第二，城乡之间要素得到了流动，逐渐改变了传统的计划经济运行机制。实行改革开放政策后，我国通过一系列政策手段改变了相互独立的城乡关系，加强了城乡交流互动，有效促进了农村经济的发展，农村人口开始自发转移到城市。1978—1985年7年间，农村劳动力变为到非农业人的口数量达到2521万人，非农业劳动就业人数达到5670万人，占农村劳动力总额的比重由10.3%增加到15.8%。[②] 这一时期实行的市场经济体制优化了资源的配置方式，增加了城市与农村之间的要素流动。第三，逐渐摆脱了传统的农村社会管理体制。这一时期，我国废除人民公社体制，实施家庭联产承包责任制，逐步形成了一种有统有分、统分结合的双层经营模式。这种模式提高了农民对农业生产的积极性，更好地发挥了劳动者潜力。同时，我国对阻碍城乡人口自由流动、城乡经济交流与改革统筹统销的制度逐步进行改善。截至1983年年末，我国已有1.75亿农村劳动者实行了包产到户，包产到户在所有责任制形式中所占的比率接近97.8%。1984年，我国粮食总产量已从1978年的30000万吨增加到40730.50万吨。第四，城乡居民的收入分配制度得到了优化。对农村经济发展的不断调整，大大提高了农民对农业的生产积极性，农民收入不断增加，生活水平也得到了一定改善。到1984年，我国农村家庭平均收入已从1978年的133.6元增加到355.3元，增长幅度是165.94%，同期，城镇居民家庭人均可支配收入增长了接近1.2倍，因此，城市与乡村居民的生活差距有所缩小，城乡的二元结构特征有所改变。

2. 1985—2002年城乡关系的反复

20世纪80年代中期，我国的工作重心由注重农业农村的发展转移到了城市。城市改革的全面推进，而农村的改革发展工作基本上处于停滞状态，城乡差距由此再次拉开。农村经济再次进入停滞状态，其原因有以下几方面：一是资源严重倾向于城市发展和工业发展。国家将大量的经济资源配置用于城市的经济发展和工业的技术进步，而农村农业发展所需的资源配置相对较少。财政方面，虽然国家一直强调要加强对农村农业的支持力度，但从

① 城乡二元结构下经济社会协调发展课题组，周叔莲，郭克莎. 中国城乡经济及社会的协调发展（上）[J]. 管理世界，1996(3): 15-18,20-24.

② 同上。

财政资金的占比看，对农业的补贴仍然很少，甚至出现下降的趋势。1991年是 10.3%，2001 年下降到 5.1%。在社会服务事业方面，我国中央财政用于农村公共服务等方面的支出也极少。2001 年投向农村义务教育 901 亿元，全国投入教育资金总额为 3057 亿元，占比不到 1/3。这种继续强化的城市优先发展战略以及公共资源的不平等配置，造城乡之间要素的不合理流动，最终导致城乡差距越来越大。二是城乡二元体制问题突出。其主要体现为：第一，城乡的税收制度未能体现公平公正原则。农民比城市居民的税收负担更重，相反，城市居民并没承受与之匹配的税收负担。1995 年，农民平均收入相当于城镇居民的 40%，仅税款一项，农民人均支付额就相当于城镇居民的 9 倍。[①] 因此，城乡在这种不平等的税收制度下，其发展差距越来越大。第二，城乡推进产权制度改革的速度不一致。我国实施家庭联产承包责任制，对土地制度进行了改革，将土地分为所有权与经营权两种形式，这种改革有效促进了农村经济的发展，但农村土地的集体经营与规模投入问题仍然未得到根本解决。然而，城市的改革速度远比农村的改革速度要快，其发展速度也快很多，城市的国企由传统股份制转变为现代企业制度，大大促进了国有企业和非公有制经济的快速发展，城市经济呈现出繁荣景象。工业与农业增长的不协调，进一步造成了城乡差距扩大。第三，城乡户籍制度导致城乡居民享受的福利不一致。实行改革开放政策后，尽管放宽了城乡居民户口的迁移及管理，对户籍制度进行了一些改革和完善，但是，并没有真正实现城乡协调发展，农村转移到城市的劳动力仍然是农村户籍，他们并没有享受到同样的福利待遇及社会保障，仅仅是生活环境发生了变化，这种不平等现象加剧了城乡矛盾，阻碍了城乡的和谐发展。

　　总之，由计划经济体制向市场经济体制转型过程将土地分为所有权与经营权两种形式，因实行了一些改革措施，农产品统购统销制度逐渐消失，农产品价格实现了市场定价，城乡的分割和封闭格局得到了一定缓解，有效地促进了城乡之间经济的发展。但是，由于我国受到城市偏向政策的影响，体制机制的不健全阻碍了城乡之间的要素流动，导致了城乡关系再一次失衡。

---

① 杨孝光，廖红丰，刘建明. 统筹城乡制度 促进农民增收 [J]. 新疆经济，2004(5): 27-30.

（三）城乡二元经济结构调整阶段

党的十六大以来，我国先后提出了统筹城乡、城乡一体化以及城乡融合的发展战略，逐渐破除城乡二元结构，城乡关系开始进入协调发展的新阶段。

1. 2003—2006年城乡关系的调整

进入21世纪，我国经济快速发展，农业、农村、农民问题已经严重阻碍了我国经济的发展和社会的稳定。中国共产党第十六届三中全会提出了将农业、农村、农民问题作为党中央工作的重中之重，要从经济社会发展的全局来统筹城乡发展。2004年十六届四中全会提出"两个趋势"的重要思想，即在工业化初始阶段，农业支持工业，为工业提供积累；在工业化达到相当程度后，工业反哺农业、城市支持农村。这一思想强有力的指导着21世纪城乡关系的转变。

党的十六大以来，我国城乡关系迎来了良的好发展趋势，其主要原因为：一是战略思想的重大调整。面对我国农村地区农民负担重、农村基础设施落后、公共服务不完善、经济发展落后等发展现状，为了促进农村农业的发展，我国逐渐形成了统筹城乡发展的思路。二是一系列重大措施贯彻落实。自2006年开始，我国取消了农业税，这标志着我国传统分配关系的重大转变。这一政策加大了对农业的财政支持力度，对农民采取了粮食直补、农机购置补贴等各种补贴政策。对农民实施新农村合作医疗政策，为农民提供了最基本的生活保障。实行免费的义务教育和最低生活保障制度。国家大力推动社会主义新农村建设工作，加强农村的基础设施建设，开展多种形式的社会活动，完善农村的基本公共服务，让农村的居民可以享受到与城市居民同等的社会待遇。这些政策的实施都有助于促进城乡的协调发展。三是完善城乡发展的体制机制。从城乡经济关系看，我国偏向城市的宏观政策逐渐发生变化，更加注重农村、农业、农民的发展，农村不再处于服务地位，农村资源也不再只是单向地流入城市。城乡之间的要素开始良性互动，城市工业开始向农村的产业延伸，小农经营形式逐渐消失，逐步转变为具有现代化规模的农业经营模式，独具特色的第三产业也开始出现，特色乡村也逐渐发展起来，城市与乡村的经济呈现出互补特征。从城乡公共服务看，城乡差距逐步缩小。党的十六大以来实行的一系列政策、措施，在某种程度上缓解了城乡二元经济结构的特征，缩小了城乡之间的差距。从城乡收入差距看，城市与农村的居民收入差别在逐渐缩小。虽然城乡收入差距仍然存在着很大的差距，但是，由于采取了一系列措施提高了农民收入，这个时期城乡居民收入有缩小趋势，促进了城乡之间的协调发展，并为新时期城乡一体化的实现奠定了一定的基础。

2. 2006—2011年统筹城乡发展

随着我国不断加速发展的城镇化建设，农村居民开始自主地向城市转移，城镇人口的比重开始逐年上升，为此，中共中央实施工业反哺农业，城市支持农村的政策。自党的十六大以来，虽然实施了一系列惠农举措，但是，我国的城乡二元经济结构并没有得到彻底根除，城乡一体化是一种渐进式的过程。

党的十七大提出，要建立以工促农、以城带乡的长效机制，形成城乡一体化的新格局。随后，中国共产党十七届三中全会又指出，到2020年，要基本建立城乡经济社会发展一体化体制机制。虽然每年的中央一号文件所反映的党的一系列战略思想，其侧重点都有所不同，但党中央的政策方针每年都是重点关注农村与农业问题，贯彻实施统筹城乡发展战略。2006年，我国实施农村义务教育经费保障机制，这一改革不仅破除了长期制约普及农村义务教育的经费瓶颈，还减轻了农村居民家庭子女接受义务教育的各种经济负担。同时，将农村义务教育纳入公共财政的保障范围，建立中央和地方的分项目，实施按比例分担机制，经费由省级统筹，管理则是以县级为主的体制机制，这是我国农村发展史上的伟大创新。2007年，政府开始全面建立农村最低生活保障制度，对贫困户给予一定的补助和基本的生活费用补贴。中央一号文件（《中共中央国务院关于积极发展现代农业扎实推进社会主义新农村建设的若干意见》）也明确指出，要在全国范围内建立农村最低生活保障制度，让广大贫困群众切切实实体会到政策带来的好处。2009年，政府开展了新型农村社会养老保险制度，保障农村居民年老时的基本生活。新型农村社会养老保险制度实行权利与义务相对应的原则，由个人、集体和政府合理分担责任，到2020年，对农村适龄居民基本实现全覆盖。

在统筹城乡发展阶段，国家提出继续推进社会主义新农村建设。经济方面：建立农村居民增收的长效机制，解决农民最关心的收入问题，整体提高农村居民的收入水平；政治方面：加强农村基层的民主制度建设，提高农村的法制建设，引导农村居民学习法律，学会运用法律保护自己的合法权益；文化方面：注重保护农村文化载体，开展各种形式的乡村特色文化活动；社会方面：提高农村教育、医疗卫生以及社会保障等方面的质量，使农村居民能享受到与城市居民同等的福利待遇。总之，这一阶段城市工业的快速发展促进了农业的现代化，城市飞速发展的经济通过辐射作用带动了农村的经济繁荣，促成了我国城乡关系进入一个崭新阶段。这一阶段虽然在一定程度上缓解了城乡关系，但是，城乡的不协调发展问题仍在继续，城乡差距问题没有得到根本解决。农业现代化与工业化发展不同步，实现城乡一体化的目标仍然任重道远。

（四）城乡融合的发展阶段

统筹城乡发展战略背景下，我国城乡二元结构得到了明显改善，城乡差距明显缩小，但并没有形成城乡融合的体制机制。自党的十八大以来，通过城乡要素、区域以及生活方式的相互融合，我国城乡关系从城乡一体化阶段进入了一个崭新的城乡融合发展阶段。

1. 2012—2017 年推动城乡一体化

一般而言，统筹城乡思想主要有三方面的内容：一是通过推进农业产业化，开拓农村市场，增强农业的基础地位；二是促进农村人口向城市流动，提高我国城镇化水平和农民的生活质量；三是通过政策的调整，加大支持农业的财政力度，实现城乡的协调发展。

统筹城乡发展思想是一个逐步完善的思想。党的十七大报告提出要坚持统筹城乡发展思想，继续推进社会主义新农村建设，要走出一条具有中国特色的农业现代化发展的道路，这是一种城市带动农村，工业带动农业发展的促进城乡经济社会和谐发展之路。2012 年，党的十八大强调，要在城乡规划、公共服务和基础设施建设等各个方面全面实现城乡的均衡发展，促进城乡要素自由流动，构建一种良好健康的新型城乡关系。2013 年中央一号文件（《中共中央国务院关于加快发展现代农业进一步增强农村发展活动的若干意见》）提出用家庭农场促进农村农业经济的发展，同时推动农业商品化的进程。家庭农场追求效益的最大化，克服了自给自足小农经济的缺陷，使农村商品化程度逐步提高。中国共产党第十八届三中全会强调，在统筹城乡发展阶段要全力打破城乡二元结构，实现城乡发展的一体化，推进城乡要素的双向自由流动，实现公共资源的合理配置。2014 年中央一号文件（《中共中央国务院关于全面深化农村改革加快推进农业现代化的若干意见》）提出，加快推进我国的农业现代化发展，优化农村农业生产布局，促进农村特色产业向优势区域聚集，形成一种科学合理的现代化农业产业体系。2015 年中央一号文件（《关于加快改革创新力度较快农业现代化建设的若干意见》）明确提出，加快农业现代化的建设步伐和高标准的农田建设，提高农机化装备水平，强化人才支撑体系，加快新品种新技术的推广应用，健全社会化服务体系，提高农产品质量安全，加强农业生态环境的保护（《中共中央国务院关于落实发展新理念较快农业现代化实现全面小康目标的若干意见》）等等。2016 年中央一号文件强调，要发展新的理念来破除"三农"的问题，同时提出推进农村供给侧结构性改革。在供给侧结构性改革的过程中，要注重围绕国家的宏观调控，转变农业的发展观念。通过施化肥与农药追求产量的生产方式已不是人民所追求的，我们必须对农产品进行供给侧改革，提升经济效益，才能满足消费者的需求。

2. 2017 至今是城乡融合发展的新时代

党的十九大报告提出了实施乡村振兴战略下实现城乡融合发展的新理念，这标志着我国的城乡关系进入了新时代。

2017 年，中共中央提出，要全面深化农村的供给侧结构性改革，加强关注农业、农村、农民的发展，尤其是关心留守在农村的老人与小孩的生活。2018 年中共中央提出，要进一步完善在农村工作的领导干部的体制机制；2019 年中央一号文件（《中共中央国务院关于坚持农业农村优先发展做好"三农"工作的若干意见》）提出，要坚持农业农村优先发展战略，继续做好"三农"问题的相关工作。在党的十九大报告中提出，建立健全的城乡融合发展体制机制，促进了城乡之间的相互融合发展。2020 年在党的十九届五中全会上，提出了到 2035 年基本实现社会主义现代化远景目标，着力提高低收入群体的收入，扩大中等收入群体。一般而言，城乡融合主要包括以下内容：一是城市与农村之间的劳动力与土地、资源与公共服务的要素融合，在利益趋同的条件下，城乡要素双向自由流动。二是城市与农村各自实现其特有功能的区域融合，城乡区域相互影响、互补发展；三是城乡在基础设施和公共服务，以及医疗保障等各个方面实现与城市平等基础上的生活方式的融合。

实现城乡融合的关键措施是全面深化改革。其一，重塑中国城乡关系，坚持走城乡融合发展之路。党的十九大工作报告提出，要实现城市与农村之间的全面融合，同时建立健全城乡融合体制机制。党中央不断加强城乡融合发展体制机制的部署工作，这种工作不仅体现在城乡的公共资源合理配置上，还体现在对政治、文化、社会、生态等多个方面的全面完善上。其二，实施乡村振兴战略。农业与农村问题一直是我国城乡关系发展过程中的短板，要想实现城乡融合，就必须注重农业与农村的长远发展问题，加快农村实现农业的现代化，加快完善城乡之间的公共服务、基础设施等各个方面公共资源的均衡配置，通过引进先进技术来实现农村农业的现代化，加强农村的现代化建设，构建具有中国特色的社会主义城乡融合发展道路，最终实现城乡之间的协调发展。

"城乡融合发展"这一表述在党的十九大报告中被首次正式出现，其实质要求破除过于看重城市发展而忽略乡村建设的二元经济体制，解除乡村长期处于依附、从属城市的关系，把乡村和城市放在同等重要位置，统一协调规划、平等发展，形成工业和农业相互帮扶、相互支持，促发展、促进步的共同繁荣的新局面。我国对于如何改善城乡关系这一问题早已进行了大量实践探索。从"统筹城乡经济社会发展"到"城乡经济社会发展一体化"，再到十九大做出的"城乡融合发展"，从理论逻辑主线看，三个概念都体现了党和国家对农业、农村、农民问题的高度重视，党和政府不断深化认识城乡关系理论以解决新的问题。三个概念一脉相承、层层递进，但却有各自侧重点，"统筹城乡"强调以政府为主导的手段，"城乡一体化"强调在城市和乡村发展过程中寻求一种协调发展的理想状态，而"城乡融合"强调解决过程和解决路径，解决前两个概念提出后仍存在的问题，通过不断消除城市和乡村长期存在的矛盾，缩小两者的发展差距，进而实现整个经济社会关系的稳定和谐发展。

第二节　建设"美丽乡村"

习近平总书记曾讲，即使将来城镇化达到 70% 以上，还有四五亿人在农村。农村绝不能成为荒芜的农村、留守的农村、记忆的故园。

一、农村生态人居环境建设

（一）"美丽乡村"的内涵

党的十八大以来，围绕建设"美丽乡村"、促进生态文明，习近平提出了一系列新理念、新论断。2013 年，中华人民共和国农业农村部（原农业部）办公厅下发《关于开展"美丽乡村"创建活动的意见》，该文件明确提出："以科学发展观为指导，以促进农业生产发展、人居环境改善、生态文化传承、文明新风培育为目标，加强工作指导，从全面、协调、可持续发展的角度，构建科学、量化的评价目标体系，建设一批'天蓝、地绿、水净，安居、乐业、增收'的美丽乡村，树立不同类型、不同特点、不同发展水平的标杆模式，推动形成农业产业结构、农民生产生活方式与农业资源环境相互协调的发展模式，加快我国农业农村生态文明建设的进程。"① 该文件的出台为"美丽乡村"建设明确了发展目标，提供了评价体系和科学理论支撑。同年 9 月，习近平提出了"我们既要绿水青山，也要金山银山。宁要绿水青山，不要金山银山。绿水青山就是金山银山"的重要论断。② 同年 12 月，在中央农村工作会议上习近平指出："一定要看到，农业还是'四化同步'的短腿，农村还是全面建成小康社会的短板。中国要强，农业必须强；中国要美，农村必须美；中国要富，农民必须富。"③ 习近平总书记还曾多次强调，乡镇建设要"望得见山、看得见水、记得住乡愁"④。这些论述是对生态文明建设认识的深化和细化，是正确认识"美丽乡村"建设重要指针。随后，国务院及各部委相继推出相关政策推进"美丽乡村"建设。2015 年 5 月《中共中央国务院关于推进生态文明建设的意见》中进一步强调"美丽乡村"建设，为"美丽乡村"建设提供了制度保障。

---

① 农业部办公厅. 农业部办公厅关于开展"美丽乡村"创建活动的意见 [EB/OL]. (2013-02-22). http://www.moa.gov.cn/gk/tzgg_1/tz/201302/t20130222_3223999.htm.

② 中共中央宣传部. 习近平总书记系列重要讲话读本 [M]. 北京：学习出版社，人民出版社，2014：120.

③ 中共中央宣传部. 习近平总书记系列重要讲话读本 [M]. 北京：学习出版社，人民出版社，2014：68.

④ 中共中央宣传部. 习近平总书记系列重要讲话读本 [M]. 北京：学习出版社，人民出版社，2014：74.

中华人民共和国农业农村部（原农业部）对"美丽乡村"的内涵做了整体表述：美丽乡村是集规划建设、环境卫生、生态建设、产业优化、社会管理等各方面于一体的庞大社会系统工程，是由"经济—社会—自然"子系统组成的复合系统。"美丽乡村"的建设载体是乡村，建设主体是广大农民群众，"美丽"既包括乡村的外在美，又包括村民的内在美。总的来说，建设"美丽乡村"关键在于实现五个层面的"美"，即乡村物质生活宽裕、社会保障有力、邻里亲朋和睦的生活之美；乡村资源有效利用、产业特色鲜明、经济可持续的发展之美；乡村布局规划合理、基础设施完善、村容村貌整洁、生活环境宜居的生态之美；乡村民主管理科学、乡风民风淳朴的和谐之美；乡村地方文化鲜明、农民高素质素养的人文之美。其中，"生活之美"是"美丽乡村"之目的，"发展之美"是"美丽乡村"之基础，"和谐之美"是"美丽乡村"之条件，"生态之美"是"美丽乡村"之本质特征，"人文之美"是"美丽乡村"之灵魂。也就是说，乡村之美，美在自然，美在社会，美在外层，美在内层。创建"美丽乡村"是新农村建设的"升级版"，它集乡村的政治、经济、文化、社会和生态建设于一体，不仅秉承和发展了新农村建设的"生产发展、生活宽裕、村容整洁、乡风文明、管理民主"的宗旨，也延续和完善了相关的方针政策，丰富和充实了其内涵实质。

（二）"美丽乡村"建设与农村生态文明建设的关系

农村生态文明建设是"美丽乡村"建设的基础和前提。农民是大自然的最亲近者，农村坐落在自然生态环境最集中的地域，农业发展的自然属性是检验新农村生态文明建设的关键指标。"美丽乡村"建设包含的内容很多，需要有科学的生态伦理观念做思想指导，兴旺的农村生态产业做经济支撑，先进的生态科技做发展支撑，完善的农村生态文明机制体制做运行支撑，优质的农村生态环境做质量支撑，可持续的农村资源做利用支撑。我国是农业大国，农村的发展情况很大程度上说明了我国整体的发展状况。2018年中央一号文件提出实施乡村振兴战略，提出以生活富裕为根本的20字方针，为农村生态文明建设提供了更高层次的咬了求，农村的生态产业发展、农村医疗普及、农村基础设施建设、农村交通建设等方面的生态文明建设为建设"美丽乡村"做足了准备。

建设"美丽乡村"是农村生态文明建设的目标和归宿。建设"美丽乡村"

的核心在于推进人与自然的协调可持续发展。"美丽乡村"是农村生态文明建设的必然结果，"美丽乡村"建设的实质就是生态文明建设。建设"美丽乡村"就需要从生态文明建设的角度出发，以环境综合整治和基础设施建设为重点，改善农村生态环境，发展生态经济，培育文明新风尚，最终改善农民生活。因此，要以"美丽乡村"建设引领和推进农村生态文明建设，把生态文明的价值理念、发展模式、产业导向、生活方式、消费方式等融入农业发展、农民增收和农村社会和谐等各方面，才能把农村生态文明建设落到实处，进而在更高层面上全面实现清洁环境、美化乡村、培育新风、造福群众的新农村建设的发展目标。

（三）农村生态人居环境建设的基本模式

建设水源洁净、空气清新、植被茂盛的新农村生态人居环境，其目的是满足农村人口对美好生活的向往。美丽的、安全的居住环境，有利于农民的生产生活和身心健康发展。

1.农村生态人居环境建设遵循的基本思路

推进新农村生态人居环境建设工作，应该遵循以下基本思路：一是构建合理的乡镇体系。明确乡镇的功能定位和发展方向；乡镇、行政村和自然村达到一定规模；对现有的村镇进行必要的归并和整合；统筹配套基础设施和公共服务，形成结构合理、分工明确、布局科学的村镇体系。二是村落相对集中的农村可推广适合农村的多层住宅，强调设施齐全、外形美观、户型实用、环境优美，既符合村民的生活习惯，又具有城市建筑的现代化气息。三是做好农村民居建设及改造规划。如果乡村本是古村落，就尽量按照原貌恢复，保存古乡村文化的器物形态。总之，要结合当地的自然环境、当地村庄的特点，以生态园林式、小区街坊式、独家庭院式、绿洲组团式等多种形态灵活布局。一个村庄民居的建筑风格、色彩装饰事先要进行合理指导、统一规划，整齐美观。四是做好生态民居典型宣传。在广大农村，由于农民的文化程度不高，不能依靠行政命令，要将民居设计通过模型、图版、课件等形式在村民大会上展示、讲解，力求得到农民的认可和支持。五是农村人居环境的合理整治。在乡村人居规划建设中，注重节能、节材、节地，对生活废水和废弃物进行无害化处理，开发生活垃圾堆肥处理技术，推广应用沼气、太阳能、风能技术，提高能源利用率。

2.农村生态人居建设的主要模式

农村生态人居环境包括住宅环境和村落环境。为了满足人们对美好生活的需要，需要营造生态化、人性化的人居环境，实现人与自然的和谐发展。住宅环境是农民居住的主要生活场地，包括住房和庭院，是私人活动空间，具有私密性。村落环境是公共活动空间，包括村庄的道路、公共设施、绿化、河流等环境，具有公共性。推动农村人居的生态化建设，我们应根据地域差异，因地制宜地选择农村人居环境优化模式。

（1）独家庭院景观模式。根据该地区的土壤条件，不同地区的农户应充分利用住宅的房前屋后以及四周的空间，采用种植技术，栽种既实用又具有观赏价值的经济林木；采用养殖技术，养殖猪、鸡、鸭等以此来美化庭院。采用这种模式要特别注意，庭院内猪、鸡、鸭等养殖区和生活区要进行小的分区，不能混杂，尤其要注意将家禽、家畜养殖区和厕所等放在庭院的下风区，或者是庭院坡地的下水区。

（2）基础设施建设优化模式。修建乡村连通道路，硬化村内主要道路，这一措施在我国农村已基本实现。配套建设供水设施、排水设施以及垃圾集中堆放点。配套建设村庄防灾设施与公共消防设施。配套建设社区学校、社区医院、小集市，清理村内闲置宅基地，拆除私搭乱建房屋，整治乡村露天厕所。

（3）建设能源利用模式。目前，大部分农村地区还是依靠传统燃料用于日常生活运转，因此，农村仍处于能源低效利用和生态环境污染的状态。沼气属于中等发热量可燃气，是一种高品位的生物质能，既解决了农户能源问题，又起到了节约和保护环境的作用。农村有丰富的秸秆、牲畜粪便、酒糟等沼气原料，而且，在沼气生产过程中产生的沼液、沼渣等，都是优良的有机肥料，因此，我们应当在农村积极推广使用沼气。

（4）原有房屋改造模式。针对农村地区特别西部农村的大石山区的特点，在建设房屋时，为具备节能、环保、美观的生态功能，我们还可以改变传统的房屋设计，如在缺水地区把屋顶设计成"凹"形，雨季时就可把雨水储存起来，然后，用管道顺势引流下来，作为农民除饮用水外的其他各种生活用水。若村庄为古村落，要最大限度地保存古宅原貌，修缮工作以最大限度地减少原有构件的更换为原则，对确实无法继续使用的，按原样复制，替换下的重要构件要妥善保管。同时，新换构件必须与原物在材种、工艺方面保持一致。

（5）小流域综合整治模式。我国农村有诸多小流域，具有自然复合生态系统的特点，针对这些农村，我们应以修复退化生态系统为宗旨，以社会经济可持续发展、资源可持续利用为目标，全面规划流域内的路、电、山、水、林、田、湖等基础设施、农林牧复合生产等综合防护体系，采取生物工程、农艺技术修复退化的生态系统，对农田、坡面、沟道进行防护体系建设，治理水土流失，防治土地荒漠化，为复合农业生产奠定基础。

二、生态宜居乡村建设

（一）生态宜居乡村建设的法律、法规以及评价体系

迄今为止，国家相关部委按照中央生态文明建设的指示和要求，开展生态示范创建活动，制定了一系列考核性指标体系。对农村生态文明指标体系建设具有直接指导意义的主要有三种：生态环境部出台的生态文明示范区创建指标、中华人民共和国农业农村部（原农业部）"美丽乡村"建设目标体系和各地按照国家新农村建设的目标原则相继出台的新农村建设量化考核指标体系。

生态环境部出台、公布了一系列生态文明建设的法律、法规以及相关方针政策。国家环保部门自 20 世纪 90 年代起开展的生态文明建设活动分为生态示范区、生态建设示范区、生态文明建设三个梯次，先后发布了涉及农村经济发展、社会进步和环境保护三个层面的共 36 个指标的《生态县建设指标》（2007）；发布了《环境影响评价技术导则：大气环境》（2008）；发布了《畜禽养殖业污染防治技术政策》的通知（2010）；发布了包括生态经济、生态制度、生态环境、生态文化、生态人居五个系统的《国家生态文明建设试点县指标（试行）》（2013），共 35 个指标；发布了从生产发展、生态良好、生活富裕和乡风文明四个方面的《国家生态文明建设示范村镇指标（试行）》（2014）；发布了《环境监测数据弄虚作假行为判定及处理办法》的通知（2015）；公布了自 2017 年 7 月 1 日起施行的《污染地块土壤环境管理办法（试行）》（2016）；公布了自 2018 年 1 月 1 日起施行的《中华人民共和国环境保护税法实施条例》（2017）；公布了《环境空气挥发性有机物气

相色谱连续监测系统技术要求及检测方法》等四项国家环境保护标准的公告（2018）；发布了《水质急性毒性的测定 斑马鱼卵法》等十五项国家环境保护标准的公告（2019）；印发了《建设高标准市场体系行动方案》（2021）、《关于全面推行林长制的意见》（2021）。这些指标体系、方针、政策的出台从实践上有力地推动了各地农村生态文明建设活动的开展。

农业农村部出台了一系列生态文明建设的法律、法规。农业农村部在2013年将建设"美丽乡村"、改善农村生态环境作为重点工作，并下发了《"美丽乡村"创建目标体系》，按照生产、生活、生态"三生"和谐发展的要求，从产业发展、文化传承、民生和谐、生活舒适、支撑保障五个方面设定了20项具体目标。发布了自2014年1月1日起施行的《畜禽规模养殖污染防治条例》（2013）；发布了自2020年9月1日起施行的《中华人民共和国固体废物污染环境防治法》（2020）；发布了自2020年9月1日起施行的《农用薄膜管理办法》（2020）；发布了自2021年3月1日起施行的《农村土地经营权流转管理办法》（2021）。

各地按照中央提出的新农村建设"20字方针"，在积极实践的基础上制定了新农村建设的量化指标体系。较为典型的有：重庆市从实际出发，分别就产业发展、农民收入、人居环境、生产条件、农民素质、农村社保、文明风尚、农村道路、社会事业和民主政治十方面提出了新农村建设具体量化指标；江苏省兴化市戴南镇社会主义新农村建设量化指标体系涵盖了农村小城镇人口比重、农村居民人均可支配收入、农村居民恩格尔系数、粮食自给率、农业技术进步贡献率、农村合作医疗覆盖率、农村生活用汽车拥有率、农村养老保险覆盖率等24项具体指标。各省生态环境厅也下发、公布了各类生态文明建设的方针、政策。以浙江省生态环境厅下发的文件为例，每一年都有关于农村生态文明建设的通知：《关于开展环境保护科学技术奖励工作的通知》（2004）；《关于进一步加强环境影响评价管理工作的通知》（2007）；《关于印发＜浙江省省级生态乡镇（街道）创建管理暂行办法＞的通知》（2009）；《关于进一步加强建设项目固体废物环境管理的通知》（2009）、《关于进一步深化畜禽养殖污染防治加快生态畜牧业发展的若干意见》（2010）;《关于印发＜浙江省环境保护行政处罚实施规范（2010修订版）＞的通知》（2010）、《关于开展第二批生态文明教育基地创建活动的通知》（2012）、关于建立和推进农村环境监督员制度建设的意见（2013）、《关于切实加强建设项目环保"三同时"监督管理工作的通知》（2014）、《浙江省环境保护厅 浙江省财政厅关于印发浙江省固体废物环境违法行为举报奖励暂行办法的通知》（2018）、关于《印发＜浙江省环境影响评价机构信用等级管理办法＞的通知》（2019）、《关于印发浙江省农业农村污染治理攻坚战实施方案的通知》（2019）、关于印发《浙江省生态环境行政处罚裁量基准规定》的通知（2020）。

从以上法律、法规、政策文件来看，各项内容都各有侧重。农村生态文明作为新型文明形态，是以"人与自然"关系和谐为理念，以资源环境可持续发展为目标的社会整体性发展方式，需要科学掌握生态规律，发挥人的积极主动性来进行农村生态文明建设。

（二）中国农村地区的生态环境污染

农村生态环境的污染一般分为生态破坏造成的污染、农业的自身污染和农业的外源污染三类。

1. 生态破坏造成的污染

不合理开发利用农业自然资源，造成了土地、水、生物资源的生态失衡，主要表现

（1）工业对农业资源的掠夺和污染转移。目前，农村的工业污染企业数量大、分布散、规模小，已形成由40多个大行业、几百个小行业的农村集体和个体联户组成的中小工业体系，其污染几乎包含了造纸、印染、制革、酿酒、砖瓦、水泥等各种工业污染行业，全国农村工业的污染源数量多达121.6万个。[①]

（2）城市发展造成农村的土地减少和污染加重。我国正在由传统农业大国逐渐变为现代城市型国家。城市规模变大和人口增加，需要占用大量优质农田来满足建设用地的需要，城市周边地区需要大力发展农业，以满足城市人口的"米袋子""菜篮子"和"水缸子"。然而，耕地用作城市建设用地和粮食等农副产品的增加都是建立在过渡耕种和挤压利用农村农业生态环境基础之上的。以禽畜养殖业为例，大规模的粗放式养殖，虽满足了城市人口对肉、禽、蛋、奶的需要，但污染物总排放占到首位的养殖业污染主要集中

[①] 王立峰，史志勇，吉琳. 农村工业对农村环境污染及防治[J]. 现代农业，2016（7）：75-77.

在农村地区。在城市化进程中，城市加大了对于农村各种资源的需求量，然而，带给农村更多的是环境负担，使农村环境承受了越来越多的不正义。

（3）城市生产和生活垃圾转嫁到农村。不断增加的城镇人口带来的日常生活垃圾不断增多，目前，对污水外的生活垃圾主要采取填埋和焚烧两种方式处理。垃圾填埋场和焚烧发电站的选址，一般都选在城市远郊的农村周边地区。垃圾填埋不仅占用大量土地，而且，含有塑料和废旧电池、有毒化学品的垃圾未经严格分类，也被转移到农田，进而污染了土地、粮食、蔬菜。垃圾焚烧也存在污染问题，如塑料袋在焚烧中会释放大量的剧毒二噁嘧英，对周边空气污染严重。

（4）城市重污染企业转移到农村。为彻底改善城市环境，一些高能耗、高污染的企业难以在城市继续存在。但在我国农村地区，由于环境保护工作滞后，农民缺乏环境保护意识，为发展当地经济，增加农民收入，一些农村地区打着招商引资的旗号，引进了一些被城市淘汰的产业和技术设备，造成了乡村环境污染。这些重污染企业本身应该承担环境保护的社会责任，但他们却把环境污染非正义地带给了当地农民。

2.农业的自身污染

推进农业的集约化、产业化，必然加大对农药、化肥、农膜、调节剂、饲料添加剂等的投入。

（1）使用化肥农药带来的污染。在农业生产过程中，一般通过农药来杀灭昆虫、真菌和其他危害农作物生长的生物，增加农产品产量，通过施用化肥来提高农产品的质量，增加农民收入。2017年7月6日，中国工程院发布的《全国土壤环境保护与污染防治战略咨询研究报告》显示，我国土壤质量比40年前下降10%，比西方国家至少要低10至20个百分点。目前，我国粮食生产需要大量使用化肥、农药，若长期大量过度使用化肥、农药，会造成土壤的板结和污染，易挥发成分污染了周边空气，不可降解成分则长期滞留在土壤中、周边河流和地下水中，给土壤、江河、地下水和大气都带来了严重的污染，严重影响着人们的身体健康。

（2）农用地膜的污染。蔬菜种植等广泛应用农用地膜，这些地膜多数是不可降解的塑料薄膜，使用量过大会导致回收困难。河北省农林科学院农业面源污染研究中心公布的当季废旧地膜回收率是不足40%。从1990年到

2015 年，我国农业地膜使用量呈现逐年上升趋势。虽现在使用量有所减少，但由于基数过大，我国农膜使用量仍然偏高。

（3）畜禽养殖的污染。随着生活水平的提高，人们对蛋肉的需求量不断增加，因此，畜禽养殖总量不断增加。目前，农村养殖逐渐由家家户户散养为主转变为规模化养殖。一方面，规模化养殖有利于土地的集中使用和污染物的集中处理；但另一方面，却加重了对所占成片土地的污染强度。因资金压力、环保处理设备的滞后，镇村两级对养殖业科学规划不足，二三十头猪、一二百只鸡的小养殖场散乱分布，给环境治理带来了很大困难。

（4）农作物秸秆的污染。过去用秸秆生火做饭、取暖、喂猪喂牛的生活方式已逐渐被淘汰。现在，随着农村经济水平的提高，每年有大量农作物秸秆剩余，堆放在田地里自然腐烂。近年来，农村地区大力推广的秸秆还田发展仍不均衡，部分地区还存在还田深度不足、粉碎程度不高、还田质量较低的情况，易发生病虫害、烧根死苗的状况。

3. 农业的外源污染

农业的外源污染主要是指乡镇企业、城市工业的转移及农村地区生活垃圾等排放的"三废"污染。

（1）农村生活垃圾污染严重。生活垃圾污染是农村环境污染的主要方面，我国 2018 年末统计的乡村常住人口为 56401 万人，如果按每人每日产生垃圾 0.5 千克计算，1 年可产生超过 1 亿吨垃圾。按照住建部公布的数据，我国农村生活垃圾处置率虽在不断提高（2016 年已经达到 60%）但据此计算，仍有 4000 万吨垃圾没有得到处置。[①] 未经处理的垃圾，目前基本上采取临时堆放焚烧、单独填埋或随意倾倒等处理方式，可见，仍在不断污染着农村的土壤和水体，这种污染成为农村生态环境安全的主要威胁。

（2）不可忽视的农村污水对环境的污染。农民祖祖辈辈的习惯都是将洗脸洗脚、洗菜、洗衣等生活污水泼洒到房屋周边和畜禽圈舍。目前，农民卫生习惯改善了，每年产生的生活污水量呈上升趋势；因洗衣粉、洗涤灵等化学制剂的广泛使用，污水加剧了对土壤的危害；虽然农村的卫生厕所改建，不再有连茅圈，但大多数农民还是习惯将污水不经任何处理就直接排放到厕所，再与粪便一起运送到田间作为有机肥使用，这又造成了对农作物的污染。

---

① 韩冬梅，次俊熙，金欣鹏. 市场主导型农村生活垃圾治理的美国经验及启示 [J]. 经济研究参考，2018(33): 33-39.

（三）生态宜居乡村建设的路径选择

人居环境建设包括村庄总体规划、农村突出环境问题综合治理、农村垃圾和污水治理、厕所革命、农村基础设施的改善和村容村貌提升。

1.科学编制村庄规划，做好土地利用总体规划

第一，要科学合理地划分村庄的各个功能区，体现乡村特色要求。在建设生态村庄的过程中，划分出生活住宅区、农业种植区、畜牧养殖区、垃圾收集区、休闲娱乐区等。根据人们日益增长的对美好生活的需要，在村庄生态文明建设规划中，要增设垃圾无害化处理区、健身区、图书阅览区、风景观光区等。

第二，要统筹完善基础设施建设。农村公共基础设施建设是农村发展的根基，要巩固扶贫成果和实现乡村振兴，就必须加快偏远农村道路的铺建、供电供气供水保障、通信通畅、垃圾处理设施等重要农村公共基础设施建设。建设农村公共基础设施要统筹规划，密切关注村庄生态环境的保护。

2.建立村庄保洁制度，优化农村垃圾分类回收处理方式

农村的垃圾处理问题是影响和制约新农村生态文明建设最直观的问题。从西部农村现状来看，生活垃圾、废弃物多，随意丢弃到房屋周围，且得不到及时处理，导致的后果就是污染范围广，严重影响农民的居住环境和农村的村容村貌。

第一，实行垃圾分类，合理回收利用。农村垃圾至少可分为生活垃圾、生产垃圾和人、牲畜的粪便三大类。针对农民生活中产生的废弃物、废纸、废塑料和果皮菜叶类等生活垃圾，有的不需要深度处理，有的可直接回收二次利用。针对一些废旧电池、家电器，要做好特殊分类，避免二次污染。农业生产和乡镇企业生产过程中的废水和秸秆等生产垃圾废弃物，要抓好污染物达标排放量，落实排污者责任，健全乡镇企业环保信用评价体系。针对人和牲畜的粪便，大力开展农村家庭改厕，推进规模化畜禽养殖区、居民住宅生活区和垃圾收集区的科学分离，推行种养结合一体化模式，加快实现农村无害化卫生厕所全覆盖，实现综合治理畜禽粪污。在农村对农民进行垃圾分类的宣传教育，促使广大人民群众对垃圾实行科学有效的分类，既可以使农村的街道和房舍变得更加干净整洁，直接有效地改善农村的村容村貌和环境风貌，还可以帮助农村居民对垃圾进行快速处理和回收，实现农村生态环境和经济发展的双赢。如果对垃圾不分类，采取全部焚烧或掩埋措施，不但是

对可利用垃圾资源的巨大浪费，还会造成对生态环境的二次污染。

第二，实行垃圾集体收集、运输管理体系。收集和运输是农村垃圾处理的另一难题。一些偏远农村地区，道路交通不发达，农村人口分散，因此，收集和运输每村每户的垃圾就很困难。可以一个自然村为一组，每组设置一个垃圾投放的垃圾箱，每组设立一个由村民组成的服务队，定时派专人来收集、运输、集中统一处理每村每户的生活垃圾。对一些偏远的农村地区，各家各户配备垃圾箱，自觉把垃圾分类，再由专员进行统一回收和处理。这种方式可以改变过去农户随意把垃圾丢弃在门前的现象。

第三，优化垃圾处置方式。目前，我国农村垃圾处理以填埋和焚烧两种方式为主，但这两种方式在实施过程中都存在浪费现象，都有污染环境的弊端。可以利用焚烧产生的热量给农村供暖或者发电，我们可以在农村设置垃圾回收站、垃圾处理厂等，采取符合当地实际情况的多种处理垃圾方式，最大限度处理好垃圾。除此以外，还需要各级政府、社区和每位民众的支持，做好垃圾的二次利用，做到生态环境和经济效益两者间的平衡，共同促进农村生态文明的建立。

3. 加强农村突出环境问题综合治理

第一，做好农业面源污染防治，加强农药、化肥减量技术指导，引导农民减少农药、化肥的使用量，推进有机肥替代化肥；合理处置农药包装物、农膜等废弃物；开展农作物秸秆还田、秸秆饲料、秸秆新型能源、秸秆工业原料和秸秆基质等综合利用。

第二，加强农村水环境治理。离城镇较远且人口较多的村庄，可建设村级污水集中处理设施，人口较少的村庄可建设户用污水处理设施。大力开展生态清洁型小流域建设，整乡整村推进农村河道综合治理。继续推进农村饮水安全工程，加大对地下水超采区的综合治理力度，积极推进农村污水治理的统一规划、建设和管理。建设垃圾污水处理设施。

4. 住宅区室内环境的改善

我国广大农村一般只注重房屋建筑的外观，往往忽视室内环境，具体表现：第一，生活配套设施不完整，如在偏远的农村，饮用水、燃气、热水、稳定供电、互联网等还没有达到全覆盖。第二，户型与空间尺度不合理，空间功能不明确，盲目照搬城市户型，房间大而空，部分房间被用作存放农具与农作物的库房，因家庭的主要劳动力外出打工，多数房间空置，也就是我们常说的"空巢"现象。第三，室内窗户、阳台等环境未能充分利用光照、保温、空气与通风等自然条件与优势。第四，室内环境大多没有经过专门设计与优化，承载的人文要素很少。第五，许多有毒有害装饰材料大量倾销到农村，因而乡村的房屋室内装修材料大部分不环保，劣质，污染严重，严重危害农民健康。农村房屋室内设计应尊重农村生活特点与文化习俗，更新设计理念，实现室内外环境的和谐统一。

5. 健全生态环境监管执法体制

第一，建立严格的污染防治监管体制和环境监测预警机制，多层次多维度扩大监管范围，加大监测检查频率，完善环保资金监管体制，提升基层农村生态环境问题处理防治能力。

第二，逐步建立公平、公正、有效的农村生态补偿机制。动员全社会积极参与，科学划定生态补偿范围，合法规定补偿方式，准确认定补偿主体，合理确定补偿对象，多举措筹措农业生态补偿资金，完善政府对生态环境保护的政策。

第三，完善农村生态文化体制机制，从特色文化保护、弘扬良好风气的角度推动建立生态价值观内化的道德和自律制度，从教育的角度推动建立文化培育制度、生态环境伦理教育制度，从宣传的角度推动建立生态文明知识普及制度等，引导农民提高生态文明意识，自觉参与农村生态文明建设。

第四，优化干部考核评价体系。将关系生态文明建设的环境损害、资源消耗、生态效益等各项指标综合纳入干部考核评价体系，健全生态环境重大决策和事件的问责制，建立分档分级的责任追究机制，把绿色 GDP 作为政府绩效考核的重要评价指标。

第八章　农村生态文明建设可效之典范

　　近年来，广西在推动农村生态文明过程中进行了有益探索，涌现了一批富有创新价值和示范效应的"恭城模式""弄拉模式""贵糖模式""上国模式"等有代表性的生态发展新模式。研究其模式，借鉴其经验和做法，可以为国内其他地区，尤其是西部少数民族地区的新农村生态文明建设提供有益启示和借鉴。

第一节　"五位一体"的恭城模式

在生态文明转型背景下，世界各国人民都在探寻一条既满足当代人需要，又不损害后代人需要的经济发展与环境保护协调发展之路。广西桂林市恭城瑶族自治县石山区农民用自己的勤劳和智慧创造了一条"养殖—沼气—种植—加工—旅游""五位一体"的生态农业旅游发展模式，以农民自主创业带动生态农业建设，推动生态旅游、生态宜居、生态文化、生态政治等方面的协同发展，把该县由一个国家重点贫困县建设成全国生态农业模范县。"恭城模式"是成功解决经济发展与环境保护二者协调发展这一难题的成功典范。

一、广西桂林市恭城瑶族自治县的基本概况

恭城瑶族自治县位于广西壮族自治区桂林市东南部，广西东北部，北邻三湘，南望粤梧，距市区 108 前面，辖 6 镇 3 乡 117 个行政村，总面积 2139 平方千米，其中山地和丘陵占 70% 以上，是一个典型的山区县。恭城是一个多民族聚居的地区，境内有瑶、汉、壮、苗、侗、回等 12 个民族，总人口 30 万。其中瑶族占全县总人口的 60%。

瑶族风情浓郁。全县瑶族人口 18 万，1990 年 2 月经国务院批准成立恭城瑶族自治县，是全国 10 个瑶族自治县中最年轻的成员。恭城现仍保存有语言、服饰、风俗习惯较为原始的瑶族村落。瑶族文化悠久，其中恭城油茶、吹笙挞鼓舞被列入广西非物质文化遗产名录，新合瑶族婚礼、八岩瑶牯圩、九板婆王节被列入桂林市非物质文化遗产名录。其中，总长 100 多米的梅山图绘制于清乾隆九年（1744 年），是中国境内发现的唯一的、以彩色图案的方式集中展示瑶族历史文化的神奇画卷。恭城油茶蜚声遐迩，是恭城瑶族最具特色的传统饮食，2019 年创造"最多人同时一起打油茶"的吉尼斯世界纪录。瑶族文化传统保留完好，盘王节、婆王节、花炮节等瑶族节庆活动极具特色。

瑶族文化底蕴深厚。隋大业十四年（618 年）置县，至今已有 1400 多年

的历史，县城是中国历史文化名镇，人文积淀深厚，县城内迄今仍保存有完整的明清古建筑群，特别是文庙、武庙、周渭祠、湖南会馆是国家级重点文物保护单位，其中有"华南小曲阜"之称的恭城文庙为全国四大孔庙之一，每年接待海内外游客达20万人次。与恭城文庙相邻不足100米的恭城武庙是全国"十大关帝庙理事会"理事单位，文武两庙，并存一地，交相辉映，全国仅有。18个古村落被列入中国传统村落名录，10项技艺被列入广西"非遗"名录，县里曾经走出北宋侍御史周渭、广西大学创始人马君武等杰出人物，中华人民共和国成立后，中考、高考成绩连续多年位居桂林市各县前列，被新华社和中央人民广播电台赞誉"创造了中国民族教育史上的奇迹"。

恭城矿产资源极其丰富。恭城主要矿藏有钨、锡、钽、铌、铅、锌、花岗岩、大理石等，其中钽、铌矿藏量在全国名列前茅，早在20世纪70年代就成立了广西栗木有色金属公司，并为我国"两弹一星"的制造做出了贡献；铅、锌矿藏量位于广西前列，开采历史可以追溯到明代，已形成较为完善的铅、锌等有色金属采选冶产业链，成为桂东北铅锌矿冶炼中心；探明境内花岗岩藏量25亿立方米，大理石藏量15亿立方米。

恭城经济长足发展。以月柿种植为主的生态农业不断发展，恭城月柿栽培系统被农业农村部认定为第四批中国重要农业文化遗产，恭城月柿处理技术规程成为广西标准，成功创建了恭城月柿中国特色农产品优势区。2019年地区生产总值增长5.5%，财政收入按可比口径增长5.93%，社会消费品零售总额增长8.5%，城镇居民人均可支配收入34846元、增长7.5%，农村居民人均可支配收入14115元、增长8.7%。引进中国建材、中国国电、大唐集团，大力发展水泥、风电等工业产业，实现单个企业年度税收超亿元。

恭城生态环境优美。恭城拥有世界上最大的喀斯特地貌桃花源，总面积达4.4万亩，拥有独有的水果品种恭城月柿10万亩，其连片面积超过1万亩。坚持生态立县，不断巩固和提升以养殖为基础、沼气为纽带、种植为重点的"三位一体"生态农业发展模式，持续推进禁伐阔叶林、禁放养山羊、禁开垦25度坡地林地、禁种速生桉四大森林保护措施，入选首个中国气候宜居县，获得"中国人居环境范例奖"，被列为国家级重点生态功能区、国家可持续发展议程创新示范区先行区，被联合国确认为"发展中国家农村生态经济发展典范"，第二次全国改善农村人居环境现场会在恭城召开，获得国务院领导及与会领导的高度评价和充分肯定。

恭城交通十分便利。乘坐动车到桂林市区仅需半个多小时，到广州仅需 2 个多小时，到南宁、广东深圳 3 个多小时，还可以直达贵州、重庆、成都等省会城市。

经过多年的努力和探索发展，恭城瑶族自治县先后荣获"全国绿化先进集体"（2006），"全国绿色小康示范县"（2007），"全国农田水利基本建设先进单位"（2008），"全国生态农业建设先进县"（2009），"国家绿色能源示范县"（2011）"社会主义新农村建设档案工作示范县"（2012），"中国人居环境范例奖"（2013），"中国历史文化名镇"（2014），"中国乡村旅游模范村""全国休闲农业与乡村旅游示范点"（2015）。被国务院纳入"国家重点生态功能区"（2016），"国家改善农村人居环境示范村"（2017），"第七届全国服务农民、服务基层文化建设先进集体"（2018），"全国民族团结进步模范集体"（2019）等各类荣誉称号 200 多项。（统计时间截止到 2020 年 12 月 4 日）恭城将重点持续推进生态农业二次创业，实施现代特色农业示范区建设，打造"自治区现代农业 (柿子) 产业园创建单位"，继续发展壮大这份事业。

二、"恭城模式"发展历程

恭城瑶族自治县是一个地处内陆，不沿海、不沿边、不沿铁路和公路国道的山区少数民族农业县，1981 年被列为广西 49 个"老、少、边、山、穷"县之一。自 20 世纪 80 年代开始，恭城县从现实情况出发，调整经济发展战略，历任县委书记、县长都坚持以"生态发展"为核心理念，坚持换人不换路原则开创生态农业发展之路，取得了显著的成效。"恭城模式"的建设经历了四个阶段，分别是 1983—1988 年，沼气开发试点阶段；1989—1994 年，"三位一体"普及推广阶段；1995—2005 年，"五位一体"完善提高阶段；2006 年以后，人居环境和新能源建设阶段。

（一）恭城模式的探索试点阶段

1983—1988 年是解决农民燃料问题而进行沼气开发并推广的阶段。20 世纪 80 年代前，恭城曾以开发工矿业为产业支柱，实施优先发展工业战略。但实践证明，恭城经济效益没有得到明显提高，由于当地农户人口增长速度快，对柴草需求量大，乱砍滥伐现象相当普遍，进而严重破坏了自然生态环境，造成了严重的水土流失，全县森林年砍伐量超过生长量 8.2 万立方米，村庄周围和附近山上的树木几乎被砍光，石漠化更加严重。① 农民面临着粮食、饮水、燃料等多重困境。

为了解决多重困境，恭城人民不放弃、不气馁，迅速调整发展思路，根据县情因地制宜，确立了优先发展农业的发展战略。1982 年 12 月 4 日，全国人民代表大会公告公布施行的《中华人民共和国宪法》第二十六条规定："国家保护和改善生活环境和生态环境，防治污染和其他公害。"恭城人民开始思考如何改善当地生态环境恶化问题。解决村民能源问题，保护森林资源和生态环境，就必须改变过去以柴草为燃料的能源利用方式，恭城县开始尝试使用沼气。实际上，20 世纪 70 年代末，我国农村曾经兴起过沼气建设的一次热潮，但由于当时技术不成熟及其他原因，80 年代初，中国农村出现大量沼气池报废现象，到 80 年代中期，农村的沼气建设仍处于低潮。恭城县人民并没有气馁，认真总结沼气建设的经验教训，1983 年冬，把发展落后、生态环境破坏严重的平安乡黄岭村作为沼气建设的试点村。经过三年努力，全村 100% 的农户建成了省柴灶，建成沼气池 128 座，97% 的农户用上了沼气，37% 的农户安装了太阳能热水器。② 黄岭村的实践证明，使用沼气干净卫生，又可大量节省柴草，人们不再上山砍树当柴，有利于自然生态环境的改善。随后，恭城县委、县政府制定了"以沼气为纽带，省柴灶、太阳能并行，多能互补，一点带多点，多点带全县"的长远发展计划。恭城县兴起了大建沼气池的热潮。1987 年，该县提出建设以沼气为纽带的生态农业县，并把沼气建设列入重要议事日程，把沼气建设列为各级领导的任期目标考核内容之一。1986 年、1987 两年时间，共建成沼气池 2475 座。③ 为推广村民使用沼气，恭城县还培养了一支技术过硬、艰苦创业的专业队伍，建立了县农村能源办公室以及由它所领导的农村能源服务公司和农村能源专业技术承包队。1987 年底，恭城县建成沼气综合效益示范点 17 个④，形成一点带多点，多点带全县的良好势头。恭城县沼气建设的成功实践引起了广西壮

① 黄凯旋. 我国生态乡村建设研究——以广西恭城县生态乡村建设为例 [D]. 南宁：广西大学，2017.

② 梁超然. 恭城模式 [M]. 南宁：广西人民出版社，1996：157.

③ 罗知颂. 生态扶贫开发与城乡一体化发展——广西恭城模式及其演变研究 [M]. 北京：经济科学出版社，2010：43.

④ 同①。

族自治区政府的关注，1988 年 4 月，广西农业厅在恭城召开沼气综合利用经验交流会，上级领导充分肯定了恭城县在使用和推广沼气解决农户燃料问题，解决环境恶化问题上所取得的成效成绩。与此同时，县委、县政府主要领导冲破贫困地区"以粮为纲"的思想束缚，开始调整农村种植结构，通过引导示范，逐步扩大、稳扎稳打，逐步开启水果种植发展之路。

邓小平指出："解决农村能源，保护生态环境等等，都要靠科学。"[①] 恭城县通过技术手段开展沼气建设，成功解决了农村能源、生态环境保护问题。恭城的成功实践充分体现了马克思主义生态观中人与自然的辩证关系。这一阶段，恭城县的生态乡村建设围绕农民最关心、最迫切要求解决的温饱问题展开，恭城人民尊重自然，遵循自然规律，并根据当地气候、地势等具体自然条件，大力兴建沼气池，使用沼气解决农村的能源问题，保护生态资源，改善了人民的生活环境。

（二）恭城模式的普及推广阶段

1989—1994 年是解决农民收入问题而全面普及推广的"猪—沼—果""三位一体"的生态经济模式阶段。人民群众都目睹了沼气给农户带来的便利，沼气池建设更加热火朝天，全县每年以 2000 多座的速度发展沼气池，1987 年以来，沼气池建设的数量不断增加。但沼气池数量的增加却带来了沼气原料不足的新问题。为了解决沼气原料的问题，恭城农民大力推广养猪业。一方面，政府从解决农村能源入手，制定有利于沼气池建设的有关规定和优惠政策，调动广大农户建设和使用沼气池的积极性，有序建设和推广沼气池，引导农村生态农业经济发展；另一方面，沼气池建设的大力推进，促进了恭城生猪养殖业的发展。生猪多了、畜禽排弃物就多了，既能够充分保证沼气原料供应，产出的沼气、沼液、沼渣多了，无公害的有机肥料增多了，又激发了农民发展水果业和其他种植业的热情，使水果种植业与养殖业互相促进，形成了农业生态系统内的良性互动的种养循环模式。截至1994 年全县共建沼气池 2.75 万座，种植水果 18 万亩，水果总产量达 6.57万吨，年末生猪存栏 17.9 万头，出栏 28.89 万头。[②]

---

① 邓小平.建设有中国特色的社会主义（增订本）[M].北京：人民出版社，1987：11.
② 唐庆林，庞铁坚.坚持走生态和谐的新农村建设之路——恭城瑶族自治县社会主义新农村建设调研与思考 [J].社会科学家，2006(3)：113-116.

1991 年，西岭乡大岭山村的青年农民邹存亮带领村民"撬山种桃"，开创了恭城县石漠化治理的路径。经过 20 多年的坚持不懈，大岭山村在大岭山石缝里栽种桃树 1400 多亩，大岭山村的成功经验逐步被推广到其他石漠化严重的地区，带动了全县水果种植业的发展。1993 年，恭城水果销路不好，时任县委书记张明沛到广东、海南水果市场调研后才知水果卖不出去的原因是果品差。为了改变这种处境，恭城人创新思维，改用沼渣沼液作为水果的有机肥料，提高水果品质。后来，农户在原有"猪—沼—果"的基础上进一步提升，逐渐形成了多种新的生态农业模式。例如，平安乡的农户在屋前屋后的果树、蔬菜地里创造了"一池带四小"的庭院经济，即一个沼气池带一个小猪场、小果园、小菜园和小鱼塘的新模式。这种微型"猪—沼—果"生态经济模式不仅巩固了恭城生态农业模式的发展，也极大地提高了居民的积极性。

为了推广该模式，恭城县制定了一系列有利于沼气池建设、种果造林的优惠政策。例如，1989 年后建设一个沼气池补助 100 元，或以水泥等建池物资代替支付；建房配建沼气池的农户，优先给予办理用地手续，而且，建池用地不占住宅用地；对有条件建却长期不建的、继续砍柴烧火的农户，需交纳一定数额的薪炭林育金；对于养猪 30 头以上、种果 10 亩以上的农户，给予一定的贴息贷款买苗种或补助一定水泥用于建猪栏。这些政策的出台大大调动了广大农户的积极性，使以沼气为纽带的生态农业模式不断普及和推广。

"猪—沼—果"三位一体：的生态经济模式的形成与推广使恭城县经济发展迈上了一个新的台阶。1989 年 7 月，广西林业厅在全自治区改燃节柴现场经验交流会上明确指出，"恭城模式"对全自治区农村具有示范作用。当年 9 月，农业农村部派专员到恭城实地调研，充分肯定了恭城县以沼气为纽带的生态农业发展思路，并认为恭城的生态农业建设已经达到全国先进水平。1990 年初，恭城县平安乡成为广西普及沼气第一乡，80％以上的农户用上了沼气。1991 年，恭城县被列为"八五"全国农村能源综合建设县。1994 年恭城县生猪存栏达 179016 头[①]，水果总产量达 6.57 万吨[②]，恭城县"猪—沼—果""三位一体"的生态农业经济模式是在不断解决新问题的过程

---

① 梁超然．恭城模式 [M]．南宁：广西人民出版社，1996：152．

② 梁超然．恭城模式 [M]．南宁：广西人民出版社，1996：161．

中再创的通过能源建设形成的循环经济模式，是一条生态保护和经济发展相统一的发展之路。1995 年，恭城摘掉了贫困县的帽子，被评为全自治区扶贫先进县，县农行信用联社成为桂林地区三个存款超亿元的联社之一，农民人均储蓄达 1107 元，居全自治区第一。[1] 同年，"恭城模式"得到了广西农村经济发展调查组的认可，开始作为典型在广西壮族自治区内外推广。

"恭城模式"发展了生态消费。农户修建沼气池用沼气烹煮食物，代替燃料柴薪。这种方式一方面减少了大气污染物的排放，另一方面避免了毁林取薪，保护了林木资源和水土资源，实现了"生态利用—生态保护"的良性循环。如果一座沼气池按年产沼气 400 立方米计算，每年可节柴 2.5 吨，全县 5.7 万座，1 年可节柴 14.35 万多吨，相当于少砍伐森林 4.97 万亩[2]；户用沼气池还能用来发电照明，若一户农户按照每天用电 2 度来计算，一年可节省 730 度，每度电按 0.6 元计算，可节省电费 438 元。

"恭城模式"发展了生态利用。沼气池能够把大量的秸秆、草料、农作物废弃物和畜禽粪便发酵变为沼气。这不仅解决了农户燃料问题，还减少了生态破坏，减轻了环境污染，提高了农村环境卫生质量。更重要的是人畜粪便经过沼气池发酵处理变成了生产无公害的高品质果树所需的有机肥料。由此，沼气池的作用从能源领域扩展到了有机肥的生产领域。据统计，一个 8 立方米的沼气池能为农户提供约 5 吨左右的农家肥。[3] 大量研究和实践证明，沼液、沼渣中含有大量的腐殖酸类物质，施用既能增加果树抗病能力，减少农田化肥的使用量，提高果品产量和品质，还能为养猪、养鱼提供饲料，节约了成本，提高了经济效益。施用沼渣的果园，有机物与氮磷含量都有不同程度的增加，还能增强土壤的保水保肥能力，有效改善土壤品质。

（三）"恭城模式"的巩固提高阶段

1995—2005 年是解决农村经济发展与环境保护问题而对"猪—沼—果""三位一体"的生态经济模式进行巩固、提升的阶段。经过不断完善和总结，恭城县形成的"猪—沼—果""三位一体"生态农业经济发展模式得

---

① 尹小剑，刘川 . 论生态经济的"引擎"——生态工业——对广西恭城县生态工业发展的个案分析 [J]. 生态经济，2004(11): 99–101,104.

② 何林 . 广西生态文明建设的理论与实践研究 [M]. 北京：中国社会科学出版社，2017: 237.

③ 同上。

到了有关专家和社会的认同。广西壮族自治区党委、政府经过总结、推广，使"猪—沼—果"生态农业发展模式从广西走向全国。随着实践的不断深入，恭城人民不断创新，将种植业、养殖业提升为规模化、产业化经营，建立了以月柿、柑橘、砂糖柚、桃李为主的水果种植基地，由此，衍生了水果加工业和生态旅游业。恭城县制定了各乡镇种植水果的发展规划：莲花镇以种植月柿为主，平安乡、恭城镇以种植柑橙为主，西岭镇以种植桃类、蜜柑为主，嘉会镇以种植桃类、沙田柚为主，龙虎乡以种植沙田柚、夏橙为主，栗木镇以种植沙田柚、南方早熟蜜梨为主，观音乡、三江乡以种植脐橙为主。这样，水果生产逐渐向区域化、规模化发展，形成"中国月柿之乡""中国椪柑之乡"的品牌。

"恭城模式"此阶段相比前阶段，区别在于农业生产结构的调整，致力于建立和推广"猪—沼—果""三位一体"的生态农业发展模式。但第二产业发展仍很缓慢，工业产业还集中在矿产开采及粗加工方面，开采技术落后，不仅造成了资源的破坏性开采，还加剧了当地的水土污染。

这一时期县政府意识到问题的严重性，审时度势，转变发展理念，于2001年提出了"富裕生态家园"建设，发展生态经济，改善人居环境。其一，充分发挥恭城盛产高质量水果的天然优势，发展水果深加工产业，特别是在鲜果保鲜储藏方面工业化生产，以提高产品的附加值。其二，推行无公害农产品和绿色食品的标准化生产，先后引进北京汇源集团等柑橙、月柿深加工和包装企业，保障企业有效益、农民有收入。其三，把传统工业逐步转型为生态工业，对有限的自然资源进行保护性开发，建立新型生态工业园区，加大对工业转型的技术与资金投入。其四，县里组织专业规划队伍，对全县811个自然村进行了新村建设规划，按照房、路、林与田的统一规划与设计，在村中集中进行基础设施建设，安置一些健身器材，丰富村民的精神文化生活。其五，恭城县打造了桃花节、月柿节、油茶文化节、盘王节等独具恭城特色的文化节庆、会展活动。恭城县历史文化悠久，瑶族特色鲜明，拥有大量的民族民俗、古代建筑文物等旅游资源，县城有保存完好的文庙、武庙、周渭祠、湖南会馆等明清古建筑群全国重点文物，县内有极具岭南特色的古民居莲花朗山、西岭杨溪、嘉会豸游、栗木石头等12个中国传统村落。其六，开展生态整治，实施生态村屯乡土建设。恭城县按照"尊重乡土建筑风貌，不改变乡土建筑形式，提炼民族元素符号"的建设原则，对矮寨、高桂及龙眼屯进行乡土示范村建设，完善乡村基础设施建设，对道路、垃圾处理系统进行升级。

（四）"恭城模式"的完善成熟阶段

2006 年至今是解决满足农民对美好生活需要的问题而进行的人居环境和新能源建设新阶段。经过前期不断总结经验，"恭城模式"已初具规模，恭城经济发生了质的飞跃。沼气、种植、养殖初步具有一定的专业化水平，人均储蓄、资本明显增加，基础设施状况和生态环境大为改善，劳动力市场意识和综合素质不断提高。但是，随着市场经济的不断深入发展，着眼于第一产业，以家庭副业形式分散经营的养殖和种植的"恭城模式"开始暴露出一些问题。传统的农户分散经营模式难以适应市场要求。例如，产业发展规模小，产业结构单一和趋同；农产品标准化生产程度低，名优产品品种较少；缺乏科技和管理支撑，科技含量不高，技术水平较低；产业化程度低，产业链条不够完整，良性循环的链接脆弱，缺乏沼气发酵原料、使用效率低下、原料未有效利用；等等。如何适应形势的发展提高沼气利用率和综合效益，恭城人民迅速改变思路，提出了依靠科技改变以往"猪—沼—果"比较单一的生态链，强调综合发展和全面建设，以调整养殖结构、种植结构为突破口，综合开发农、林、牧、渔、工、贸产业，带动山、水、林、渠、路以及小城镇的全面发展。[①]

1. 建成沼气"全托管"服务模式

恭城人开始探索和发展一种新型模式，对已建成的沼气池，通过政府资金和政策扶持，投入市场，实行企业管理、独立核算，并且将沼气池的进出料、供气、检修、建设和管理服务等事项全部"托付"给沼气服务公司或者沼气服务网点运营和操作，恭城人把这种模式叫作沼气"全托管"服务模式。自 2013 年 6 月起，该县逐步推广沼气"全托管"服务，组建了桂林市新合沼气设备有限公司恭城分公司，农户与公司经过沟通协商，签订协议委托管理服务，从此，"公司＋服务中心＋服务网点＋农户"的沼气"全托管"服务模式形成。[②] 与过去传统的一户沼气池供气相比，这种模式进行区域性

① 林云. 广西恭城创新生态农业发展思路 [J]. 农村实用技术, 2008(7): 6.
② 甘福定，邓民军，李金怀，等. 恭城县农村沼气"全托管"服务模式及运行效果 [J]. 现代农业科技, 2014(17): 232-233.

集中供气，节约了沼气池占地面积，降低了沼气池生产和建设成本，盘活了沼气池硬件，解决了大型种植场（基地）、养殖场的有机肥来源和排污以及后续服务难题。这种模式提高了沼气使用率、入户率和综合利用率，改善了农村人居环境，促进了沼气公司的持续发展和农户的增产增收，实现了多方共赢和循环经济的多重效益。总之，实行大中型沼气集中进料、集中供气、集中用肥，统一运营管理，有偿服务是恭城新农村生态文明建设步入市场化运作的一个突出表现。

恭城政府对已建成的沼气池，也加大了改造建设力度，运用科学技术改造了沼气池构造，用顶返水水压式自动排渣沼气池取代传统的人工排渣沼气池，提高沼气综合利用率，进而沼气池总数和沼气入户率不断提高。

实践永无止境，恭城人的探索也就永无止境。目前，恭城人在能源建设上仍然在孜孜不倦地积极探索，突破沼气能源的束缚，充分利用和发展小水电、太阳能等能源，实现多能互补；探索农村能源建设与人口控制、科技培训、村规民约、环境卫生建设等同步规划，使它们互相促进、综合利用，循环发展等，这必将为将来恭城新农村生态文明建设提供崭新的清洁模式。

2. 继续完善和发展生态农业

（1）种植业方面。第一，优化水果种植业结构，提高水果科技含量，增强市场竞争力。水果产业是恭城瑶族自治县的支柱产业，恭城抓住 2001 年被列入全国 100 个创建无公害农产品（水果）生产示范基地县这个契机，实施"优质工程"，加快水果品种调整步伐，积极改良本地水果品种和引进符合本地气候，土壤适种的名优特新水果品种，发展了月柿、柑橙、沙田柚、桃李等优质水果产业，初步形成了"南月柿、北沙田柚、中柑橙、西红花桃"的水果种植结构。与此同时，恭城大力实行无公害水果标准化生产，在生产源头、过程和流通领域实行了一系列标准化措施，确保水果质量安全。第二，以市场为导向，优化区域布局，抓好基地建设，推动农业经济由个体庭院型向专业化、规模化发展转型，建成了以恭城、莲花、平安、西岭镇为主的水果生产基地；以栗木、嘉会等乡镇为主的优质谷生产基地；以三江乡为主的槟榔芋种植基地。第三，大力推进"科技兴农"战略，通过组织科普技术人员深入乡村农户对农民进行多层次、多方面、多形式、系统化、科学化的种植和养殖培训，普遍提高了农民的科技文化素质。通过培养科技示范带头人和培育种植技术示范点，在全县宣传推广普及测土配方施肥技术、绿色植保防治技术、生态化的病虫综合防治技术、水肥一体化技术、有机质提升等清洁生产技术，大大提高了生态农业的科技含量与技术水平。第四，大大提高了农业产业化经营和生产组织化程度。该县加大了农民专业合作社的组建和出境水果果园注册登记工作；组建了恭城水果流通办公室，拓宽水果销售渠道，唱响恭城名优水果品牌。例如，水果种植的农民专业化合作社现已建立月柿、柑橙等水果标准化生产示范基地60多个，推广面积30多万亩，示范点优率90%以上。[①] 同时，通过经纪人和服务站挖掘外部市场的供求信息，实现农产品生产和销售的对接，促进水果销售市场不断向外拓展，为农民开展规模化和专业化生产提供了利益保障。2014年，全县水果种植面积45.8万亩，水果总产量达86.78万吨，水果产值19.8亿元，占种植业总产值的65.15%，水果收入占农民人均纯收入的52%，基本形成了以月柿、柑橙为主，桃李、葡萄为辅的水果产业结构。农民人均水果种植面积、产业量、收入多年保持广西区前列。

（2）养殖业方面。长期以来，养殖（主要是生猪）是恭城瑶族自治县传统生态农业链条的起始环节，但随着社会的发展，"一家一户"的养殖模式已不适应产业链规模化、专业化、市场化、集约化和产业化的发展道路。第一，走市场化道路。现恭城瑶族自治县以市场为导向，对养殖业结构进行相应的调整，改变了过去只养殖"生猪"的单一化模式，现已发展为养殖"猪、牛、鸡、鹅、兔、竹鼠、豪猪、娃娃鱼"等多元化、立体化模式，发展规模逐步从规模养殖转向养殖小区再转向专业养殖村，实现了优化生态养殖结构和资源配置的多元化。近年来，恭城瑶族自治县大力发展竹鼠养殖业，现已成为广西最大的竹鼠养殖基地。第二，走集约化道路。第二，走集约化道路。恭城通过建立完善县农村产业党群互助协会、农民养殖专业合作社，为农民群众提供养殖技术、资金周转、市场销售等方面的服务，不断增强个体养殖的市场风险抵御能力，为养殖业的产业化发展奠定了良好的基础。第三，走科学化道路。恭城大力推广科学养殖，狠抓畜禽品种的改良以及先进养殖技术的推广，以科技来提升畜禽产品的质量，增加产品经济附加值。第四，走产业化道路。产业化、规模化养殖不但可以降低成本，而且为下游沼

---

① 盘科学，赵泽军，何久楠. 恭城农民专业合作社显神通[N]. 桂林日报，2016-05-19(5).

气统一供气的现代能源开发和市场运作以及现代种植业的规模经营提供了充分保障，还能将养殖业向肉类加工业扩展，丰富产业组织内容。因此，恭城通过养殖专业户、养殖公司的产业化生产，进而稳定生产源头。一方面，恭城瑶族自治县培育养殖专业户，大办规模养殖，对养殖大户进行扶持、奖励；另一方面，注重加快培植和引进畜牧业龙头企业，有力地带动了全县规模化养殖和特色养殖产业的发展。2006 年以来，养殖业逐步成为恭城瑶族自治县的优势产业，肉猪、肉牛、肉鸡等传统养殖业的规模不断扩大，竹鼠、山鸡、豪猪等特色养殖业不断扩大。龙头企业的带动效应明显，该县先后引进河北裕丰集团、瑶香家禽养殖有限公司、春西牧业公司等企业，特别是瑶香养殖有限公司对当地经济的推动作用较为明显，如今已发展成为广西养殖龙头企业，带动周围 700 多户农户联营创业。①

3. 发展生态工业

尽管传统的"恭城模式"推动了恭城经济的飞速发展，在 1995 年底就消灭了村办企业的"空壳村"，全县村办企业达 246 个，但是，这种模式仅局限于生态种植、养殖业，这种小而全、重复建设的低效益企业最终并没有带来工业产量和质量的突变。"恭城模式"运行到 2002 年，第二产业比例仍然没有超过 20%，地方财政收入一直在 6000 万元左右徘徊。

如何摆脱这一困境？21 世纪初，恭城人开始了新的探索与实践，提出"跳出恭城看恭城""跳出农业抓农业"的发展思路，深知要从根本上改变农业内部结构循环的状况，就必须从单一的生态农业向生态工业、生态旅游业等领域的生态经济迈进，朝产业化、市场化、集约化方向发展，通过加强产业联动，实现产业间的相互促进。

一是依托丰富的资源优势，积极引进发展农产品深加工企业，如发挥水果大县优势，生产果脯、果酒、饮料、罐头等果品系列产品；发挥粮油优势，通过与中粮公司合作，引进粮油加工项目。发挥畜禽资源优势，发展肉制品行业；发挥森林资源优势，发展竹木加工业；二是通过引进汇源果汁、大连汇坤等农产品加工龙头企业，引导和带动农民实现以水果为主的农产品流通，使水果种植加工成为恭城农村的主要支柱产业。现恭城水果深加工企业已有 10 多家，年加工水果近 10 万吨，产值超亿元。三是大力培育农产

① 俸晓锦，徐枞巍. 广西民族地区农村经济共享式发展模式研究——以"恭城模式"为例 [J]. 广西社会科学，2013(11): 31-36.

品深加工产业基地。恭城通过科学规划，合理布局，打造出茶东食品饮料加工基地、嘉会酒类生产基地、莲花厘竹月柿加工基地等多个新型生态工业小区，形成了标准的"公司＋基地＋农户"的现代农业生产机制；水果榨汁、柿饼加工、农产品冷藏仓储及精品包装初具规模，形成了以莲花镇为中心的脆柿加工区、以燕兴工业新区为中心的规模月柿加工区。四是相继引进桂林恭城斯格种猪养殖项目、高科技橘桔示范园、裴氏月柿加工等项目，建立和扩大了一批农业产业带。五是加大招商引资力度。恭城对大项目实行"零收费、零距离服务、低地价引入"政策，针对性地引进了一批"带动能力强、科技含量高、能源消耗少、环境污染小"的项目，近 10 年来，共推进南方水泥、长行冶炼、振业机械厂、龙星电锌项目、汇坤农品等重点项目 400 多项，累计完成投资 40 多亿元。这种以龙头企业为核心，以特色工业带动和辐射地区经济的模式，不仅保障了水果销售，增加了就业，带动了纸箱制造业、仓储物流、中介咨询和餐饮住宿等相关行业的快速发展，还使"猪—沼—果"向"猪—沼—果—加工"的生态链延伸，改变了城乡二元经济结构，统筹城乡经济发展，推动了城镇化进程。

4.发展休闲农业和乡村旅游

近几年，新农村生态文明建设的内容不再局限于生态农业、生态工业等领域，还发展延伸到旅游业。恭城以保护生态环境、改善农村人居环境、建设美丽新农村为中心，大力完善农村基础设施建设，并依托恭城瑶族自治县内的历史文化资源、少数民族风情和乡村田园风光发展生态旅游，促使生态旅游同生态农业、生态工业共同构建起"养殖＋沼气＋种植＋加工＋旅游""五位一体"的恭城生态经济发展模式。

第一，建立了高标准的新农村示范点。恭城按照改水、改路、改房、改厨、改厕"五改"和交通便利化、村屯绿化美化、户间道路硬化、住宅舒适化、厨房标准化、厕所卫生化、饮用水无害化、生活用能沼气化、养殖良种化、种植高效化"十化"的建设标准，先后建成了大岭山、红岩、黄岭、黄竹岗等 20 多个集生态农业、观光旅游、休闲度假于一体的高标准新农村示范点，为全面改善农村人居环境树立了标杆。

第二，促进了农村第三产业的蓬勃发展，提高了农民收入。以恭城瑶族自治县莲花镇红岩村为例，该村依托优美的自然环境和特有的万亩绿色生态月柿园，建成了集农业观光、农家别墅、休闲度假、生态民俗旅游为一体的农业旅游景区。2003年，该村建成了第一批农家别墅，并于当年"十一"黄金周正式推出乡村生态旅游。2004年7月成立农家生态旅游协会，红岩村通过发展生态旅游，效益明显提高，成为乡村旅游致富的新典范。据统计，2013年红岩新村累计接待游客30万人次，休闲农业营业收入2983.2万元，村集体收入18.6万元，农民人均纯收入达13000元，其中人均非农收入达7460元，转移劳动力350人。红岩村先后荣获"全国农业旅游示范点""全国生态文化村""中国特色景观旅游名镇村""中国村庄名片""中国十大魅力乡村""桂林市首批生态文明新农村"等荣誉称号。

第三，开发了充满乡土气息的生态旅游项目。其一，开发了以乡村农舍、生态果林、溪流河岸、田园徒步、养殖业基地、农产品加工基地为主要内容的休闲农业观光游。其二，开发了以农家旅馆、农事劳作、农家饮食、农艺学习、果饮品尝、乡村民俗体验等为主要内容的"农家乐"体验式乡村游。其三，借助万亩无公害月柿果园、十里桃花长廊，组织举办"桃花节""月柿节""瑶族盘王节"及"关公文化节"等文化旅游项目。早在2003年，政府就组织了首届桃花节和首届月柿节，吸引游客43万人，全年实现社会旅游收入2800万元。[1] 2016年，恭城瑶族自治县莲花镇举行第十三届桂林恭城月柿节暨瑶族盘王节，共接待各地游客25.33万人次，实现旅游总消费2.2亿元，比第十二届节庆分别增长79.77%和87.31%[2]。其四，发展民族风情游。自古以来，恭城就是瑶族群众聚居地，境内有西岭新合瑶、观音平川瑶、嘉会唐黄瑶、势江五姓瑶、栗木平地瑶和三江伸家瑶六大瑶区，民风淳朴、瑶族民俗风情与众不同。恭城在生态旅游的旅游接待、风情表演、器物陈设上做好做足了"瑶"字文化：通过抢修和维护瑶家民居，建设了一批古老的、独具特色的瑶家村寨；通过挖掘和传承瑶族吹笙挞鼓舞、羊角舞、长鼓舞、师公舞和瑶族"三对半"口头艺术表演以及当地的"翻云合""咬碗""上刀山""下火海"等瑶族绝技，展示当地瑶族文化；通过推介恭城油茶、排散、柚叶粑、芋头糕等特色美食展现瑶乡饮食魅力；通过恭城关帝庙会、瑶族盘王节、婆王节、花炮节等地方特色民俗、

① 中共恭城瑶族自治县委员会，恭城瑶族自治县人民政府. 强化生态立县理念 推进美丽乡村建设 恭城瑶族自治县改善农村人居环境的探索与实践 [J]. 广西城镇建设，2015(11)：40-51.

② 周文俊，梁辉，孟柯汝. 恭城：一个月实现旅游总消费近2.2亿元 [N]. 桂林日报，2016-11-30(5).

民族庆典活动，推动第三产业发展。其五，发展自然风光与历史遗迹游。恭城拥有大量优美迷人的自然景观和富有历史文化底蕴的人文景观。自然景观方面，恭城以喀斯特地貌为主，以洞景、山景、水景为特色，境内山清水秀，洞奇石美。银殿山是全县最高的山，境内的翠峰山、卧虎山、罗汉山各具特色；潮水岩、观音仙姑岩、乐湾古樟林和大岭山桃花源景区是当地著名的景点。人文景观方面，县内有全国重点文物保护单位文庙、武庙、周渭祠、湖南会馆四大古建筑群，分别形成"文""武""官""商""情"等浓郁的文化旅游氛围，为恭城赢得了"华南小曲阜"的美誉。"华南小曲阜"恭城孔庙是广西迄今年代最久远、规模最宏伟、保存最完整的孔庙，属国家级文物保护单位，是纪念我国杰出教育家、思想家孔子的庙宇，已上《国家旅游景区辞典》大型词条，位于广西壮族自治区恭城瑶族自治县西山南麓，距桂林市108公里，是桂林旅游区域著名的明代文物旅游景点和游览胜地。恭城孔庙始建于明朝永乐八年（1410年），总面积3600平方米，是国内保存非常完整的孔庙之一，因此有"华南小曲埠"之称。巨塘、莲花一带的古墓群扑朔迷离；境内的红岩朱氏祠堂、朗山古民居、杨溪古民居尽显明清时期岭南民间建筑的艺术风格。这些自然、人文景观的良好组合为恭城县生态旅游开发与发展创造了十分有利的条件。2015年，恭城接待游客160万人次，实现社会旅游收入14亿多元，服务业增加值达20.56亿元，增长8.8%，税收2.77亿元。[①] 2018年，恭城高铁站上下旅客总量达183万人次，全年旅游人数增长50.2%，旅游消费总额增长47.7%[②]，旅游业实现量质双提升。

　　实践永无止境。"养殖—沼气—种植—加工—旅游""五位一体"的"恭城模式"随着社会发展也会永无止境。恭城继续探索健康旅游、乡村旅游、文化旅游；将加快推进高铁经济产业园基础设施、健康文化村、互联网影视旅游基地、瑶汉养寿城、瑶族文化村建设；将加速推进油茶特色小镇、瑶韵水寨、忠孝园、"三庙两馆"及三条古街改造提升；将继续抓好红岩生态农业文化公园建设，促进乡村健康休闲骑行道旅游项目落地建设，完善全域旅

① 黄枝君. 恭城瑶族自治县 2016 年政府工作报告 [EB/OL]. (2016-08-30). http://www.gongcheng.gov.cn/zwgk/jcxx/zfgzbg/201801/t20180105_1217511.html.

② 黄枝君. 恭城瑶族自治县 2018 年政府工作报告 [EB/OL]. (2018-03-14). http://www.gongcheng.gov.cn/zwgk/jcxx/zfgzbg/201803/t20180314_1217513.html.

游示范带；将推动互联网、大数据、人工智能和实体经济深度融合，在中高端消费、创新引领、绿色低碳、共享经济、现代供应链等领域培育新增长点，形成新动能，加快发展现代服务业。

三、"恭城模式"之启示

"恭城模式"是我国生态乡村建设的一个典型样本，20世纪80年代前，恭城瑶族自治县还相当贫困，长期依靠国家财政补贴。恭城人通过改善生态环境和加速经济发展，自力更生走出了一条生态和经济共同发展的道路。"恭城模式"对我国农村脱贫，建设"美丽中国""美丽乡村"具有重要的借鉴意义。

（一）地方政府的引导

政府是一个国家或一定区域的经济社会发展的总体规划者，是一个国家或一定区域社会权力的集中掌握者，是一个国家或一定区域社会资源的权威分配者，是一个国家或一定区域公共利益的主要代表者，是一个国家或一定区域社会公共事务的主要调控主体，政府扮演着不同方式、不同层次的角色。恭城的实践证明，生态农业、生态工业都是恭城瑶族自治县政府主导和推动下的生态经济发展模式。政策法律法规的解释、宣传和执行，经济发展战略规划的制定，各种资金的扶持、财政拨款和银行贷款，生产的管理规范、市场监督以及各方利益的协调，地方产业布局和结构调整，基础设施和公共设施的建设，各类信息咨询、技术指导和职业培训，农村基层干部队伍的培养，基层组织管理和服务管理结构的建设，这些都离不开政府的正确引导和扶持。

另外，领导干部在生态乡村建设中起着关键作用。如果在任的政府干部选择生态立县的理念而下一任政府干部不认可这个理念，不支持前任领导执行的项目，该项目就会因为缺乏资金而无法持续。20多年来，恭城历届领导干部都坚持"换届不换路"的理念，没有一任政府干部为了个人政绩而推翻前任干部的政策，一届一届领导干部接力发展生态农业，并根据发展新情况，不断创新"恭城模式"的内容。恭城县历任领导干部都树立了绿色政绩观，把为人民谋利益作为个人的事业追求，每届县委书记都会告诫班子成员，生态恭城是一面旗帜，无论传到谁手上，都不能倒下，只能传得更好。

恭城县对领导干部工作绩效考核，一直以来都是把"有作为、会作为、敢作为"作为考核的重要标准，并将农村人居环境改善工作纳入乡镇各部门绩效考评的管理内容，把资源消耗、环境保护、生态效益等指标纳入干部考评体系。恭城县通过选人用人、评先评优的杠杆，加强领导干部树立绿色发展理念。直到现在，恭城领导干部交接还保留着一个不成文的传统："前任领导带新任领导上山下村，走果园、进田园。"[①] 恭城有良好的政治环境、融洽的干群关系，正如恭城瑶族自治县县长黄枝君所总结的一样，恭城始终坚持"生态立县、加强生态保护、发展生态经济、持续改善农村人居环境"[②] 的理念，才取得如今的成绩。

（二）人民群众的参与

恭城瑶族自治县在20世纪80年代以前是一个极其贫困的国家级贫困县，如果没有广大农民的积极参与，恭城瑶族自治县生态乡村建设就不可能取得这样的明显效果。"恭城模式"在建设之初，主要精力都放在发动群众上，用规划引导农民，用示范村建设带动农民的积极性。在示范村的带动下，农民主动请政府部门帮忙，为自己家设计规划，并心甘情愿地拿出钱建设新村。除调动农民积极性外，恭城瑶族自治县还注重培育新型农民，推进生态乡村建设。恭城瑶族自治县通过深入开展"科技培训下乡月"活动，利用农广校、职业中学、农机校、农村党员培训中心、乡镇成人学校等基地，运用电脑、远程教育网、有线电视等，对全县农民进行农业实用技术和劳务技能的网络培训，开设畜禽养殖、水果生产、蔬菜生产、流通、资金信贷等20多个专业，采取室内讲解与田间操作相结合的方式开展培训；加强劳动者最新管理经验的学习，加强其市场经济意识的培养，加强其对专业知识和技能的掌握，进而全面提高农村劳动力素质，为农村社会经济发展提供了人力支撑。"恭城模式"的实践始终围绕老百姓的增收致富问题展开，通过政策支持，鼓励农村创业带头人带动农民创业，当地农民作为社会变革的创造者和实践者，始终坚持"以人为本"的科学理念。

---

① 刘华新，谢振华. 广西恭城坚守"生态立县"30余年——11任县委书记一根接力棒 [N]. 人民日报，2017-02-10(16).

② 黄枝君. 恭城瑶族自治县2016年政府工作报告 [EB/OL]. (2016-08-30). http://www.gongcheng.gov.cn/zwgk/jcxx/zfgzbg/201801/t20180105_1217511.html.

（三）科技文化的推动

科学技术是第一生产力，实现农村经济可持续发展，关键在于有掌握科技文化的人才。在沼气池建设方面，恭城人一开始就用"技术先进、技术过硬"这八个字来要求自己。一是县农村能源办公室的领导和工作人员都必须懂理论、会技术，不懂的先学习。二是沼气池建设、沼气池管理和维修、沼气综合利用等方面都坚持技术承包和技术指导。三是专业队每年复训一次，更新知识技术。在水果种植业上，恭城瑶族自治县也将技术人才作为重要支撑。一是建立果农与农技推广部门的协同机制，不断推广和创新水果种植技术。二是将水果种植产业化、无公害化、优化种植技术推广应用。三是着力培养科技示范户，制订周密的农业科技示范户培训计划，派出科技特派员并由他选定科技示范户进行重点培育，科技示范户引领村民学技术、用技术。

（四）区域文化与经济建设的协同发展

"恭城模式"的不断发展始终面临着地域文化与经济发展之间的矛盾。该矛盾并不是不可调和，恭城瑶族自治县把当地的民族文化、地域文化有效转化为一种经济发展要素，发展生态旅游业，协调了经济发展与地域文化传承的问题。当地的房屋建设采用修旧如旧的办法，既避免了大拆大建大改的花费，又保留了本土的民族风貌元素。乡土建设示范点矮寨村共种茶叶、麦冬草等植被面积2200平方米，种植桂花树、垂柳各60株，紫薇、红檵木、木榄等各类灌木500株。[①] 独具桂北乡土风格的建筑吸引了大批游客，促进了当地经济的发展。恭城瑶族自治县还以生态资源作为民族风俗旅游发展的人文资源，举办桃花节和月柿节期间，举行丰富多彩的民俗表演，如瑶族民间绝活表演、广西山歌王对垒赛、民族风情舞蹈等，为游客准备传统小吃油茶。恭城瑶族自治县将地域文化作为资源加以利用，不仅促进了第三产业的发展，增加了农民的收入，还传承和弘扬了当地的传统文化。

（五）市场经济的导向

任何生态产业都不能孤立发展，都需要通过产业协同发展，发挥规模效

---

① 黄凯旋. 我国生态乡村建设研究——以广西恭城县生态乡村建设为例 [D]. 南宁：广西大学，2017.

应来发展壮大。只有选了优势产业，紧跟市场步伐，把握市场变化，了解产品市场最新的品种、技术、管理和销售信息，才能生产出市场欢迎的产品。提高产品的生产效率，还必须在初级产品的基础上进行深加工，在产品功能开发、产品包装、产品运输、产品组合营销等方面下足功夫，最终形成围绕以农业种植为源头，以农业加工为主体，以产品销售为目标的全程经营模式，延伸产品生产的产业链。恭城华江乡的 100 多家毛竹加工企业对毛竹进行深加工，提高了毛竹的经营利润。恭城莲花镇在月柿深加工方面下足了功夫，成功引入汇源公司进行果汁加工，柿饼、柿酒、柿醋、柿果脯等产品投入市场，深受消费者喜爱。恭城除了推行农产品深加工外，还在水泥建材、矿产、粮油产品上推进产业深加工，引领恭城生态农业、生态工业经济发展。

（六）因地制宜的原则

创新是一个民族进步的灵魂，是一个国家兴旺发达的不竭动力。恭城瑶族自治县属中亚热带季风气候区，水源丰富、气温温和、土壤深厚肥沃，天然的自然条件适宜种植月柿、沙田柚、桃子、柑橘等水果。但 20 世纪 80 年代前，恭城县并未大量种植水果，而是种植粮食，但山地多，耕地少，天然条件限制了粮食产量，经济效益低。恭城人有创新精神，从单一种粮到立体种果（适当调整种植结构的决策，当地俗称"调田"）；从"燃料大战"到"撬山种果"；从沼气池建设到集中建池、统一供气；从个体庭院经济到集约化、规模化种植和牛羊兔鹅等立体养殖。生态经济链条从第一产业内部循环向第二、三产业延伸，从"猪—沼—果""三位一体"向"养殖—沼气—种植—加工—旅游"五位一体拓展，无不展示了恭城人不断进取、不断创新、稳扎稳打的工作精神。

第二节　荒漠化青山的弄拉模式

马克思主义关于处理人与自然关系的方法论是对自然"有所作为"和"有所不为"的统一。党的十九大报告提出的尊重自然、顺应自然、保护自然，坚持人与自然和谐共生的生态文明理念，体现了人对自然的"有所不为"。与此同时，十九大报告提出的开展国土绿化行动，推进荒漠化、石漠化综合治理的措施，则是对自然的"有所作为"。广西马山"弄拉模式"的伟大实践有效地改善了大石山区生态环境，为石漠化地区环境治理和生态发展创立了典范。

一、弄拉的石漠化治理

"弄拉模式"的探索先后经历了三个阶段。1964—1978 年，弄拉人封山育林，坚持"封、造、管、节"相结合，逐渐立体布局农、果、林各业。1979—1990 年，在土地利用方面，弄拉人开始向多种经营发展，采取个人承包与集体经营相结合的办法，少数地方逐渐形成了立体农业模式，并获得了很好的经济效益和生态效益。1991 年至今，弄拉人对耕地、用材林与果林用地进行大幅度调整，逐渐探索出了"山顶林、山腰竹、山脚药和果、低洼粮和桑"立体生态发展的"弄拉模式"[①]。

（一）封山育林，让石山区"绿起来"

20 世纪 50～60 年代，弄拉原有的天然林全部被砍光。这不仅造成了森林植被破坏、水土流失剧增、旱涝自然灾害频繁、生态系统严重退化，还造成了弄拉屯地表石漠化、作物产量低、人畜饮水难等问题。面对如此艰难的生存环境，弄拉人要么搬出大山，另觅新地；要么驻守弄拉，恢复生态。勤劳智慧的弄拉人选择了驻守，他们开始着手重建绿色生态环境，积极探索农村经济发展的新方式。近 60 年来，弄拉人采用"封、管、造、节"相结合的方法，让石山区绿了起来。具体而言，一是靠"封"法。从 1964 年开始，弄拉人开始对田湾山、鸡蛋堡、下弄拉东等几个泉水源地山峰进行封山育林[②]。对于天然林、薪炭林，弄拉人采取死封措施，不准任何人进入林区砍柴、割草和放牧等，加强了对水源林的保护。二是靠"管"法。为了保护山林，屯里制定了村规民约。村民烧火只能捡山上的枯树枝，坚决不准砍树。为此，屯里还成立护林小组，每月都派出 6 个青壮年在山林里巡逻，不准人随便进山乱砍树木。若村民需砍树制作生产工具，必须先种后砍，每砍一棵树，须种 6 株苗[③]。三是靠"造"法。对于竹林、果林、经济林和香椿、

---

① 李兵.构建环弄拉自然保护区生态旅游区的战略思考[N].南宁日报,2013-08-26(5).

② 蒋忠诚.广西弄拉峰丛石山生态重建经验及生态农业结构优化[J].广西科学,2001(4):308-312.

③ 粟雄飞,尹文嘉,甘日栋.广西喀斯特地区石漠化治理范例探讨——以广西马山县"弄拉模式"为例[J].中共南宁市委党校学报,2010,12(6):51-54.

苦楝、菜豆树和任豆树等有用材林，弄拉人采用人工造林方法，制定了"分山到户，谁种谁收"的策略，鼓励村民大量种植。当时，还有一条不成文的村规民约，即每年春季，年满 16 岁以上的村民都要上山栽 10 棵树，每户人家都要派人上山种 10 兜竹子。当然，多种不限，而且还严禁村民到山上放牧[①]。四是靠"节"法。在政府帮助下，从 20 世纪 90 年代开始，弄拉屯每户人家建起了沼气池，利用沼气解决了做饭、烧水、照明等问题。使用沼气的益处很多。一方面，它节省了村民的开支。未使用沼气之前，在用电较多时，平均每户人家做饭、烧水、照明的电费一个月就要花 100 多元。另一方面，各家种的果树用沼液、沼渣等有机肥施肥，结出的果子既大又甜，一定程度上增加了村民的收入。此外，使用沼气还可保护生态环境，村民不用再砍伐林木当燃料了。经过弄拉人积极探索和不懈努力，弄拉成为了旱地中的绿洲。20 世纪 80 年代末，弄拉屯的水土流失得到治理，石漠化得到有效遏制，生态环境得到改善，弄拉屯基本实现了绿化的目标。1980—1981 年左右，25 座山峰重新形成了以常绿阔叶林为主的茂密次生林，这种次生林恢复后的植物物种与海南省六连岭的热带雨林的丰富度相当[②]。1983 年，弄拉屯实行家庭联产承包责任制后，村民植树造林、恢复生产的积极性更加高涨，开始种植一些果树、中草药等，以增加收入。截至 2006 年，经过生态重建，弄拉屯在无国家投资的情况下，森林覆盖率提高到 72%，植被覆盖率达 90%[③]。2008 年 6 月 19 日，弄拉自治区级自然保护区成立，范围涉及马山县古零镇、古寨瑶族乡和加方乡 14 个行政村，157 个经联社，总面积达 12.7 万亩。那时，该保护区森林覆盖率达 79.6%（含灌木林），绝大部分是天然林，已成为较为完整的喀斯特石山森林生态系统[④]。2010 年，西南地区发生 60 年不遇的特大旱灾，许多植被稀少、水源缺乏的大石山区都成为重灾区，仅广西就有 300 多万人、200 多万头大牲畜出现临时饮水困难[⑤]。但

①　唐广生.大旱之年无旱象中国石漠化治理冒出的"弄拉模式"[N].广西日报,2010-05-13.
②　陈金钊."法治改革观"及其意义——十八大以来法治思维的重大变化[J].法学评论,2014(6):1-11.
③　吴孔运,蒋忠诚,邓新辉,等.喀斯特石山区次生林恢复后生态服务价值评估——以广西壮族自治区马山县弄拉国家药物自然保护区为例[J].中国农业生态学报,2008(4):1011-1014.
④　李兵.构建环弄拉自然保护区生态旅游区的战略思考[N].南宁日报,2013-08-26(5).
⑤　粟雄飞,尹文嘉,甘日栋.广西喀斯特地区石漠化治理范例探讨——以广西马山县"弄拉模式"为例[J].中共南宁市委党校学报,2010,12(6):51-54.

马山弄拉却依然水源充足、树木葱郁、农作物长势良好，这都得益于弄拉的绿化行动。

（二）绿色产业，让石山区"立起来"

弄拉是广西马山县古零镇古零村村屯，属于典型的喀斯特岩溶石山区，共有 25 座高峻、陡峭的连座石峰，海拔 600m～740m，占地约 80%。峰丛之间有 7 个圆形洼地，当地村民称之为"弄场"，是农业作物区。洼地深嵌于石峰之间，峰洼高差 120m～260m 不等，共占地约 20%[①]。为了进一步保护山林，增加村民的收入，弄拉人根据耕地少、山地和坡地多、土壤多为粘土、肥力一般较高，且富含钙质和许多微量元素的实际情况，合理调整种植结构，因地制宜地发展特色产业，合理布局，深化立体生态农业。一般地，坡地上段长期封山育林，重点发展水源林和景观林，这样就形成了以保障生活用水和灌溉用水的高效水源林；坡地中段发展以保障经济效益与生态效益的用材林和果林。有土地段，适当发展刁竹、运香竹等竹林，建成了以竹子、任豆树、椿树等为主的石山区用材林基地；山麓、平缓的山坡重点发展果树和经济林、用材林和间种药材，建成以枇杷、柿子、黄皮果、柑桔、龙眼、李果等为代表的水果基地。峰丛垭口和比较陡的山坡建成了以金银花、两面针、土党参、苦丁茶、青开葵为代表的药材基地；在坡的坡麓处，弄拉人根据土地成因类型，结合市场需求，因地制宜、因时制宜地合理调整种植的粮食作物。比如，弄拉人把每公顷产量可达 5000 千克的高营养和高经济价值的粮食作物旱藕与产量较低的普通粮食作物米进行套种，提高了土地产量。弄拉这种立体的生态发展模式不仅提高了农业的经济效益，还增加了农民收入。1985 年，弄拉屯村民人均年收入 791 元，1992 年增加到 1220 元，2003 年再增到 2552.4 元[②]。2004 年，弄拉村民人均纯收入已达 5260 元。其中，82% 的收入来源果品、药材。到 2012 年，弄拉拥有药材 500 多亩，中药材 200 多种，用材林 790 多亩，果树 650 多亩，人均纯收入达 6000 多

---

① 蒋忠诚.广西弄拉峰丛石山生态重建经验及生态农业结构优化 [J].广西科学,2001(4):308-312.

② 曾令锋,罗成,黎树式,等.广西喀斯特峰丛区土地利用生态—生产优化结构及其效益分析——以广西马山县弄拉屯为例 [C].// 中国地理学会 2004 年土地变化科学与生态建设学术研讨会.2004:482-489.

元^①。此外，弄拉人还依托良好的自然资源优势，大力发展休闲农业。近几年来，弄拉逐步形成"以林为主、林果结合、套种药材、综合经营"的绿色经济新格局^②。

（三）生态旅游，让石山区"富起来"

弄拉模式不仅是峰丛石山区土地利用结构调整成功的典范，还是贫困石山区脱贫致富的典范。弄拉风光秀丽，29 座山峰合围成兰靛堂、上弄拉和下弄拉等 12 个弄场，9 个耕作区，最高峰海拔为 733.3 米；弄拉植被丰富，森林覆盖率高，景区内有林面积达 133.23 公顷，负氧离子含量高，被称为天然氧吧；弄拉污染少，山泉清冽，被称为天然的矿泉水；弄拉气候怡人养人，即使在炎热夏季，日平均温度依然在 23 ～ 24℃之间，被称为避暑山庄；弄拉生物资源繁多，有 200 多种中草药植物和 22 种国家重点保护动物，被称为动植物的生长乐园；弄拉交通十分便利，距首府南宁约 110 公里，距马山县城 20 多公里，被称为休闲、度假的理想圣地。弄拉人根据山高、谷深、泉清、林茂等自然特征，合力发展生态休闲旅游。2008 年底，广西第一个农民自发组织的旅游专业合作社成立。当时，25 户家庭共 125 人全部入社。弄拉的经济能人李荣光带领村民，以土地（耕地）承包经营权和林（山林）地量化自愿入股，参与开发、经营管理合作社的生态旅游项目。其中，开发商与村民共同享有成果，所得利润开发商占 40%，村民占 60%。与此同时，开发商还为村民新建了统一的楼房。这种以"农户＋公司"发展生态旅游的经营模式使弄拉村民走上了共同创业的致富之路。采用该模式后，弄拉的生态旅游获得了良好的经济效益，仅 2013 年春节当天，接待游客已达 3 万多人。在这些游客中，除了有些是国内有关部门的考察团、媒体记者外，还有很多是来自美国、新加坡、日本等国的游客。所以，2018 年 4 月 2 日，在重庆市南川区举行的 2018 中国美丽乡村休闲旅游行（春季）推介活动中，广西马山被国家农业部授予"全国休闲农业和乡村旅游示范县（市、区）"称号。

---

① 李兵 . 构建环弄拉自然保护区生态旅游区的战略思考 [N]. 南宁日报 ,2013-08-26(5).
② 李兵 . 构建环弄拉自然保护区生态旅游区的战略思考 [N]. 南宁日报 ,2013-08-26(5).

二、"弄拉模式"的哲学理据

弄拉人在治理大石山区石漠化问题时所创立的"弄拉模式"体现了弄拉人的智慧与勤劳，并蕴含着马克思主义生态哲学观，即在处理人与自然的关系时，要注重"有所作为"和"有所不为"的统一。

（一）对自然的"有所作为"

实践是人类生存和发展的最基本活动，也是人类社会生活的本质。马克思在《关于费尔巴哈的提纲》中提到，实践是感性的、对象性的物质活动。也就是说，实践（即劳动）是人作为实践主体与自然客体所发生的一定的对象性活动，这种活动是人按照人的价值尺度，使自然界向着人的需要方向不断地生成的一个过程。对自然的"有所作为"本质上就是人能动地改造自然的实践活动。"弄拉模式"就是弄拉人对自然"有所作为"的成功实践。弄拉人通过自己的勤劳与智慧把原本几乎面临生存绝境的荒山变成了自治区级生态自然保护区让弄拉绿起来了，通过成立旅游专业合作社，让村民走上了共同创业的致富之路。

总之，人对自然的"有所作为"就是人作为自然存在物的生存之本，必须要对自然界进行积极的活动。"弄拉模式"的成功实践正是弄拉人对自然积极的"有所作为"。弄拉人在认识、掌握了自然规律的基础上，按照对自己有益的方式改造自然物质，进而不断地使自然界人化，从而使自然物质日益适应、保障和满足人自身发展的客观需要。

（二）对自然的"有所不为"

人对自然的"有所作为"并不是主张人们盲目地改造自然，对自然界恣意妄为，不遵守自然界的客观规律，而是主张人们要对自然"和解"，肯定人对自然"有所不为"的合理性与必然性。这种"有所不为"是指实践主体改造自然客体必须遵守自然领域和社会领域的内在规律，这些规律的外在尺度规定了人对自然"有所作为"与"有所不为"的尺度、范围、深度、广度、规模、程度。这两种客观的规定也决定了人对自然必须有一定的"不为"。只有这样，才能有效保证人对自然"有所作为"的实践效应，从而达到人与自然的动态平衡，使人与自然的和谐发展达到最佳状态。前文中提到，弄拉屯是高寒石山区，具有山高、谷深、泉清等自然特征，弄拉人则根据这些自然特征，对水源地山峰采取封山育林的办法，以保持青山本色，合力发展生态休闲旅游。另外，弄拉山地多、耕地少，弄拉人又合理调整种植结构，形成了弄拉的立体生态发展模式。众所周知，人是自然存在物，是作为自然界的一部分而存在，保护自然就等于保护了人类自身。弄拉人用封山育林的方法把弄拉改造成了青山绿水之地，这正是弄拉人保护自然的有力表现。人是社会存在物，且有意识。人的这种意识能够将主体自身的内在尺度和自然与社会物质的外在尺度有机统一起来，做到对自然的有所作为与有所不为，从而在变革自然的实践中保护自然，在保护自然的实践中改变自然。弄拉开创的生态休闲旅游、生态绿色经济发展格局即是最好的明证。

（三）"为"与"不为"的具体的、历史的统一

马克思主义认为，人对自然的有所不为与有所作为是两个相互制约、相互影响的方法论原则，它们是相辅相成的、具体的、历史的统一。对自然"为"与"不为"的实践活动之所以是具体的，是因为二者的统一只能在一定社会领域的对象性活动中，且二者的统一还是有条件的、相对的。对自然"为"与"不为"的实践活动之所以是历史的，是因为实践的内容、性质、范围、水平都要受到一定历史条件的制约，也会随着一定社会历史条件的发展变化而不断发展变化，这一过程是在对象性活动基础上不断打破旧的而又不断生成新的统一的矛盾运动过程。在社会主义新农村建设中，"弄拉模式"是石漠化地区环境治理和立体生态发展的科学模式。马克思主义关于处理人与自然关系的方法论为马山"弄拉模式"提供了哲学理据。在新时代，弄拉人建设美丽乡村时会更加自觉地运用这个方法论，凝聚智慧，贯彻新发展理念，把"中国生态保护的典范""全国休闲农业和乡村旅游示范县（市、区）""大石山区石漠化治理的标杆"和"人与自然和谐发展的典范"这些响亮名片带向更美好的未来。

四、"弄拉模式"对大石山区乡村振兴的启示

立体生态发展的"弄拉模式"的生态价值和社会经济价值是巨大的。因

此，马山"弄拉模式"对推进大石山区乡村振兴，尤其在生态文明建设方面具有重要的启示。

（一）保护天然的生态资源是乡村振兴的前提条件

当保护措施。在这项工作中，有两种力量至关重要。其一，政府的力量起到了重要作用。在弄拉，村长李义康精通各种中草药药理，在平时农活之余，他常常利用中草药为村民治愈各种疑难杂症，这件事渐渐地传开了。随后，马山县医院、广西药用植物园派出相关人员到弄拉咨询、交流。1982年，政府也组织相关人员到弄拉进行考察，结果在弄拉发现了270多种中草药[①]。随后，政府就公布了一份保护弄拉药材的红头文件："不要到弄拉生产队所属的山林、坡地砍柴割草、放牧牛羊；不要砍伐林果树木和乱采乱挖药材"[②]，从此，弄拉的生态环境就有了制度的保障。其二，弄拉村民的环境保护意识也是关键之一。早在20世纪60年代，弄拉人就有了环境保护意识，村民自觉约定"逢砍必种"、派专人巡山，他们还宣传防火理念，这种自觉的村规民约对石漠化地区脆弱的生态环境起到了保护作用。弄拉人保护环境的行动告诉人们，良好生态环境是最普惠的民生福祉，也是村民最公平的公共产品，因此，保护和改善生态环境就是保护和发展生产力。只有悉心呵护环境，生态环境才会反哺人类。

（二）改造天然的自然环境是乡村振兴的重要原因

要想治理石漠化，建设美丽乡村，就要改造乡村的生态基础设施。首先，在绿化方面，我们应造林增加森林覆盖率。岩石裸露、水土流失迫切需要林木以保持水土、涵养水源，为此，弄拉人封山育林，加大林木覆盖率。其次，在交通方面，我们应修造乡村公路以加强与外界的联系。石漠化地区的石山重重，要将偏僻的石山区与外界沟通，公路的畅通至关重要。只有交通的畅通，才能进一步促进当地经济的发展。再次，在水利方面，我们应改造水利设施来预防自然天灾。石漠化地区地质特殊，长时间不下雨易产生岩溶干旱，但一下雨则涝。为此，我们可以重新设计水利线路和修建水坝以

① 蒋忠诚.广西弄拉峰丛石山生态重建经验及生态农业结构优化[J].广西科学,2001(4):308-312.

② 林岚.弄拉，得益于四十年前那场水源林"保卫战"[J].人与生物圈,2009(5):54-61.

应对恶劣的天气。最后，在能源方面，我们应使用环保节能的新能源。弄拉人善于发现和使用新燃源。在农村，为了解决基本的生活问题，每家每户都要烧柴、烧水，弄拉人就以沼气技术为突破口，改造农民的住房、厨房、厕所。这样一来，弄拉村民的生活燃料问题不仅得到了解决，还有效保护了弄拉的天然林木，改善了农村的生态环境。

（三）政府的统筹规划是乡村振兴的关键要素

实施乡村振兴战略，必须提高新时代党领导农村工作的能力和水平。如何利用弄拉的特殊地形、地势综合发展农业、林业、牧业，如何创新思路对石漠化问题进行综合治理、开发，这是广西乃至西南石漠化治理的关键所在。为了解决这些问题，马山县按照国家、自治区有关农业与旅游业的发展规划，围绕黑山羊、里当鸡、桑蚕、金银花、旱藕等特色产业，挖掘其产业的文化底蕴，建成了特色鲜明的产业文化基地。此外，实施封山育林政策，通过依托绿水青山，发挥生态优势，发展生态养生休闲农业，打造金山银山。目前，马山县形成了每个乡镇都有生态综合示范村和现代特色农业示范区的示范带动模式。例如，在乔老河休闲农业示范区，打造了以"山水映农家，诗画小都百"为主题的小都百综合示范村。在这个示范村里，建设了农业园、百家园、百乐园、百香园、水车园、江亭园，这里已成为环弄拉生态旅游区和休闲农业旅游基地。下一步，政府将以休闲农业和乡村旅游为主线，以山为文章，着重打造环弄拉生态田园综合体、攀岩小镇，以水为文章，着重打造红水河百里画廊，姑娘江下游休闲农业示范带，实实在在地把绿水青山变成金山银山。

（四）具有开放、创新的思维是乡村振兴的内在动力

一个地区、一个国家要发展，都离不开引进来走出去。从弄拉的石漠化治理与振兴发展中，我们可以得出以下几个结论：一是要顺应市场经济规律，争取社会各类资本参与到弄拉的可持续发展开发战略中，从而使大石山区的石漠化治理社会化。要做到这点，我们可以积极引进国内外知名品牌、大型旅游企业以及民间投资者，通过参股、租赁承包、特许经营等多种合资合作方式让其参与开发生态旅游，比如加强区域合作，采用资源互享、客

源互流、优势互补、市场互兴的措施。2008 年底，第一家弄拉生态旅游专业合作社成立，其运作方式便是开发商与村民共同开发、合作经营，弄拉村民从此走上了致富之路。目前，马山县休闲农业与乡村旅游景区达 148 个，已形成环弄拉"陆路上的漓江"经典旅游线等 12 条精品旅游线路。2017 年，包括弄拉在内的马山县接待国内外游客 319.5 万人次，近三年平均增长 25%；旅游总收入 22.3 亿元，近三年平均增长 30%。二是要改变乡村原有的单一的耕种模式，对生产模式和经济发展模式进行创新，综合发展以林为主、林果结合、套种药材的耕种方式。三是要保持思维的开放与创新。思维转变不仅要渗透到生产模式以及经济发展模式之中，还要渗透到人的实际生活当中。弄拉人运用互联网思维，谋划特色（休闲）农业发展。一方面，他们借助网络营销、网上预订和网上支付等电商平台，推介休闲农业，销售黑山羊、金银花、旱藕粉等特色农产品。另一方面，他们借助各种节会品牌，发展休闲农业。他们通过中国—东盟山地马拉松系列赛（马山站）赛事、文化旅游美食节和月月生态旅游活动等节会活动，不断扩大马山"弄拉模式"的影响力，树立了休闲农业品牌形象。

总之，通过这一系列措施，大石山区石漠化问题得到了有效治理，乡村经济得到了快速发展，乡村人居环境得到了有效改善。

参考文献

著作类

[1]　中共中央马克思恩格斯列宁斯大林著作编译局. 马克思恩格斯文集：第 1 卷 [M]. 北京：人民出版社, 2009.

[2]　中共中央马克思恩格斯列宁斯大林著作编译局. 马克思恩格斯文集：第 2 卷 [M]. 北京：人民出版社, 2009.

[3]　中共中央马克思恩格斯列宁斯大林著作编译局. 马克思恩格斯文集：第 3 卷 [M]. 北京：人民出版社, 2009.

[4]　中共中央马克思恩格斯列宁斯大林著作编译局. 马克思恩格斯文集：第 4 卷 [M]. 北京：人民出版社, 2009.

[5]　中共中央马克思恩格斯列宁斯大林著作编译局. 马克思恩格斯文集：第 5 卷 [M]. 北京：人民出版社, 2009.

[6]　中共中央马克思恩格斯列宁斯大林著作编译局. 马克思恩格斯文集：第 6 卷 [M]. 北京：人民出版社, 2009.

[7]　中共中央马克思恩格斯列宁斯大林著作编译局. 马克思恩格斯文集：第 7 卷 [M]. 北京：人民出版社, 2009.

[8]　中共中央马克思恩格斯列宁斯大林著作编译局. 马克思恩格斯文集：第 8 卷 [M]. 北京：人民出版社, 2009.

[9]　中共中央马克思恩格斯列宁斯大林著作编译局. 马克思恩格斯文集：第 9 卷 [M]. 北京：人民出版社, 2009.

[10] 中共中央马克思恩格斯列宁斯大林著作编译局 . 马克思恩格斯文集 : 第 10 卷 [M]. 北京 : 人民出版社 , 2009.

[11] 中共中央马克思恩格斯列宁斯大林著作编译局 . 马克思恩格斯选集 : 第 1 卷 [M]. 北京 : 人民出版社 , 1995.

[12] 中共中央马克思恩格斯列宁斯大林著作编译局 . 马克思恩格斯选集 : 第 2 卷 [M]. 北京 : 人民出版社 , 1995.

[13] 中共中央马克思恩格斯列宁斯大林著作编译局 . 马克思恩格斯选集 : 第 3 卷 [M]. 北京 : 人民出版社 , 1995.

[14] 中共中央马克思恩格斯列宁斯大林著作编译局 . 马克思恩格斯选集 : 第 4 卷 [M]. 北京 : 人民出版社 , 1995.

[15] 列宁 . 列宁全集 : 第 5 卷 [M]. 北京 : 人民出版社 , 1986.

[16] 列宁 . 列宁全集 : 第 23 卷 [M]. 北京 : 人民出版社 , 1990.

[17] 列宁 . 列宁全集 : 第 35 卷 [M]. 北京 : 人民出版社 , 1990.

[18] 列宁 . 列宁全集 : 第 55 卷 [M]. 北京 : 人民出版社 , 1990.

[19] 列宁 . 列宁全集 : 第 18 卷 [M]. 北京 : 人民出版社 , 1990.

[20] 列宁 . 列宁选集 : 第 2 卷 [M]. 北京 : 人民出版社 , 1995.

[21] 毛泽东 . 毛泽东选集 : 第 1 卷 [M]. 2 版 . 北京 : 人民出版社 , 2008.

[22] 毛泽东 . 毛泽东选集 : 第 3 卷 [M]. 2 版 . 北京 : 人民出版社 , 2008.

[23] 毛泽东 . 毛泽东文集 : 第 7 卷 [M]. 北京 : 人民出版社 , 1999.

[24] 邓小平 . 邓小平文选 : 第 1 卷 [M]. 北京 : 人民出版社 , 1994.

[25] 邓小平 . 邓小平文选 : 第 2 卷 [M]. 北京 : 人民出版社 , 2008.

[26] 邓小平 . 邓小平文选 : 第 3 卷 [M]. 北京 : 人民出版社 , 1993.

[27] 邓小平 . 邓小平著作思想生平大事典 [M]. 山西 : 山西人民出版社 , 1993.

[28] 江泽民 . 江泽民文选 : 第 1 卷 [M]. 北京 : 人民出版社 , 2006.

[29] 江泽民 . 江泽民文选 : 第 2 卷 [M]. 北京 : 人民出版社 , 2006.

[30] 江泽民 . 江泽民文选 : 第 3 卷 [M]. 北京 : 人民出版社 , 2006.

[31] 胡锦涛 . 胡锦涛文选 : 第 1 卷 [M]. 北京 : 人民出版社 , 2016.

[32] 胡锦涛 . 胡锦涛文选 : 第 2 卷 [M]. 北京 : 人民出版社 , 2016.

[33] 习近平 . 之江新语 [M]. 杭州 : 浙江人民出版社 , 2007.

[34] 中共中央宣传部. 习近平总书记系列重要讲话读本 [M]. 北京：学习出版社，人民出版社，2014.

[35] 国务院新闻办公室，中央文献研究室，中国外文局. 习近平谈治国理政：第1卷 [M]. 北京：外文出版社，2014.

[36] 国务院新闻办公室，中央文献研究室，中国外文局. 习近平谈治国理政：第2卷 [M]. 北京：外文出版社，2017.

[37] 国务院新闻办公室，中央文献研究室，中国外文局. 习近平谈治国理政：第3卷 [M]. 北京：外文出版社，2020.

[38] 中共中央宣传部. 习近平系列讲话读本 [M]. 北京：学习出版社，人民出版社，2014.

[39] 中共中央文献研究室. 习近平关于社会主义生态文明建设论述摘编 [M]. 北京：中央文献出版社，2017.

[40] 中共中央文献研究室. 十六大以来重要文献选编（上）[M]. 北京：中央文献出版社，2005年。

[41] 习近平. 福州市20年经济社会发展战略设想 [M]. 福州：福建美术出版社，1993: 21.

[42] 中共中央文献研究室. 十四大以来重要文献选编（中）[M]. 北京：人民出版社，1997.

[43] 中共中央文献研究室. 十四大以来重要文献选编（上）[M]. 北京：人民出版社，1997.

[44] 中共中央文献研究室，中央湖南省委《毛泽东早期文稿编辑组》. 毛泽东早期文稿 [M]. 长沙：湖南人民出版社，1990: 194.

[45] 庄福龄. 简明马克思主义史 [M]. 3版. 北京：人民出版社，2004.

[46] 刘建军，沈江平. 马克思主义基本原理概论 [M]. 北京：高等教育出版社，2018.

[47] 王南湜. 马克思主义哲学中国化的历程及其规律研究 [M]. 北京：北京师范大学出版社，2012.

[48] 郇庆治. 环境政治学：理论与实践 [M]. 济南：山东大学出版社，2007.

[49] 郇庆治. 环境政治国际比较 [M]. 济南：山东大学出版社，2007.

[50] 卢风. 生态文明新论 [M]. 北京：中国科学技术出版社，2013.

[51]　黄洪民 . 现代市场营销学 [M]. 青岛：青岛出版社，2002.

[52]　刘湘溶 . 我国生态文明发展战略研究 [M]. 北京：人民出版社，2012.

[53]　何林 . 广西生态文明艰涩的理论与实践研究 [M]. 北京：中国社会科学出版社，
　　　2017.

[54]　俞可平 . 全球化时代的"社会主义"九十年代国外社会主义述评 [M]. 北京：
　　　中央编译出版社，1998: 231.

[55]　陈灵芝，陈伟 . 中国退化生态系统研究 [M]. 北京：中国科学技术出版社，
　　　1995: 94.

[56]　顾镜清 . 未来学概论 [M]. 贵州：贵州人民出版社，1985.

[57]　奚广庆，王瑾 . 西方新社会运动 [M]. 北京：中国人民大学出版社，1993: 228–229.

[58]　陈学明 . 苏联东欧剧变后国外马克思主义趋向 [M]. 北京：中国人民大学出版
　　　社，2000.

[59]　王宁：消费社会学——一个分析的视角 [M]. 北京：社会科学文献出版社，
　　　2001.

[60]　曲向荣 . 环境保护与可持续发展 [M]. 北京：高等教育出版社，2010.

[61]　邱进之 . 道法自然——老子的智慧 [M]. 成都：四川教育出版社，1996.

[62]　乐爱国 . 道教生态学 [M]. 北京：社会科学文献出版社，2005.

[63]　学愚，赖品超，谭伟伦 . 生态环保与心灵环保——以佛教为中心 [M]. 上海：
　　　上海古籍出版社，2014.

[64]　杨三省 . 科学发展观学习全书 [M]. 西安：陕西人民出版社，2009.

[65]　绿色发展编委会 . 绿色发展 [M]. 北京：五洲传播出版社，2012.

[66]　梁超然 . 恭城模式 [M]. 南宁：广西人民出版社，1996.

[67]　恭城瑶族自治县地方志编纂委员会 . 恭城县志 [M]. 南宁：广西人民出版社，
　　　1992.

[68]　罗知颂 . 生态扶贫开发与城乡一体化发展——广西恭城模式及其演变 [M]. 北
　　　京：经济科学出版社，2010.

[69]　广西壮族自治区党委宣传部 . 恭城礼赞——记者眼中的新农村 [M]. 南宁：广
　　　西人民出版社，2006.

[70]　桂林市地方志编纂委员会 . 桂林年鉴 2015[M]. 桂林：广西师范大学出版社，
　　　2015.

[71] 《恭城瑶族自治县概况》编写组.恭城瑶族自治县概况[M]北京：民族出版社，2009.

[72] 〔美〕约翰·罗尔斯.正义论[M].何怀宏，何包钢，廖申白，译.北京：中国社会科学出版社，2009.

[73] 〔意〕葛兰西.狱中札记[M].1版.北京：人民出版社，1983：84–110.

[74] 顾明，邹瑜.法学大辞典[M].1版.北京：中国政法大学出版社，1991.

[75] 〔德〕施密特.马克思的自然概念[M].欧力同译.北京：商务印书馆，1988.

[76] 〔加〕威廉·莱斯.自然的控制[M].岳长龄，译.重庆：重庆出版社，1993.

[77] 〔加〕本·阿格尔.西方马克思主义概论[M].慎之，译.北京：中国人民大学出版社，1991.

[78] 〔俄〕尼·布哈林.历史唯物主义理论[M].北京：人民出版社.

[79] 〔俄〕普列汉诺夫.唯物主义史论丛[M].北京：生活·读书·新知三联书店，1961.

[80] 〔德〕卡尔·马克思.资本论[M].1版.南京：江苏人民出版社，2013.

[81] 〔德〕马克斯·韦伯.新教伦理与资本主义精神[M].康乐，简惠美，译.1版.广西师范大学出版社，2010.

外文专著

[1] EDWARD L. GOLDING. A history of technology and environment: from stone tools to ecological crisis[M]. London: Routledge, 2016.

[2] ALISTER MCGRATH. The. reenchantment of nature: the denial of religion and the ecological crisis[M]. New York: Doubleday, 2002.

[3] COLIN W. CLARK. The worldwide crisis in fisheries: economic models and human behavior[M]. Cambridge University Press, 2007.

[4] Howard L Parsons, "Marx and Engels on Ecology", Greewood Press, 1977.

[5] Jonathan Hughes, "Ecology and Historical Materialism", Cambrirdge University press, 2000.

期刊文章

[1]　郇庆治.生态文明及其建设理论的十大基础范畴 [J]. 中国特色社会主义研究，2018(4).

[2]　郇庆治.环境 (生态文明) 行政管理 [J]. 绿色中国，2018(14).

[3]　李燕，高胜楠.科学发展观视阈下的城市生态文明建设研究——以河南省南阳市为例 [J]. 马克思主义学刊，2014(4).

[4]　徐雪竹，王云.宿迁生态经济发展研究 [J]. 内蒙古科技与经济，2018(24).

[5]　张沁宇，袁舒杨.基于生态文明视角的新型城镇化发展——以南通市通州区为例 [J]. 中国集体经济，2019(10).

[6]　杨红娟，张成浩.基于系统动力学的云南生态文明建设有效路径研究 [J]. 中国人口·资源与环境，2019(2).

[7]　赵明霞.农村生态文明评价指标体系建设的路径思考 [J]. 理论导刊，2015(8).

[8]　于法稳，杨果.农村生态文明建设的重点领域与路径 [J]. 重庆社会科学，2017(12): 5–12.

[9]　韩芳.农村生态文明建设亟需法律保障 [J]. 人民论坛，2017(36).

[10]　莫喻筠，陈志杰.农村生态文明建设的重要性及建设路径 [J]. 现代农业科技，2018(21).

[11]　张娟，郑春华.生态文明建设背景下农村环境治理研究 [J]. 环境科学与管理，2019(1): 157–161.

[12]　黄志海.高校生态文明教育现状及对策探究 [J]. 广西社科学，2018(12): 230–232.

[13]　刘妍君.高校思想政治教育中生态文明教育的融入 [J]. 科学咨询，2018(12).

[14]　崔艳龙.高校生态文明教育的必要性及路径探究 [J]. 智库时代，2019(5).

[15]　崔红艳.让生态文明教育贯穿地理教学始终 [J]. 中国教育学刊，2019(1).

[16]　江雨思.生态教育背景下幼儿园环境创设的研究 [J]. 才智，2019(7).

[17]　左燕.论人与自然和谐发展的重要性 [J]. 社会科学动态，2019(1).

[18]　赵云营，牟海侠.马克思主义自然观的当代启示 [J]. 人民论坛，2017(35).

[19]　彭蕾，尹洁.论马克思主义人化自然观与生态共同体的构建 [J]. 毛泽东邓小平理论研究，2017(10).

[20] 刘建宁, 倪国良. 恩格斯关于自然基本思想的理论基础与现实启示 [J]. 甘肃社会科学, 2018(4).

[21] 张青龙, 郑晓红, 马伯英. 黄帝内经自然观浅议 [J]. 中医药导报, 2016(9).

[22] 杜乐琛. 中国哲学中的自然观对中国古代音乐思想文化的影响 [J]. 大众文艺, 2017(4).

[23] 秦明. 论中国古代的自然观及其对技术实践的影响 [J]. 大连大学学报, 2018(2).

[24] 韩文龙, 刘灿. 当代中国马克思主义政治经济学要关注西方马克思主义经济学研究新进展 [J]. 政治经济学评论, 2016(6).

[25] 陈冬生. 问题、回归与转向: 西方马克思主义的当代新发展 [J]. 江西社会科学, 2017(6).

[26] 王雨辰. 当代西方马克思主义研究中若干问题的辨析 [J]. 马克思主义研究, 2000(1).

[27] 周穗明. 西方生态运动的政治分野与生态社会主义的当代发展 [J]. 当代世界与社会主义, 1997(1).

[28] 李济广. 经济过度增长、生态失衡与"增长主义"的根源 [J]. 云南社会科学, 2014(6).

[29] 杨静. 新自由主义"市场失灵"理论的双重悖论及其批判——兼对更好发挥政府作用的思考 [J]. 马克思主义研究, 2015(8).

[30] 衡欣. 马克思异化消费批判理论及对当前生态消费的启示 [J]. 观察与思考, 2019(4).

[31] 李桂花. 马克思恩格斯哲学视阈中的人与自然的关系 [J]. 探索, 2011(2).

[32] 周烨. 国家生态文明试验区建设标准体系研究 —— 结合贵州实践 [J]. 标准科学, 2019(3).

[33] 周杨. 党的十八大以来习近平生态文明思想研究述评 [J]. 毛泽东邓小平理论研究, 2018(12).

[34] 黄承梁. 深刻把握习近平生态文明思想的精髓要义 [J]. 群众, 2018(13).

[35] 曹滢. 习近平生态文明思想引领"美丽中国"建设 [J]. 理论导报, 2018(6).

[36] 王烁, 李燕. 习近平生态文明思想探析 [J]. 理论与现代化, 2018(5).

[37] 吴宁. 《共产党宣言》的生态思想及其意义 [J]. 党政论坛, 2018(5).

[38] 杜晓霞，尹文娟．试论马克思主义生态思想及当代价值 [J]．人民论坛，2013(11): 217–219.

[39] 夏爱君，杨松．马克思生态思想及当代价值 [J]．法制与社会，2018(31): 227–229.

[40] 李劲．从马克思生态思想到新时代中国特色社会主义生态文明建设 [J]．马克思主义哲学论丛，2018(4).

[41] 黄怡明，王刚．马克思主义生态思想对构建生态法律体系的启示 [J]．学理论，2018(12).

[42] 唐晓勇．试论马克思主义生态自然观与中国共产党的科学发展观 [J]．马克思主义与现实，2009(2).

[43] 钟远平，倪洪章．科学发展观对马克思主义生态观的创新实践 [J]．学校党建与思想教育，2010(10).

[44] 国家统计局农村社会经济调查司．中国农村统计年鉴 2015[J]．北京：中国统计出版社，2015.

[45] 史小宁，胡祎文．论生态马克思主义与科学发展观价值趋同的差异分析 [J]．前沿，2010(1).

[46] 周光迅，胡倩．从人类文明发展的宏阔视野审视生态文明——习近平对马克思主义生态哲学思想的继承与发展论略 [J]．自然辩证法研究，2015(4).

[47] 李国俊、陈梦曦．习近平绿色发展理念：马克思主义生态文明观的理论创新 [J]．学术交流，2017(12).

[48] 李军．马克思主义生态文明理论的创新发展——学习习近平生态文明建设重要思想的体会 [J]．中国生态文明，2018(1).

[49] 朱国芬，李平霞．论习近平的绿色发展理念对马克思主义生态思想的坚持和发展 [J]．南京林业大学学报 (人文社会科学版)，2018(4).

[50] 董强．马克思主义生态观研究综述 [J]．当代世界与社会主义，2013(6): 183–187.

[51] 曹康康．顺从—征服—尊重：人与自然辩证关系的伦理梳理 [J]．中南林业科技大学学报 (社会科学版)，2018(6): 8–12.

[52] 向玉琼．通过环境政策过程的重塑实现人与自然的共生 [J]．公共管理与政策评论，2018(6): 68–77.

[53] 李永杰，刘青为．论人与自然和谐共生思想的生态哲学意蕴 [J]．马克思主义哲学论丛 2018(4): 200–209.

[54] 黄杉, 武前波, 潘聪林. 国外乡村发展经验与浙江省"美丽乡村"建设探析 [J]. 华中建筑, 2013(5): 144–149.

[55] 和沁. 西部地区美丽乡村建设的实践模式与创新研究 [J]. 经济问题探索, 2013(9).

[56] 柳兰芳. 从"美丽乡村"到"美丽中国"——解析"美丽乡村"的生态意蕴 [J]. 理论月刊, 2013(9).

[57] 刘晖. 生态乡村建设模式与途径分析 [J]. 经济问题, 2013(6).

[58] 谢松业. 美丽广西"生态乡村"建设长效机制探讨——以广西梧州市为例 [J]. 京农业, 2015(31).

[59] 柯福艳, 张社梅, 徐红玳. 生态立县背景下山区跨越式新农村建设路径研究——以安吉"中国美丽乡村"建设为例 [J]. 生态经济, 2011(5): 113–116.

[60] 孔凯, 刘云腾. 旅游业空间关系的生态学思考——以恭城县为例 [J]. 资源与产业, 2008(6).

[61] 冯淑慧, 让生态文明理念扎根大学生思想 [J]. 人民论坛. 2019(8): 128.

[62] 陈金钊. "法治改革观"及其意义——十八大以来法治思维的重大变化 [J]. 法学评论, 2014（6）.

[63] 郁清清, 李炳安. 企业生态建设与环保法制如何互促互进 [J]. 人民论坛, 2016(31): 152–153.

[64] 夏建中. 消费者社会学的主要理论视角 [J]. 郑州轻工业学院学报, 2007(5).

[65] 王莹莹. 北京市人口与资源环境协调发展的定量分析 [J]. 贵州大学学报（自然科学版）, 2013, 30（2）.

[66] 张瑞云, 马淼. 我国生态文明素养研究现状 [J]. 环境保护前沿, 2018 (1).

[67] 吴明红, 严耕. 高校生态文明教育的路径探析 [J]. 黑龙江高教研究. 2012(12): 64.

[68] 侯燕飞, 陈仲常. 中国人口发展对资源消耗与环境污染影响的门槛效应研究 [J]. 经济科学, 2018(3).

[69] 曾明星, 陈丽梅, 丁金宏, 张剑, 中国人口发展中的区域均衡问题及破解思路 [J]. 宁夏社会科学, 2019(2).

[70] 唐庆林, 庞铁坚. 坚持走生态和谐的新农村建设之路——恭城瑶族自治县社会主义新农村建设调研与思考 [J]. 社会科学家, 2006(3): 113–116.

[71] 黄元芳.恭城瑶族自治县生态农业产业化实施路径分析 [J].市场论坛，2012(12).

[72] 程道品.恭城红岩村乡村旅游与新农村建设探析 [J].改革与战略，2007(1).

[73] 李纪恒.一个富裕的生态家园——广西恭城瑶族自治县新农村建设的调查与思考 [J].求是，2006(12).

[74] 乐其顺，雷海章.发展生态农业：广西恭城新农村建设的经验与启示 [J].农业经济问题，2007(2): 34–36.

[75] 原锁龙.以生态建设为主体，促进"美丽乡村"健康发展 [J].农业开发与装备，2015(5).

[76] 彭晓悦.美丽乡村之生态环境建设研究——以广州花都大布村为例 [J].学理，2015(3).

[77] 王学俭，宫长瑞.建国以来我国生态文明建设的历程及其启示 [J].林业经济，2010(1).

[78] 刘怀庆.公民生态伦理素养教育之必要性探究 [J].济源职业技术学院学，2013(2).

[79] 程鹏.浅谈人与自然和谐发展思想的道家文化渊源 [J].中共太原市委党校学报，2016（2）.

[80] 汪国华，杨安邦.农村环境污染治理的内生路径研究.基于村庄传统文化整合视角 [J].河海大学 学报 (哲学社会科学版)，2020, 22(4): 91–96.

报刊类

[1] 胡锦涛.坚定不移沿着中国特色社会主义道路前进为全面建成小康社会而奋斗——胡锦涛同志代表第十七届中央委员会向大会作的报告摘登 [N].人民日报，2012–11–02(2).

[2] 常洁，陈夏荣.恭城发明专利获中国专利优秀奖 [N].广西日报，2017–03–07(4).

[3] 孙志平.广西恭城沼气全托管构建生态循环农业链 [N].东方城乡报，2015–04–07(6).

[4] 彭盛仲，罗崇文.恭城注重培养乡土人才 [N].广西日报，2006 年 5 月 4 日.

[5]　刘华新，谢振华. 广西恭城坚守"生态立县"30 余年——11 任县委书记一根接力棒（人民眼·换届之后）[N]. 人民日报，2017-02-10(16).

电子文献

[1]　习近平. 像保护眼睛一样保护生态环境 [N]. 中国文明网站，2015-03-06. http://www.wenming.cn/specials/zxdj/xjp/zyjh/201503/t20150308_2487734.shtml.

[2]　宋岩. 习近平主持中共中央政治局第四十一次集体学习 [N]. 中华人民共和国人民政府网站. 2017-04-26. http://www.gov.cn/xinwen/2017-04/26/content_5189103.htm.

[3]　黄枝君. 恭城瑶族自治县 2016 年政府工作报告 [N]. 2016-08-30. 广西桂林市恭城瑶族自治县人民政府门户网站，http://www.gongcheng.gov.cn/zwgk/jcxx/zfgzbg/201801/t20180105_1217511.html.

[4]　习近平. 坚持节约资源和保护环境基本国策 努力走向社会主义生态文明新时代 [N]. 2013-05-25. 中国共产党新闻网. http://cpc.people.com.cn/n/2013/0525/c64094-21611332.html.

[5]　杨安琪. 生态环境部党组理论学习中心组集中学习研讨习近平生态文明思想 [N].共产党员网站，2020-06-23. http://www.12371.cn/2020/06/23/ARTI1592907452704718.shtml.

学位论文

[1]　王海璐. 马克思主义生态观及其当代启示 [D]. 北京：中共中央党校，2014.

[2]　宁悦. 共生理论视角下生态文明建设研究 [D]. 北京：中共中央党校，2018.

[3]　张建光. 现代化进程中的中国特色社会主义生态文明建设研究 [D]. 长春：吉林大学，2018.

[4]　张忠跃. 资本主义生态批判与生态社会主义构想——奥康纳生态学马克思主义思想研究 [D]. 长春：吉林大学，2018.

[5]　丁汉文. 资本主义的生态批判与生态社会主义的理论构建——本·阿格尔生态学马克思主义思想研究 [D]. 长春：吉林大学，2018.

[6] 杨世迪 . 中国生态文明建设的非正式制度研究 [D]. 西安：西北大学 , 2017.

[7] 李莉 . 马克思恩格斯生态文明观及其当代启示 [D]. 开封：河南大学 , 2018.

[8] 董杰 . 改革开放以来中国社会主义生态文明建设研究 [D]. 北京：中共中央党校 , 2018.

[9] 王行言 . 历史唯物主义视域下的生态文明建设研究 [D]. 大庆：东北石油大学 , 2018.

[10] 叶奇奇 . 乡村振兴视域下中国农村生态文明建设研究 [D]. 绵阳：西南科技大学 , 2018.

[11] 杨霞 . 思想政治教育视野下大学生生态文明意识教育研究 [D]. 北京：首都经济贸易大学 , 2018.

[12] 许力飞 . 我国城市生态文明建设评价指标体系研究——以武汉市为例 [D]. 武汉：中国地质大学 , 2014.

[13] 苏雅洁 . 马克思《1844 年经济学哲学手稿》中的生态思想研究 [D]. 武汉：武汉大学 , 2018.

[14] 张秀芬 . 马克思《资本论》生态思想研究 [D]. 呼和浩特：内蒙古大学 , 2016.

[15] 杜伟男 . 苏联早期马克思主义生态思想与实践探索 [D]. 哈尔滨：哈尔滨工业大学 , 2016.

[16] 魏晓双 . 中国省域生态文明建设评价研究 [D]. 北京：北京林业大学 , 2013.

[17] 苏庆华 . 黔东南社会主义生态文明建设的理论与实践研究 [D]. 昆明：云南大学 , 2012.

[18] 王文琴 .《天工开物》中的自然观研究 [D]. 湘潭：湘潭大学 , 2018.

[19] 王立莉 . 当代西方发达国家工人运动的流变及其走向 [D]. 大连：大连理工大学 , 2008.

[20] 张华丽 . 社会主义生态文明话语体系研究 [D]. 北京：中共中央党校 , 2018.

[21] 宁杰 . 马克思恩格斯生态思想及其当代中国价值研究 [D]. 泉州：华侨大学 , 2018.

[22] 谷梦缘 . 中国特色社会主义生态文明建设的价值导向研究 [D]. 大庆：东北石油大学 , 2018.

[23] 王静 . 佩珀生态社会主义思想研究 [D]. 长春：长春理工大学 , 2018.

[24] 李斯 . 马克思生态伦理思想及其在中国的现实价值转换研究 [D]. 抚州：东华理工大学 , 2018.

[25] 尹才元 . 中国共产党人生态文明建设思想发展历程研究 [D]. 兰州：兰州理工大学，2018.

[26] 刘继汉 .《自然辩证法》中的生态思想及其现实价值研究 [D]. 兰州：兰州理工大学，2018.

[27] 刘祯辰 . 生态文明视阈下的中国新型城镇化道路研究 [D]. 济南：中共山东省委党校，2017.

[28] 王佳 . 十八大以来中国共产党生态文明建设研究 [D]. 大连：辽宁师范大学，2017.

[29] 孙波 . 马克思恩格斯生态思想及其对美丽中国建设的启示 [D]. 宁波：宁波大学，2017.

[30] 任美娜 . 马克思主义生态文化观研究 [D]. 长春：吉林大学，2017.

[31] 赵永利 . 我国生态文明建设视野下的绿色发展研究 [D]. 长春：吉林大学，2017.

[32] 董强 . 马克思主义生态观研究 [D]. 武汉：华中师范大学，2013.

[33] 黄凯旋 . 我国生态乡村建设研究——以广西恭城县生态乡村建设为例 [D]. 南宁：广西大学，2017.